◎彩图 1 三色堇

◎彩图 2 一串红

◎彩图 3 一串红（白花品种）

◎彩图 4 红花鼠尾草

◎彩图5 蓝花鼠尾草

◎彩图6 彩叶草

◎彩图7 石　竹

◎彩图8 美国石竹

◎彩图 9 虞美人

◎彩图 10 花菱草

◎彩图 11 紫罗兰

◎彩图 12 香雪球

◎彩图 13 二月兰

◎彩图14 羽衣甘蓝

◎彩图 15 翠　菊

◎彩图16 金盏菊

◎彩图 17 雏 菊

◎彩图 18 万寿菊

◎彩图 19 百日草

◎彩图 20 小花百日草

◎彩图 21 白晶菊

◎彩图 22 黄晶菊

◎彩图 23 黄帝菊（美兰菊）

◎彩图 24 瓜叶菊

◎彩图 25 银叶菊

◎彩图 26 波斯菊

◎彩图 27 麦秆菊

◎彩图 28 藿香蓟

◎彩图 29 硬果菊

◎彩图 30 非洲金盏

◎彩图31 观赏向日葵

◎彩图 32 鸡冠花

◎彩图 33 羽状鸡冠

◎彩图 34 千日红

◎彩图 35 美女樱

◎彩图 36 牵牛花

◎彩图 37 茑 萝

◎彩图 38 四季海棠

◎彩图 39 醉蝶花

◎彩图40 凤仙花（指甲花）

◎彩图41 半支莲

◎彩图42 大花马齿苋

◎彩图43 矮牵牛

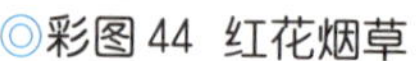

◎彩图 44　红花烟草

◎彩图 45　鹅蝶花

◎彩图 46　观赏椒

◎彩图 47　曼陀罗

◎彩图 48 杂种曼陀罗

◎彩图 49 高山积雪

◎彩图 50 地 肤

◎彩图 51 大花飞燕草（翠雀）

◎彩图 52 飞燕草

◎彩图 53 欧洲报春花

◎彩图 54 四季报春花

◎ 彩图 55 报春花

◎ 彩图 56 紫茉莉

◎ 彩图 57 旱金莲

◎ 彩图 58 蒲包花

◎彩图 60 夏　堇

◎彩图 59 金鱼草

◎彩图61 龙面花

◎彩图 62 钓钟柳（杂种）

◎ 彩图 63 羽扇豆

◎ 彩图 64 五星花

◎ 彩图 65 观赏南瓜

◎彩图66 观赏葫芦

◎彩图 67 观赏苦瓜

◎彩图 68 雁来红

◎彩图 69 长春花

◎彩图70 菊　花

◎彩图71 盆景菊

◎彩图72 松果菊

◎彩图73 黑心菊

◎彩图 74 勋章花

◎彩图 75 宿根天人菊

◎彩图 76 千花葵

◎彩图 77 大滨菊

◎彩图 78 重瓣旋花

◎彩图79 草芙蓉

◎彩图 80 蜀 葵

◎彩图 81 火把莲（火炬花）

◎彩图 82 荷包牡丹

◎彩图 83 宿根福禄考

◎彩图 84 耧斗菜

◎彩图 85 芍　药

◎彩图 86 落新妇

◎彩图87 珊瑚钟

◎彩图 88 美国薄荷

◎彩图 89 白三叶

◎彩图 90 紫露草

◎彩图 91 假龙头花（随意草）

◎彩图 92 沿阶草

◎彩图 93 朱顶红

◎彩图 94 晚香玉

◎彩图 95 中国水仙

◎彩图 96 玉玲珑

◎彩图 97 欧洲水仙

◎彩图 98 红口水仙

◎彩图 99 红花石蒜

◎彩图 100 鹿 葱

◎彩图 102 观赏百合

◎彩图 101 百子莲

◎彩图 103 王百合

◎彩图 104 郁金香

◎彩图 105 风信子

◎彩图 106 葡萄风信子

◎彩图107 灯笼百合

◎彩图 108 皇冠贝母

◎彩图 109 重瓣萱草

◎彩图 110 玉　簪

◎彩图 111 观叶玉簪

◎彩图 112 嘉　兰

◎ 彩图 113 大花葱

◎ 彩图 114 虎眼万年青

◎ 彩图 115 万年青

◎ 彩图 116 马蹄莲

◎ 彩图 117 彩色马蹄莲

◎ 彩图 118 花叶芋

◎彩图 119 香雪兰

◎ 彩图 120 唐菖蒲

◎彩图 121 鸢　尾

◎彩图 122 射　干

◎彩图123 仙客来

◎彩图 124 大丽花

◎彩图 125 蛇鞭菊

◎彩图 126 美人蕉

◎彩图 127 金叶绿脉美人蕉

◎彩图 128 球根海棠

◎彩图 129 丽格秋海棠

◎彩图130 花毛茛

◎彩图131 大岩桐

◎彩图 132 桔　梗

◎彩图 133 紫叶酢浆草

◎彩图 134 红花酢浆草

◎彩图 135 春 兰

◎彩图 136 墨 兰

◎彩图 137 卡特兰

◎彩图 138 蝴蝶兰

◎彩图 139 秋石斛

◎彩图 140 兜 兰

◎彩图 141 万带兰

◎彩图 142 文心兰

◎彩图 143 大花蕙兰

◎彩图 144 荷　花

◎彩图 145 王　莲

◎彩图 146 睡　莲

◎彩图 147 芡　实

◎彩图 148 千屈菜

◎彩图 149 花叶芦竹

◎彩图 150 凤眼莲

◎彩图 151 雨久花

◎彩图152 香　蒲

◎彩图 153 菱

◎彩图 154 慈　姑

◎彩图 155 大　薸

◎彩图156 水　葱

◎彩图157 水罂粟

◎彩图158 荇　菜

◎彩图 159 银脉凤尾蕨

◎彩图 160 鹿角蕨

◎彩图 161 肾 蕨

◎彩图 162 铁线蕨

◎彩图 163 鸟巢蕨

◎彩图 164 银心吊兰

◎彩图 165 文　竹

◎彩图 166 镜面草

◎彩图 167 冷水花

◎彩图 168 枪刀药

◎彩图 169 五色苋

◎彩图 170 花　烛

◎彩图 171 火鹤花

◎彩图 172 广东万年青

◎彩图 173 白鹤芋

◎彩图 174 绿 萝

◎彩图 175 白蝴蝶合果芋

◎彩图 176 琴叶喜林芋

◎彩图177 绿帝王

◎彩图178 海 芋

◎彩图179 花叶万年青（玛雅之星）

◎彩图180 蟆叶秋海棠

◎彩图181 旱伞草

◎彩图182 地涌金莲

◎彩图 183 蝎尾蕉

◎彩图 184 花叶艳山姜

◎彩图 185 银脉单药花

◎彩图 186 紫背万年青

◎彩图 187 豆瓣绿

◎彩图 188 西瓜皮椒草

◎彩图 189 猪笼草

◎彩图 190 君子兰

◎彩图 191 孔雀竹芋

◎彩图 192 金花竹芋

◎彩图 193 花叶竹芋

◎彩图 194 非洲紫罗兰

◎彩图 195 非洲凤仙花

◎彩图 196 非洲菊

◎彩图 197 鹤望兰

◎彩图 198 莺歌凤梨

◎彩图 199 三色彩叶凤梨

◎彩图 200 紫花凤梨（铁兰）

◎彩图 201 龙吐珠

◎彩图 202 龟背竹

◎ 彩图 203 常春藤

◎ 彩图 204 菱叶粉藤

◎ 彩图 205 叶子花

◎ 彩图 206 金银花

◎彩图207 台尔曼忍冬

◎彩图 208 凌 霄

◎彩图209 硬骨凌霄

◎彩图 210 紫 藤

◎彩图 211 猕猴桃

◎彩图 212 使君子

◎彩图 213 爬山虎

◎彩图 214 乳 茄

◎彩图 215 巴西茄

◎彩图216 牡　丹

◎彩图 217 茶　花

◎彩图218 西洋杜鹃

◎彩图219 毛　鹃

◎彩图220 月季（粉和平）

◎彩图221 丰花月季

◎彩图222 蔷薇（白玉堂）

◎彩图 223 玫　瑰

◎彩图 224 黄刺玫

◎彩图 225 贴梗海棠

◎彩图 226 榆叶梅

◎彩图 227 珍珠梅

◎彩图 228 棣棠花

◎彩图 229 紫叶矮樱

◎彩图 230 平枝栒子

◎彩图 231 倒挂金钟

◎彩图 232 一品红

◎彩图 233 虎刺梅

◎彩图 234 变叶木

◎彩图235 红　桑

◎彩图236 紫锦木

◎彩图237 天竺葵

◎彩图238 蔓性天竺葵

◎彩图 239 大花栀子花

◎彩图 240 龙船花

◎彩图241 扶 桑

◎彩图 242 金铃花

◎彩图243 木　槿

◎彩图 244 金边瑞香

◎彩图 245 八仙花

◎彩图 246 园锥八仙花

◎彩图 247 金苞花

◎彩图 248 蜡　梅

◎彩图 249 紫　薇

◎彩图 250 紫　荆

◎彩图251 茉　莉

◎彩图252 紫丁香

◎彩图253 迎春花

◎彩图254 连　翘

◎彩图 255 夹竹桃

◎彩图 256 红花鸡蛋花

◎彩图 257 猬　实

◎彩图 258 金银木

◎彩图 259 锦带花

◎彩图 260 海仙花

◎彩图 261 欧洲绣球

◎彩图 262 糯米条

◎彩图 263 石榴花

◎彩图 264 无花果

◎彩图 265 代 代

◎彩图 266 四季橘

◎彩图 267 佛　手

◎彩图 268 金丝桃

◎彩图 269 醉鱼草

◎彩图 270 黄　槐

◎彩图 271 海州常山

◎彩图 272 枸　骨

◎彩图 273 米　兰

◎彩图 274 孔雀木

◎彩图 275 羽叶福禄桐

◎彩图 276 园叶福禄桐

◎彩图 277 朱　蕉

◎彩图 278 散尾葵

◎彩图 279 袖珍椰子

◎彩图 280 软叶刺葵

◎彩图 281 棕　竹

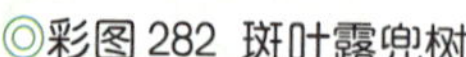

◎彩图 282 斑叶露兜树

◎彩图 283 假叶树

◎彩图 284 红瑞木（冬季）

◎彩图 285 火炬树

◎彩图 286 金叶女贞

◎彩图 287 紫叶小檗

◎彩图 288 南天竹

◎彩图 289 沙地柏

◎彩图 290 冬青卫矛

◎彩图 291 黄　杨

◎彩图 292 竹

◎彩图 293 佛肚竹

◎彩图 294 刺　桐

◎彩图 295 红花羊蹄甲

◎彩图 296 菜豆树

◎彩图 297 梅 花

◎彩图 298 撒金碧桃

◎彩图299 紫叶桃

◎彩图300 樱 花

◎彩图301 海棠花

◎彩图302 垂丝海棠

◎彩图 303 红叶李

◎彩图 304 桂　花

◎彩图305 流苏树

◎彩图306 玉　兰

◎彩图 307 合　欢

◎彩图 308 栾　树

◎彩图 309 香龙血树（巴西木）

◎彩图 310 百合竹

◎彩图 311 瓜栗（发财树）

◎彩图 312 棕 榈

◎彩图 313 短穗鱼尾葵

◎彩图 314 蒲 葵

◎彩图 316 榕树（人参榕）

◎彩图 315 橡皮树

◎彩图 317 菩提树

◎彩图 318 南洋杉

◎彩图 319 红叶鸡爪槭

◎彩图 320 非洲霸王树

◎彩图321 苏铁（雄花）

◎彩图 322 铁树（雌花）

◎彩图 323 龙爪槐

◎彩图 324 白 檀

◎彩图 325 金 龙

◎彩图 326 雪 光

◎彩图 327 龙王球

◎彩图 329 鸾凤玉

◎彩图 328 岩牡丹

◎彩图 330 星　球

◎彩图 331 菠萝球

◎彩图 332 栉刺龙伯球

◎彩图 333 金　琥

◎彩图 334 令箭荷花

◎彩图 335 昙 花

◎彩图 336 蟹爪兰

◎彩图 337 仙人指

◎彩图 338 绯牡丹

◎彩图 339 帝　冠

◎彩图 340 绯花玉

◎彩图 341 山　影

◎彩图 342 金边龙舌兰

◎彩图 343 狐尾龙舌兰

◎彩图 344 凤尾兰

◎彩图 345 库拉索芦荟

◎彩图346 什锦芦荟

◎彩图 348 金边虎尾兰

◎彩图 347 酒瓶兰

◎彩图 349 沙漠玫瑰

◎彩图 350 条纹十二卷

◎彩图 351 万　象

◎彩图 352 玉　扇

◎彩图 353 美丽莲

◎彩图 354 落地生根

◎彩图 355 神　刀

◎彩图 356 长寿花

◎彩图 357 玉吊钟

◎彩图 358 松鼠尾

◎彩图 359 长生草

◎彩图 360 鹿绒掌

◎彩图 361 火 祭

◎彩图 362 石莲花

◎彩图 363 银波锦

◎彩图 364 纪之川

◎彩图 365 筒叶花月

◎彩图 366 八宝景天

◎彩图 367 肉锥花

◎彩图 368 肉锥花

◎彩图 369 生石花

◎彩图 370 宝　绿

◎彩图 371 金　铃

◎彩图 372 怒　涛

◎彩图 373 四海波

◎彩图 374 快刀乱麻

◎彩图 375　仙人笔

◎彩图 377　彩云阁

◎彩图 376　玉麒麟

◎彩图 378　清盛锦

常用景观花卉

编著者
李宪章　李　文
黄琳琳　张　强
李海英

金盾出版社

内 容 提 要

本书由中国科学院植物所李宪章研究员等编著。内容包括:景观花卉的分类,生长发育的环境条件,繁殖方式,肥料的合理利用及病虫害防治等;书中详细介绍了350多种花卉的形态特征、生长习性、繁殖方法和栽培管理技术,并辅以大量实物图片。全书花卉种类齐全,内容先进实用,语言通俗易懂,可供广大花卉种养人员、花卉爱好者以及农林院校有关专业师生阅读参考。

图书在版编目(CIP)数据

常用景观花卉/李宪章等编著.—北京:金盾出版社,2009.2
ISBN 978-7-5082-5429-6

Ⅰ.常… Ⅱ.李… Ⅲ.花卉—观赏园艺 Ⅳ.S68

中国版本图书馆CIP数据核字(2008)第153536号

金盾出版社出版、总发行
北京太平路5号(地铁万寿路站往南)
邮政编码:100036 电话:68214039 83219215
传真:68276683 网址:www.jdcbs.cn
封面印刷:北京印刷一厂
彩页正文印刷:北京天宇星印刷厂
装订:北京天宇星印刷厂
各地新华书店经销

开本:850×1168 1/32 印张:13 彩页:96 字数:259千字
2009年2月第1版第1次印刷
印数:1～10 000册 定价:37.00元

前　言

景观花卉，泛指用于园林景观中的一些具有观赏价值的植物。它们或形态优美，或花叶艳丽，或香气醉人。它们常常配合建筑、喷泉、雕塑等组成一幅幅美丽画卷，也可把一片片高低不平的空地营造成一片幽静曲奇的美妙环境。景观花卉不仅可以使我们居住的环境更美，还能调节环境的温度、湿度、空气，有些植物还能吸收有害气体，释放杀菌类物质，对改善环境、保护环境起着明显的作用。随着人们生活水平的提高和生活节奏的加快，人们对环境的要求越来越高，人们渴望从常年生活在林立的建筑物的环境中回归到大自然的田园生活，因此多种多样的人造景观与景观花卉正逐渐成为人们日常生活中不可缺少的一部分。

制造景观不仅需要高度的艺术性，还要有高度的科学性，这就要求我们对花卉的各方面有所了解，特别是它们的生长习性与栽培管理。为此，将一些常用的景观花卉汇集成册，对它们的形态特征、生长习性、繁殖方法及栽培管理做一简要介绍，并配以精美的照片，使读者对它们有一个全面的了解。为了读者查阅方便，将它们归类为一、二年生花卉，水生花卉……等。由于编著者知识的局限，尽管做了很大努力，错误之处仍在所难免，敬请读者提出宝贵意见。

编著者

2008.3

目　　录

第一章　景观花卉的分类

花卉种类繁多，形态习性各异，为便于栽培管理，人们根据它们的生物学特性或园林用途从园艺学角度对它们进行分类，常用的分类方法如下。

一、按形态特征和生长习性分类

（一）草本花卉

茎为草质或仅基部木质化。按其生长习性分为以下几类。

1. 一、二年生草本花卉　这类花卉生命周期在1年之内。由于抗寒性不同，有些是春天播种，秋季开花结实，称一年生花卉，如鸡冠花、凤仙花、牵牛花；有些花卉耐寒而不耐热，并需经过低温才能开花，通常是秋季播种，翌年春天开花结实，习惯称二年生花卉，如三色堇、雏菊等，但生长时间不超过1年。

2. 多年生草本花卉　这类花卉可生存多年，依据地上部分生长状况分为以下两类。

(1) 多年生常绿草本花卉　地上部分四季常绿，地下为须根。如中国兰花、君子兰等。

(2) 宿根花卉　地上部分在天冷或天热时花后枯死，地下部分形成根和芽或形成球根越冬或越夏。如菊花冬季地上枯死，地下根和芽可以越冬；郁金香、风信子春季花后地上枯萎，地下形成球根，秋天再种植；而大理花、美人蕉冬前地上枯萎，地下球根可贮存，翌年春天种植。

宿根类花卉分须根类与球根类两大类。

① 须根类花卉　根呈毛状，长而细，如菊花。

② 球根类花卉　地下部分呈肥大的球状或块状，贮存有大量水分及营养。根据它们的形态又分以下几类。

A．鳞茎类：地下部分具鳞茎。鳞茎极短，形成鳞茎盘，肥厚的鳞茎抱合形成球形，如郁金香、百合、水仙等。

B．块根类：根肥大，呈块状，只在根冠处（即老植株的茎基部）生芽，如大丽花、花毛茛等。

C．球茎类：地下茎膨大呈球形，顶部有肥大的顶芽，侧芽不发达，如仙客来、唐菖蒲、香雪兰等。

D．块茎类：地下茎呈块状，外形不规则，但有几个发芽点，如马蹄莲、花叶芋、大岩桐等。

E．根茎类：地下茎膨大呈肥大的根状但外形具分枝和节。每节都有侧芽，如美人蕉、藕、鸢尾等。

3. 水生花卉　根据植物的生态习性单列出的一类花卉，这类花卉，在热带是常绿的，在温带天冷时茎叶死亡，其共同点是生长离不开水，或生长在水池中，或生长于沼泽地，按其生长状况分为以下3类。

(1) 挺水花卉　根生于水下泥中，但茎、花莛和叶挺出水面，如荷花、花叶芦竹、香蒲等。

(2) 浮水花卉　根生于水下泥中，叶浮于水面，如王莲、睡莲、大薸、菱等。

(3) 沉水花卉　根生于水下泥中，茎、叶也全生于水面下，仅在水浅时露出水面，如金鱼藻、红柳、紫叶草、狐尾草等，沉水花卉常用于鱼缸中种植观赏。

（二）木本花卉

茎明显并木质化，枝干坚硬，根据形态分为以下几类。

1. 乔木　树干高大，主干明显，侧枝由主干分生，如樱花、桃花、梅花、玉兰等。

2. 灌木　主干不明显，分枝多，地上枝条丛生，如月季、山茶、杜鹃、含笑、贴梗海棠等。

3. **藤本**　茎木质化，但细长而不能直立，常攀缘或缠绕于其他植物体或匍匐于地面，如凌霄、金银花、紫藤等。

4. **竹类**　这类植物虽有主干，但主干不粗也不能增粗，与乔木、灌木都有区别，靠地下走茎繁殖。

（三）仙人掌与多肉植物

这类植物的特点是或茎或叶肉质肥厚，能贮存大量水分与营养，并有蜡质层表皮保护水分不丢失，因此较长时间不浇水，也不会枯死。有人把它们统称为多肉植物。但仙人掌类植物种类极多，又有特殊的刺座结构，因而更多的人把它们单独列为仙人掌类；无刺座的统称多肉植物，如石莲花、龙舌兰、生石花等。

二、其他分类方法

（一）依据原产地的气候特点分类

1. **热带花卉**　原产地气温较高，因此它们在较高的温度下才能正常生长，低于12℃时多数不能生长，低于8℃则易受寒害，如变叶木、红桑、洋兰等。有些原产于热带高原地区的植物，如大理花、万寿菊等，由于原产地海拔高，当地温度不高，因而它们并不适应高温环境下生长，超过32℃便会进入半休眠状态。我国热带地区主要指台湾南部及南海诸岛。

2. **亚热带花卉**　喜温暖而湿润的气候，我国的亚热带地区主要指长江以南的广大地区，这一带的花卉在北方种植时，冬季需放进温室，盛夏需适当遮荫防晒，如山茶、金橘、米兰等。

3. **暖温带花卉**　在我国泛指长江以北至长城以南的广大地区的原产花卉。原产于长江流域的栀子、映山红、棕榈等，在当地可露地越冬，但在这一地区的北部则需入低温温室过冬，而原产于北方的牡丹、月季、石榴、桃花等则可露地越冬。

（二）依据观赏器官分类

可分为观花类（如月季、杜鹃、山茶花等），观叶类（如巴西木、万年青、彩叶草等），观果类（如四季橘、佛手、观赏南瓜等），观茎类（如光棍树、文竹、红瑞木等）。

（三）依据开花季节分类

分为春花类、夏花类、秋花类及冬花类。冬花类主要开花于冬季，如一品红、蟹爪兰、菊花、丽格海棠等，这类植物需经过秋天的短日照，进入冬季开花。

尚有其他一些分类方法，如按科、属分类，它更能体现花卉之间的亲缘关系；也有的根据园林用途分为花坛花卉、盆景花卉、棚架花卉、篱垣花卉等；也有的把花卉分为温室花卉、露地花卉。花卉的分类方法多种多样，不一一详述。

第二章　景观花卉生长发育的环境条件

花卉的生长发育和环境因素密切相关，这些环境因素主要包括温度、光照、水分与土壤。不同种类的花卉，由于在漫长的世代繁衍过程中，已经适应了原产地的自然环境，我们只有营造一个适于它们生长发育的环境才能把它们种植好，同时也应该根据我们的种植条件选择适宜的花卉才能做好环境的美化工作。因此，要想成功地种植花卉，就必须了解花卉和环境因素的关系。

一、温度与花卉的生长发育

在花卉的生长发育过程中，播种、发芽、开花、结实的各个阶段，都需要在一定的温度下进行，但不同种类的花卉对温度的需求不同。据此，人们把花卉分为3大类，即耐寒花卉、半耐寒花卉和不耐寒花卉。

（一）耐寒花卉

包括大部分多年生木本落叶花卉，如桃、榆叶梅、珍珠梅、金银花、迎春、丁香、棣棠等；一些落叶宿根及球根类草本花卉，如蜀葵、萱草、玉簪、射干等；一些松柏科常绿针叶观赏树木，如白皮松、油松、龙柏等。

（二）半耐寒花卉

主要包括一些二年生草本花卉、一些多年生宿根性草本花卉及一部分落叶木本花卉。它们一般能在江淮地区露地越冬，而在黄河以北则需保护越冬。二年生草本花卉虽具一定的耐寒力，但因冬季不落叶，需在阳畦、冷床或低温温室内才能过冬，如三色堇、金盏花、雏菊、花毛茛、罂粟花等。宿根类花卉如芍药、菊花、石竹等，地上部分冬天死亡，地下部分需埋土防寒才能在北方越冬。一些木本花卉不能忍耐北方寒冷的低温及寒风侵袭，需设立风障或种植于楼房南侧加以保护，如梅花、石榴、玉兰和无花果等。

（三）不耐寒花卉

它们原产于热带地区，只能在冬季5℃～10℃以上或短时间在低温地区生活，不能在北方露地越冬。一些常绿木本或草本花卉在我国只能在华南及西南地区的平原地带过冬，在其他地区则需进入温室才能过冬，这种花卉很多，如山茶花、白兰、扶桑、棕竹、吊兰、万年青等；有些花卉，在冬暖地区可四季常青，在北方则需冬前将地下球根及根茎置室内保存，如美人蕉、晚香玉、唐菖蒲、大丽花等。

植物对低温的反应及忍受程度不同，对高温的反应及忍受力也有很大差别。一般来说，原产于较冷凉地区及一些虽处热带，但原生于高海拔地区的花卉耐热力都较差；一些虽生于热带但生长于林中的花卉，由于树荫遮挡，光照弱，林中气温并不太高，它们的抗热性也不很强，如各种洋兰（蝴蝶兰、卡特兰等）、花叶万年青类、许多凤梨类植物、喜林芋类植物及仙人掌类中的蟹爪兰、昙花、令箭等；最耐热的花卉是水生花卉，如荷花、睡莲、王莲，炎热的盛夏正是它们生长开花最盛的时节；一些一年生草本花卉，如一串红、鸡冠花、紫茉莉、矮牵牛、万寿菊、牵牛花，在炎炎烈日的高温下仍开花不断；木本花卉扶桑、紫薇、夹竹桃也是夏季重要的开花植物，虽气温高达37℃，但并不影响它们正常生长开花。

温度还和花芽分化与开花有着密切的关系。许多二年生草本花卉都需要在苗期经历一段低温，完成春化才能开花，所需温度一般都在10℃以下，一些木本花卉，如桃花，花芽分化于7～8月份的盛夏，但必须经过一个冬季的低温才能于春天开花；郁金香、风信子花芽分化都在球根贮藏的炎热季节，但必须经过冬季2个月左右的低温（9℃左右）才能在春天开花，所有种类的百合也都需经过一个低温阶段（10℃以下）才能开花。升高温度，可使一些经过低温阶段的花卉提前开花；降低温度也可以延缓花卉的花期，推迟开花，以满足人们的节日需要并提升经济价值。如杜鹃花秋天花芽分化，正常情况下多于春暖季节开花，但经过2℃～10℃低温阶段的杜鹃，缓慢增温可于春节前后开花。梅花花芽形成于8月份，若要在春节赏梅，可提前10～15天移至10℃～20℃室内光照处，适当喷水，便可于节日期间开花。

二、光照与花卉的生长发育

常言说万物生长靠太阳。没有光，植物便不能生存。这主要是由于植物只有在光下，利用光能才能把空气中的二氧化碳合成自身需要的碳水化合物，并进一步合成体内所需的其他物质，如蛋白质、脂肪、维生素、植物激素等。植物原产地不同，不同地区的光照条件也不一样，因此它们所需的光照强度也不同，根据植物对光照强弱的不同需求，通常把它们分成以下3类。

（一）阴性花卉

又称耐阴花卉。这类花卉主要原产于树林中、高山的阴面及阴暗的山谷间，在荫蔽潮湿的条件下生长良好，一旦受强光的照射叶片便会受到伤害，甚至死亡，夏季一般需遮光50%左右才能正常生长，如常见的仙客来、大岩桐、珠兰、蝴蝶兰、卡特兰及春兰等兰科花卉，还有花叶芋、万年青类花卉。

（二）阳性花卉

又称喜光花卉。这类花卉喜欢光照，只有在较强的光照下才能良好地生长。光照不足，枝条徒长、纤细，节间伸长，叶片变小，花、果颜色不艳丽而失去观赏价值。这类花卉很多，包括许多一、二年生草本花卉，多年生宿根草本花卉，大量木本花卉及一些球根花卉、观叶花卉、水生花卉、仙人掌类与多肉植物。如常见的一串红、鸡冠花、萱草、铁树、棕榈、芭蕉、扶桑、月季、紫薇、丁香等。

（三）中性花卉

这类花卉对光照强度要求不太严格，多原产于热带及亚热带地区，这些地区空气中水分较多，一部分紫外线被水雾吸收，因而光照强度不是很大，所以它们只能适应北方春、秋季的光照，而不能适应夏季强烈的光照。因此，只有夏天放在疏阴条件下或遮阳棚南侧养护，冬季放置于室内有光照的地方才能正常生长，如常见的山茶、杜鹃、棕竹、白兰、栀子、八仙花等。

光照不仅影响植物的生长，也影响植物的开花。一些花卉能否开花和一天的光照时间长短密切相关。如菊花、一品红等在春、夏长光照下只能进行营养生长，在秋天短日照的条件下，则逐渐出现花蕾并开花，它们常常在日照时数缩短至10～12小时时才进行花芽分化并逐渐开花；而有些花卉，如唐菖蒲，则必须进入夏季，日照时数在13小时以上时才能开花，如果冬季温室种植唐菖蒲，必须增加光照时间才能开花。对于那些每日必须有足够长的日照时数才能开花的花卉人们称之为长日照花卉；而把那些要求每天日照较短、黑暗较长条件才能开花的花卉叫短日照花卉。为了在重大节日实现百花齐放，常采用控制日照时数的方法促使一些花卉早些开花。最常见的是在国庆节期间开花的一品红、三角梅都是提前45～60天进行短日照（每天光照8～9小时）处理的结果。家种一品红，常常出现不开花的现象，这主要是因为在秋凉时，光照时间已渐短，但人们为了防止一品红受寒，早早将一品红放入室内，室内常有灯光照至晚10时，甚至更晚，这样大大延长了一品红的光照时间，因而这种本来应在冬天开花的短日照花卉因光照时间太长而不能开花。还有一些花卉，它们开花与否与每日光照时间长短并无严格关系，只与植株的年龄大小有关。它们长到一定的年龄便会开花，如非洲凤仙、新几内亚凤仙等，只要温度适宜，它们四季都能开花，这类花卉人们称之中日照花卉。

光照的强弱不但影响植物的生长，还影响着植物的开花。如半支莲、酢浆草、勋章花等，只在光照下才能开放，日落后闭合，阴天花是不能开放的；牵牛花清晨开放，下午闭合；紫茉莉则傍晚开花，翌日上午闭合；昙花则总在晚上开花，几小时后便闭合。

三、水分与花卉的生长发育

水是植物生存的重要条件，没有水就没有生命。植物体中一般含有 80% 以上的水分，足以看出水在植物生命中的意义。水是植物进行光合作用制造碳水化合物的原料之一，水中的氧原子经光合作用成为氧分子释放到大气中，水中的氢原子则用于合成碳水化合物被植物利用。没有水，种子不可能发芽，幼苗也不能生长、开花、结果，缺少水，植物便会萎蔫、死亡；反之，水多了，轻者会造成植物徒长，重者会因水多而死亡。

根据植物对水分的需求不同，人们又把花卉分为以下几类。

（一）耐旱花卉

这类花卉主要原产于沙漠及常年干旱地区，常见的仙人掌类及多肉植物都属耐旱花卉。它们贮水能力强，能在干旱的环境下缓慢生长。它们不怕旱，但怕涝。如果水分过大，很容易烂根、烂茎而死亡。在栽培管理过程中应掌握宁干勿湿的浇水原则。如果在它们的休眠期浇水，更易引起腐烂、死亡。

（二）中生花卉

大多数的常见花卉都属这类花卉，它们喜欢稍湿润的土壤，一般土壤保持60%左右的含水量较好，浇水的原则是见干见湿，略微干些或湿些，短期内也无大碍。常见的扶桑、茉莉、月季、苏铁、百日菊、鸡冠花等都属这类花卉。

（三）湿生花卉

它们通常生于湖泊、水溪边的潮湿地方或生于热带森林中。它们要求较高的土壤湿度和空气湿度，不耐旱。在种植中应掌握宁湿勿干的浇水原则。我们常见的千屈菜（水柳）、万年青、海芋、龟背竹、马蹄莲、孔雀竹芋、花叶芋等都属这类花卉。

（四）水生花卉

这类花卉常年在水中、沼泽或积水的低洼地上生长，通常把它们种植在水池或不具泄水孔的花盆中或园林中的湿地上，常见的有荷花、睡莲、芡实、千屈菜、菱、水葱、香蒲、慈姑等。

不同种类的花卉对水分的需求不同，同一种花卉在不同的生育时期对水分的需求也不完全相同。种子发芽期和幼苗期需要较多的水分，因为种子需吸水发芽，幼苗根系弱，抗干旱能力差，这时保持土壤湿润有益于种子的萌发、生长。幼苗生长到一定时期，稍稍干旱可促进根系生长，在花卉进入旺盛生长期和结果期时，充足的水分供应是十分必要的。一些花卉在半休眠期或休眠期应控制浇水或停止浇水，以免引起烂根或腐烂死亡，如肉锥花、生石花，天热时进入休眠，浇水极易引起腐烂。

不同植物对空气湿度的要求也不尽相同。大多数花卉适宜的空气相对湿度是50%～70%；有些花卉能忍耐干旱的环境条件，如仙人掌、多肉植物及原产于我国北方的大部分花卉，它们有较强的抗干旱能力；但有些原产于热带及亚热带林下的花卉则要求在70%～90%的空气相对湿度下才能正常生长，低于这种湿度，叶片容易干焦，生长不良，常见的有洋兰、国兰、秋海棠以及许多观叶花卉，如竹芋、万年青、花叶芋、喜林芋、花烛等。它们在北方冬季干燥的室内只有增加环境湿度才能正常生长。

四、土壤与花卉的生长发育

土壤是花卉生长的物质基础，它不但对花卉起固定作用，也为花卉的生长提供水分和营养。土壤质地、物理性能和酸碱度都能影响花卉的生长发育。

（一）花卉种植常用的土壤及基质

露地花卉由于根系活动范围大，对土壤的要求一般都不太严格，只要土质肥沃、土层深厚、通气、排水性能良好，便能正常生长。而盆栽花卉，由于花盆的限制，根系不能自由生长，盆中的营养也有一定限量，因此盆栽土壤的好坏就成了培养盆花成败的重要因素。以下就我们常用于种植花卉的土壤及基质做一简单介绍。

1. **田园土**　指城郊菜园或种过豆科植物的表层土壤。它们通常具一定肥力，并有良好的团粒结构，常用作调制培养土的重要原料。单独使用，湿时通气性差，干时表层容易板结。

2. **沙土和细沙土**　沙土泛指用于建筑的河沙，颗粒多为0.1～1毫米，也有更大者，平均为0.2～0.5毫米，无肥力，但洁净、排水透气性能良好，常用于配制培养土或用作扦插基质。颗粒更小的称细沙土或面沙，在北方，过去常用于盆栽花卉用土，排水性能较好，资源丰富，但由于颗粒细，和腐叶土、泥炭土比较，透气透水性能差，保水保肥能力也差，比重大。现在已很少单独使用，常和其他土壤混配使用。沙土和细沙土的pH值都为6.5～7。沙土由于价格便宜，洁净，透气性、保湿性较稳定，常用作扦插基质或和其他土壤混配使用。

3. **腐叶土**　树叶和土壤分层堆积，喷灌肥水，长久发酵而成。在沤制过程中，1年应翻动2～3次，使堆积层疏松透气，有利于好气性细菌活动。过于潮湿，透气性不好，造成嫌气菌发酵，易散失养分，影响腐叶土的质量。腐叶土堆积腐熟后，春季用粗筛筛去粗大未腐烂的枝叶，经蒸汽消毒后便可使用。

林下也常有经多年腐烂的腐叶土，去掉表层尚未腐烂的叶片，取其已变成褐色，细碎接近粉末状比较松软的一层，即是腐叶土。松林下，特别是老林下，常可找到腐烂呈灰褐色粉末状的松针土，有一定肥力，透水、通气性能良好，呈酸性，可用来调制北方的土壤，使之成为酸性，以便种植南方花卉。

4. **塘泥和山泥** 塘泥泛指鱼塘底的表土，含有大量的营养和腐殖质，挖出晾干后，打碎成小块，可用于种花；山泥则泛指山区一些团粒结构好，含有一定腐殖质，具一定肥力的土壤，它们经多年风化，树叶或杂草腐烂后混于其中，比较疏松，常可直接或稍加调制用来种植花卉，南方的山泥多呈酸性，常用作山茶、兰花、杜鹃等的盆栽土壤。

5. **泥炭土** 又称草炭土。古代湖泊湿地的植物（如芦苇等），因地壳运动埋于地下，在水淹和缺少空气的条件下分解不完全的有机物，它们所含营养极少，质轻、透气是其最大特点，其容重仅为200～300千克／立方米，孔隙率高达77%～84%，保水保肥力强，常用作扦插基质或与蛭石、珍珠岩、沙等混配使用。略呈微酸性或酸性，pH值5～5.9，持水量可达50%。

6. **陶粒** 黏土经煅烧而成的多孔颗粒，通常呈圆形或卵圆形，小者直径0.5厘米，大者可达2厘米，多褐色。质轻，容重约500千克／立方米，具有适宜的持水量和阳离子代换量。通气性好，洁净，性状稳定，可长期使用。常用于花卉水培或盆栽基质，一般用量不超过总体积的20%。

7. **椰糠** 椰子果实加工后的废料，颗粒粗，吸水、透气性好，质轻，保水保肥力强，近年常和其他土壤混合用于花卉种植。

8. **珍珠岩和蛭石** 珍珠岩是天然的铝硅化合物，是粉碎的岩浆岩加热到1 000℃以上形成的膨胀材料，具有封闭的多孔结构，质轻，通气性好，无营养成分，质地均一，性状稳定，不分解，常与其他土壤（如泥炭土）混合用于花卉种植。珍珠岩常具碱性，用前应清洗几次，去除碱性及钠、氟等有害物质。

蛭石是硅酸盐在800℃～1100℃下加热，迅速失水膨胀的矿物质，体积相当于原体积的20倍，呈云母状，闪亮，容重为100～130千克／立方米，质轻，通气性好，吸水力和持水力都强，常用作扦插基质或与泥炭土等混合配制花卉种植用土。用于花卉种植或扦插，应选用大颗粒的蛭石，经使用后，颗粒易变得细碎、致密，透气性及排水性变劣，因此不能长期使用，通常用1年左右。

陶粒、泥炭土、椰糠、蛭石、珍珠岩等不具土壤特性又常用于栽培。人们常称它们为栽培基质，也有人称它们为人工培养土。近年在花卉扦插、种植中广泛使用。它们常和其他土壤混合配制成各种培养土用于花卉种植。

（二）土壤酸碱度

我国北方地区多为中性或微碱性土壤，南方多为中性偏酸或酸性土壤。一般常见的花卉对土壤的酸碱度要求并不很严格，在中性、微酸性或微碱性的土壤中都能正常生长。主要是因为在这一酸碱度范围内，花卉所需要的营养元素在土壤中都呈可吸收状态，高于或低于这一酸碱度界限，有些营养元素溶解度下降，不能满足植物对元素的需要，从而导致一些花卉发生营养缺素症。最典型的是一些南方花卉，如山茶、杜鹃、栀子、含笑、兰花等，它们都属喜酸性的花卉，适宜的土壤pH值为5.5～6.5，在这样的酸度土壤中，铁离子含量较多，可满足它们的营养需要；而在北方中性或微碱性的土壤中，铁离子形成不溶性化合物，花卉不能从土壤中吸收足够的铁元素，从而幼叶表现黄化现象。为使这些花卉正常生长，常需补充一些硫酸亚铁，以满足它们的需要。土壤的酸碱度还影响到其他一些元素的溶解度、微生物的活动以及根系的吸收能力，从而影响花卉的生长发育。

土壤的酸碱度可用化学试纸（商店出售的pH试纸）来测定。

将土壤加少量蒸馏水，然后用pH试纸蘸一下，变红为酸性，变蓝为碱性，可对比试纸附带的色谱，大致确定土壤的酸碱度。如果土壤过酸，可用石灰质物质白云石、碳酸钙使pH值增高，在pH值为5的黏壤土中，每立方米加入0.4千克的白云石或碳酸钙能使pH值增至5.7，而在pH值7.5的黏壤土中，每立方米加入0.9千克的细硫黄粉，可使pH值下降到5.7。硫黄粉作用缓慢但持久，硫酸亚铁由于性状不稳定，常临时配成0.2%的水溶液喷灌盆花，使土壤呈微酸性增加铁离子的供给，也可喷于叶片，增加花卉对铁元素的吸收。喷灌稀释的矾肥水（有机肥和硫酸亚铁共同沤制）也能改善土壤的酸碱度，使土壤更酸一些。花卉爱好者也常用腐熟的淘米水，或腐烂的瓜果水，或200倍的食用米醋浇灌盆花，使盆土变酸一些。

第三章　景观花卉的繁殖

繁殖是扩大花卉数量的方法，掌握繁殖的方法可以节省许多购买花卉的费用，也可以将远途不易运输的花卉，通过就地繁殖，满足当地的需要。花卉种类繁多，繁殖方式也多种多样，但常用的主要有播种、扦插、分株、压条、嫁接繁殖等方式。

一、种子繁殖

种子繁殖重要的是要有合乎质量要求的种子并创造一定的条件，促使种子发芽出土。

（一）种子的质量

种子质量的优劣是决定花卉繁殖成败的关键，因此必须选择能保持品种特性，发芽率高，病虫害少的种子。要想得到品质优良的种子，应注意以下几个问题。

第一，应选择花品质好、生长健壮、无病虫害的植株作为采种母株。

第二，收获的种子应风干，清除杂质，选出粒型整齐饱满、无病虫害的种子装于布袋或纸袋中贮存。

第三，贮藏条件会影响种子的寿命。大多数花卉种子都要求置于干燥、通风、凉爽的地方保存，其生活力可保持2～3年。也有些种子，如报春花在采后几个月发芽力就可丧失一半，所以这类种子最好放入冰箱中贮藏。还有一些种子应保存于水中，否则会失去发芽力，如王莲、芡实、睡莲的种子，通常应保存于5℃～10℃的水中，并在贮藏过程中每隔一定时间更换1次水。

（二）种子发芽的条件

1. 水分　水分是种子发芽的首要条件。种子吸水后，种皮才能软化，为胚芽和根伸出创造条件。种子内的胚，只有吸收足够的水分才能发生一系列生理生化变化，使结构复杂的贮藏物质变成简单的、易被胚吸收的物质，供种子发芽、生根的需要。如果水分不够，这些变化就不能完成。如果水分过多，会造成呼吸困难，也难以发芽。

2. 温度　适宜的温度是种子发芽的重要条件。不同种花卉种子发芽对温度的要求不同，大多数花卉种子发芽的温度在20℃～25℃。有些花卉如王莲，发芽温度需30℃左右；而有的花卉如花毛茛，发芽的适温是10℃～20℃，温度太高，反而会降低发芽率。

3. 空气　空气为发芽提供氧气，种子发芽在吸收氧气的同时，还在不断排出代谢过程中产生的二氧化碳，只有适当流通的空气，才能不断供给种子发芽所需的氧气，并带走二氧化碳，使发芽的种子周围不断保持一个清新的状态。

4. 光照　大多数种子发芽不需要光照，但有些种子在光照下可加速发芽，并发芽整齐。这类种子又叫需光种子，如彩叶草、瓜叶菊、秋海棠、大岩桐、非洲凤仙等，这些种子常播于土面，上覆玻璃或透明塑料薄膜保湿即可。另一些种子，如鸡冠花、仙客来、大丽花、天竺葵、非洲菊、百日草等在有光条件下不能正常发芽，又称嫌光种子，播后需覆土遮光。大多数花卉的种子发芽时对光不敏感。

5. 土壤　播种还需要有适宜的土壤。要求土壤疏松肥沃，没有病虫害，保水、排水能力强，通透性好。为避免病虫危害，应对土壤进行消毒，常用的方法有：一是对播种土壤进行蒸汽消毒，82℃保持30分钟，冷却后即可应用；二是用40%甲醛溶液500毫升，加水稀释，分层洒于1立方米的培养土上，用塑料薄膜封闭48小时，把土摊开，待甲醛挥发掉后即可应用。消毒时应带手套和口罩，防止药物接触皮肤并吸入呼吸系统；三是将培养土置于微波炉中加热，杀死病菌和虫卵；四是把土壤摊在洁净的水泥地上暴晒2～3天，可杀死大量病菌及虫卵。

（三）播前种子的处理

1. 种子的消毒　为了减少种传病虫害的发生，播种前应对种子进行消毒，用60℃温水，或0.1%硫酸铜溶液浸种0.5小时，可杀死种子表面的病菌；拌一些杀虫剂可杀死虫卵。

2. 发芽较困难的种子的处理　一般种子适时播种都能及时出苗，而有些种子由于种皮结构坚硬或种胚生理变化异常，不易发芽，这就需要播种前做一些处理，促使它仍能及时发芽。

常用方法主要有以下几种。

（1）锉伤种皮　用于种皮坚硬，不易吸水的种子，如莲子、舞草、美人蕉等，播前用锉刀磨破种皮，或用粗砂和种子混合磨破种子的硬皮，再用水泡，吸水膨胀后再播种，可加快发芽。

（2）低温层积沙藏　有些种子收获时并未充分成熟，需经一定的后熟期才能成熟，如桂花、月季、海棠的种子，秋末拌入湿沙，埋于60厘米深的沟内，翌年早春取出播种，种子可及早萌动出苗。

（3）冻裂法　一些种皮坚硬、木质化的大粒种子，极难吸水，如桃、杏、核桃等，常在冬前埋入土中，浇水，经过整个冬季，种皮冻裂，翌年春便易吸水发芽。

（4）变温处理　有些花卉种子的胚根（发育成根）和胚轴（发育成茎）需要不同的温度才能解除休眠，然后才能发芽，如芍药、牡丹、流苏，它们的胚根须经过1～2个月的高温阶段（25℃～30℃）才能解除休眠，发育成根，而胚轴则须经过3℃～5℃的低温1～3个月才能解除休眠。对这类种子如播前与湿沙混合，经一定时间的高温与低温处理便能在春天很快发芽。培育牡丹新品种或常用的实生苗，都是在8月份种子成熟时，立即采收并播种，这样经过8～9月份的高温，继而进入冬季的低温，翌年春天便可发芽，如播种过晚，翌年春天多不能发芽，需到第三年春天才能发芽。

（5）*浸种* 通常播种的大粒硬皮种子经浸种使种皮吸水软化都能促使种子早发芽，如常见的观赏南瓜、向日葵、豆角、苦瓜、葫芦等。也可在种子的上、下面覆盖湿纱布，置于20℃～25℃处，每天换水，等萌动后再播种。

（四）播种

1. 播种期 播种季节应根据花卉的生物学特性及应用的需要来安排，如一年生花卉通常在春天播种，但为了春天的需要，也可于冬季在温室内播种；有些播后能较快开花的也可根据需要于春、夏天分批播种如翠菊、一串红等。但二年生花卉，由于不能忍耐夏季的高温，生长发育完成于凉爽时期，如花毛茛、三色堇、瓜叶菊等，只能在秋天播种，经过冬季的低温，春天进入花季，炎夏时结籽死亡。露地木本花卉的种子一般都较大，种皮也较坚硬，如桃花、梅花、榆叶梅等，通常都在冬前播种，经过整个冬季，种皮冻裂，种子完成后熟，翌年春天可顺利发芽。

2. 播种方式和方法 常用的播种方式有盆播或畦播，这样便于对种子发芽及幼苗进行管理，也可直播（种子直接种于花坛）。现在市上有各种规格的塑料穴盘出售，常用的穴盘有128穴与288穴两种规格，其深浅也不一样，深筒穴更适宜直根系花卉的生长。使用穴盘育苗，管理简便，移苗时，将整个穴内的苗土一并移出，不伤根，有利于移栽苗的缓苗和成活。

花卉栽培中常用的播种方法有撒播、点播和条播。播前应将播种土壤整细压平，喷透水。小粒种子撒于土面，如果种子太小，为撒播均匀，可混沙撒播，如秋海棠、大岩桐的种子；种子较大或种子稀少，播种时可按一定株行距要求，开穴点播种子，如种子发芽率高，每穴2粒即可；当品种较多，每品种的种子又较少时，常采用条播，用小木棒划沟，将种子播于沟内，覆土，并做好记录，记载每沟内的品种名称。

3. **播后管理** 播后保湿是十分重要的工作。土壤保持足够的湿度才能使种子吸水、发芽，为此播后应用玻璃或塑料薄膜覆盖盆面或播种畦面，减少水分蒸发，每天应揭开玻璃或塑料薄膜透气一定时间。土壤干燥时可用细孔喷壶喷水，盆播小粒种子则常将播种盆置于大水盆中，让水从盆底浸润，这样才不至于冲乱表土层的种子。

幼苗出土后，由于幼苗娇嫩，应揭去覆盖物，并逐渐见光，减少浇水，使幼苗得到锻练。水大、光弱、通风不良易引起幼苗烂根，发生病虫害。幼苗2片真叶出现时，可分栽，对一些易患病的品种还应及时喷杀菌剂，以减少病害的发生。幼苗出现几片真叶后，可上小盆，每盆1株。新上盆的小苗，应置于较阴凉处缓苗几天，逐渐见光，直至在光下正常养护。

二、扦插繁殖

扦插繁殖是目前无性繁殖中应用最为广泛的繁殖方法。随着塑料薄膜与生根物质的应用，许多草本与木本花卉都可用扦插方法繁殖，可在短期内获得大量植株。它的优点是繁殖所用材料广泛，成苗快，开花早，可保持原品种特性。缺点是无主根形成，某些植物寿命有变短现象。

（一）扦插基质

常用的扦插基质有沙、蛭石、珍珠岩、草炭土，它们的优点是洁净，保水性能与透气性能好，容易促使扦插材料生根。沙虽保水性能差，但透气性好，便宜，宜得，洁净，只要注意浇水，就可满足生根的需要，因此仍是目前应用最为广泛的扦插基质。

（二）扦插生根物质

目前常用的生根物质主要有吲哚丁酸（IBA）、吲哚乙酸

（IAA）及萘乙酸（NAA）等。吲哚丁酸和吲哚乙酸属同一大类物质，前者比后者性状更为稳定；萘乙酸也是一类性状相当稳定的物质。生根剂的使用浓度一般都很低，市售的生根剂多为酒精溶剂或粉剂。酒精溶剂用时需用水稀释至一定浓度，常用的水溶液浓度一般在10～200毫克/升，浸泡切口处，浸泡时间依具体植物而定。一般来说，用低浓度溶液浸泡时间长些，高浓度则浸泡时间短些。使用粉剂，应先将切口用水蘸湿，再蘸粉剂。市售的生根剂，酒精溶剂或粉剂都有详细说明，可参考应用。

（三）扦插材料

常用的扦插材料多为枝条，其他如芽、叶、根、鳞片也用于扦插，这些材料的切口处，在适宜的条件下可长出根和芽，从而形成一个完整的植株。

（四）扦插方法

1. 枝插　枝插依选取枝条的木质化程度分为硬枝扦插、半硬枝扦插和嫩枝扦插（又称软枝扦插）3种。

（1）*硬枝扦插*　又称老枝扦插，常用于落叶木本花卉。插条用1～2年生充分木质化的枝条，在落叶后至翌年春天发芽前进行。插条一般选取健壮的15～20厘米长的枝条，将插条的2/3埋入土中，地上只留1～2个芽。通常南方秋天扦插，北方则于早春扦插。插后浇水保湿，不需遮荫。木槿、连翘等多用此法。

（2）*半硬枝扦插*　主要用于常绿木本花卉的生长期扦插。选取当年生半木质化枝条10厘米左右，将下部叶片除去，保留枝顶端1～2片叶，插穗插入扦插基质1/2～2/3。扶桑、月季、桂花、米兰等可用此法。

（3）*嫩枝扦插*　选取当年生嫩枝进行扦插，多用于草本花卉。剪取枝条顶梢5～10厘米的未木质化的枝条，留顶端1～2片叶，去掉其余叶片，插入扦插基质1/2～2/3。菊花、秋海棠等许多草本花卉多用此法。

2. 芽插　直接剪取嫩芽或一段带叶片的2厘米左右长的带芽枝条作插穗。如春天常剪取菊花的脚芽、大丽花的嫩芽作插穗；也可剪取带叶片及腋芽的一小段枝条作插穗，如菊花、橡皮树、山茶花、八仙花等均可。

3. 叶插　一些植物的叶片也有很强的发芽能力，利用这些叶片可迅速繁殖出许多新的植株，如许多秋海棠，将叶片的粗叶脉切断，剪去四周叶缘，将叶片放于潮沙表面，叶面稍覆薄沙或小石块，使叶片紧贴沙面保湿，20天左右可从叶脉处长出根及小芽。将西瓜皮椒草、大岩桐等植物的叶子，从叶柄下部剪下，将叶柄插入潮沙中，也会从叶柄基部长出根与芽来。吉娃莲的完整叶片或神刀叶片的片段也可平放在潮沙上，经30余天生根长芽。

4. 根插　有些植物的根也有产生芽的能力，如芍药、凌霄，剪成5～10厘米的小段，平埋或竖埋于潮沙中；宿根福禄考等植物的根切成小段横埋于沙中，都可长出新芽形成一个新植株。

许多枝条也可用水作基质，在水中生根，这样的方法简便易行，更适合家庭使用，如夹竹桃、月季、非洲凤仙花、彩叶草、秋海棠类、银芽柳、万年青类和富贵竹等多种植物，可剪成5～10厘米的嫩枝或更长些，插入水中，2～3天换水1次，在温暖的季节(25℃左右)也易生根。待生根后种于花盆中，置荫蔽处数日缓苗；然后缓慢见光，便可形成一个新的植株。

三、分株繁殖

许多植物的根际易分蘖出许多新芽并长新根，它们靠这种方法繁殖大量新植株，如菊花、中国兰花、洋兰中的石斛兰、卡特兰、鸢尾、玉簪、石榴树等；一些球根类植物，老株死亡时，地下长出许多仔球，如唐菖蒲、小苍兰、百合、郁金香等，都可将仔球分离种植形成一个新的植株。

四、压条繁殖

这是一种简单易行的繁殖方法，可将根际的枝条弯下，在适当的地方环割、埋土、浇水，即可利用母株供给营养，继续生长，又可产生新根。待新根系形成后，切断与母株的联系，另行种植。有的植物如石榴、贴梗海棠等，根际周围常可产生许多新枝，可刻伤枝条，四周埋土，生根后移栽。有些植物难以扦插繁殖，则可用高空压条法如梅花、玉兰、茶花等，可在当年生壮枝靠近节的下方环剥树皮，用塑料薄膜将剥皮的地方包起来，内装苔藓与培养土，或单装培养土，然后将塑料薄膜扎成袋，袋内保湿，待生根后，可切取带根的部分种植。

五、嫁接繁殖

是目前应用十分广泛的繁殖方法。它是将植物的一部分器官（通常是芽或枝条）接到另一植物体上，使之成为一个新个体。前者称接穗，后者带根的植物体称砧木。这种繁殖方法有很多优点，但需掌握一定的嫁接技术才能成功。由于砧木有完整的根系，所以嫁接上的部分，可以快速生长，提早开花结果；由于许多砧木对当地环境有较强的适应性，因而增强了接穗对当地环境的适应性与抗性，如优良的月季品种，嫁接于白玉堂上，可利用白玉堂强大的根系，迅速生长开花；观赏桃嫁接于北方的山桃上，可提高抗旱性及抗寒性；梅花嫁接于梅的实生苗上或杏的实生苗上，寿命要比嫁接到山桃上更长；菊花嫁接于青蒿或黄蒿上，可培育出多种造型菊，如高大的塔菊、开数千朵花的大立菊，并可在一棵蒿上接上多个品种的菊花，形成什锦菊。嫁接方法通常包括芽接法与枝接法 2 种。

（一）芽 接 法

芽接法的最大特点是接穗选用的是芽，砧木通常用的是1～2年生的树苗。嫁接部位通常在砧木的地上5～10厘米处。嫁接成功后，才截去砧木上部枝条，促进接穗快速生长。接穗应选用当年健壮枝中段部位的芽，取芽前去掉叶片，保留叶柄，砧木应去掉下部侧枝，充分浇水使树液增多，以便脱皮。常用的有盾形芽接法、方块芽接法、平接法和劈接法。

1. 盾形芽接法　又名“T”字形芽接法。选取饱满的叶芽，剪去叶片，保留叶柄，用利刀将芽及叶柄附近削下，长约2厘米，芽位于其中，并稍带木质部，形成一盾形芽片。砧木的嫁接处切成“T”字形，用芽接刀将皮层挑开，将盾形芽片插入，并使芽上端横断面的形成层与砧木“T”字形上横断处的形成层相吻合，然后用塑料薄膜条将芽片捆紧，露出叶柄及芽（图3-1）。

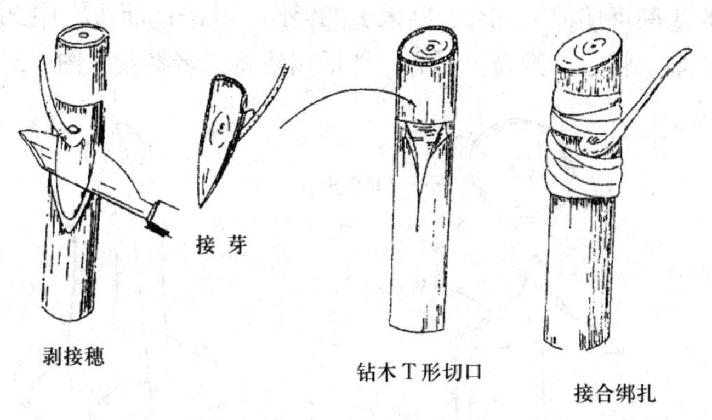

图3-1　T形芽接

2. 方块芽接法　切取芽片方法同盾形芽接法，但切片呈方形，芽位于芽片正中，不带木质部。芽片长1.5厘米，宽为枝条周长的1/3，不能剥落芽片的维管束鞘，俗称附芽肉。砧木上也切一个与芽片大小相同的方形块，把皮层取下，将接穗的芽片嵌入，能四周对齐最好，如不能，至少上下应对齐密接，一侧密接也可，然后用塑料薄膜条如同盾形芽接法一样扎紧(图 3-2)。

图 3-2 方块形芽接

3. 平接法 平接法主要用于柱状和球形花卉之间的嫁接。接穗用球类仙人掌，砧木常用三棱箭或花盛球（草球）。嫁接时，将接穗的基部平切掉一部分，砧木上部平切，并沿切面边缘作 30° 左右的切削；将二者维管束对齐，然后用线将二者捆紧（图 3-3）。

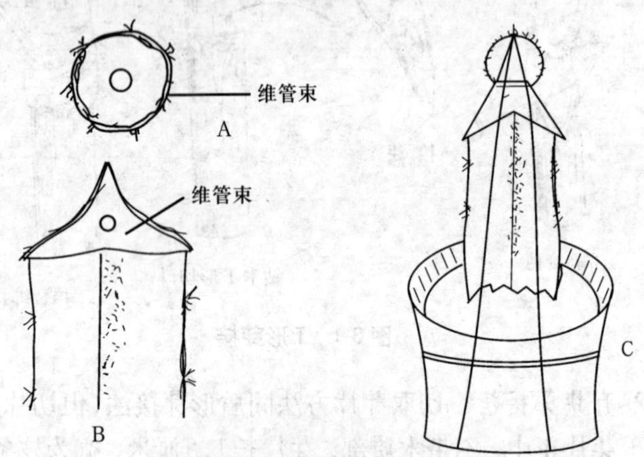

图 3-3 平 接 法

A. 仙人球 B. 三棱箭 C. 将仙人球与三棱箭捆绑

4. 劈接法 又名楔接法。常用于仙人掌类花卉嫁接。先将接穗两侧削成楔形，在砧木的刺座处开斜口，也可在三棱箭茎顶平切一刀，将切穗插入维管束处，然后用针，或刺，或木夹固定(图 3-4)。叶仙人掌嫁接球类仙人掌，先将叶仙人掌枝端削成尖楔形，将接穗底部划一浅的十字裂口，随即将砧木尖端插入接穗十字裂口内(图 3-5)，然后用线绳固定。

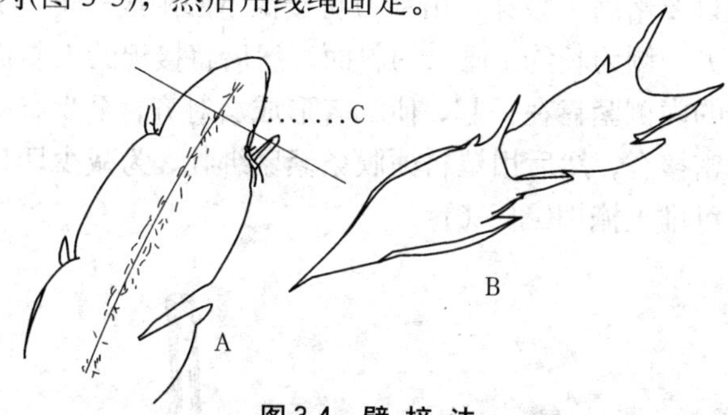

图 3-4 劈接法

A．嫁接的三棱箭 B．蟹爪兰段

C．可插于刺座处；也可平切茎端，插于茎端维管束处

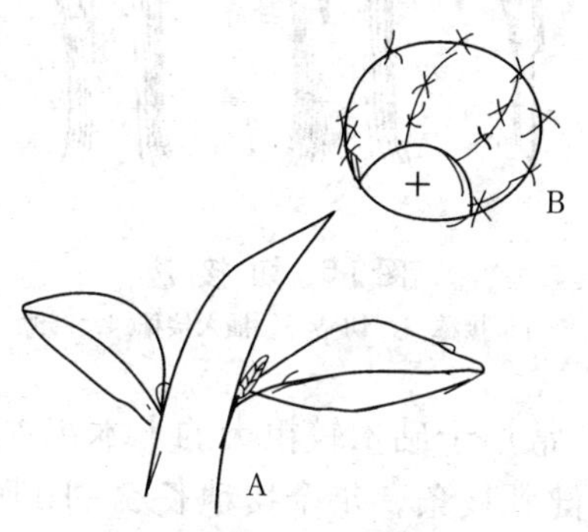

图 3-5 劈接法

A．待嫁接的叶仙人掌 B．仙人球

（二）枝接法

接穗为枝条，多在休眠期进行，只有靠接法在生长期进行。通

常有以下几种嫁接方法。

1. **切接法** 常用于较小的砧木嫁接。通常选用直径1～1.5厘米的幼苗，在离地5～10厘米处，平截去上部，在其一侧稍带木质部纵切，深2厘米左右。接穗选用1～2年生新枝，枝条应健壮充实，直径约0.5厘米，剪成长5厘米带3个芽的接穗，接穗的上切口要略高于腋芽，用利刀将接穗下部削成一侧为2厘米的斜面，另一侧为长约1厘米的斜面。然后将接穗的大斜面与砧木纵切面的内侧紧靠在一起，使二者形成层对齐，至少有一侧的形成层紧密接合，然后用塑料薄膜条紧紧绑扎，为减少切口处水分蒸发，可堆土掩埋(图3-6)。

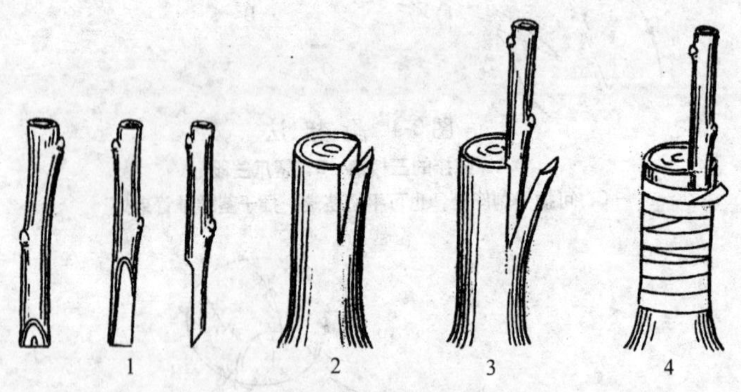

图3-6 切接法

1. 接穗 2. 切砧 3. 插入接穗 4. 绑缚

2. **劈接法** 常用于砧木较粗大的木本花卉。接穗选用直径0.5～1厘米的健壮枝条，每个接穗长5～10厘米，含3个芽；接穗下端切成两侧等长的两个斜面，长2～3厘米。在砧木离地面约10厘米处截去上部枝干，然后在横断面纵劈，深度为3～5厘米。将1个或2个接穗插入砧木纵向切口，务使砧木外侧形成层与接穗的一侧形成层对齐，用塑料薄膜条绑扎。为防水分蒸发，可用土掩埋接口。成活后保留1个接穗即可(图3-7)。

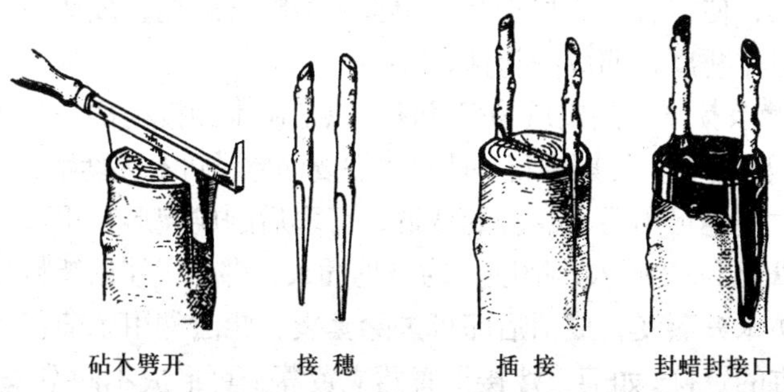

图 3-7 劈 接 法

3. 腹接法 砧木为1～2年生实生苗，在地面以上5～6厘米处斜切一刀，将木质化的含有3个芽的短接穗，用刀把下端切成楔形，插入砧木切口，使形成层对齐，然后用塑料薄膜条绑扎好。接穗成活后，剪去接口以上砧木。腹接法一般在秋季进行，北方一般在9月份，接穗成活后，小苗进入休眠期，翌年春季接穗的芽才萌发(图3-8)。

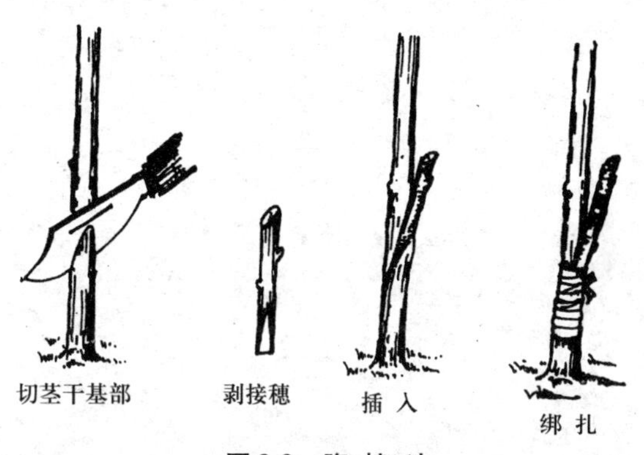

图 3-8 腹 接 法

4. 靠接法 此法多用于嫁接难成活的花木。由于接穗在嫁接成活前始终不脱离母本并得到母体营养供应，因此嫁接易于成功。通常将嫁接的两盆花木搬到一处，嫁接处各纵切去一部分皮层，略见木质部，使二者形成层吻合，用塑料薄膜条绑扎。成活后，将接穗与母体断离，即成一新株。

5. **嫩枝接** 本法实质为劈接法，只是砧木和接穗都是当年生的嫩枝，嫁接于生长期进行，时间依需要而定。砧木选幼嫩枝，切去枝端；接穗可用另一品种的枝端，剪取后削成楔形，用双面刀将砧木纵切1～2厘米，把削好的接穗插入，绑好，外用塑料袋套住，以防水分蒸发，成活后即可去除套袋。此法常用于菊花、杜鹃等花卉的嫁接。如菊花嫁接于青蒿或黄蒿上可形成不同造型菊，如塔菊、大立菊、什锦菊（一株菊花，开多个品种菊花花朵）。杜鹃花也可用此法嫁接，一株可开出多个品种花的花朵。

第四章　植物生长调节剂在景观花卉中的应用

植物自身可以合成一些微量物质（植物激素），调节植物的生长发育，人们根据植物激素的研究成果，人工合成一些植物体内合成的植物激素的类似物，从外部施加给植物，引起植物的生长发育变化，这类人工合成的物质称植物生长调节剂。近几十年来已在花卉上广泛应用，并取得不少成果。

植物生长调节剂用量甚微，用得适当，可提高花卉质量，加速花卉生产的发展；使用不当，则会起到相反的作用。现在应用于花卉上的生长调节剂主要包括生根剂、乙烯释放剂和生长延缓剂。下面简单介绍一下它们的应用。

一、植物生根剂的应用

最早发现植物自身合成的吲哚乙酸具有促进植物生根的作用，它主要由幼叶合成，所以保留幼叶有助于扦插成功。但吲哚乙酸可以被植物体内的吲哚乙酸酶所分解，外用不够稳定，人工合成的吲哚丁酸即可促进生根又不能被分解，所以现在常用于扦插生根，此外萘乙酸也有促进生根的作用。它们都是用酒精才能溶解，而不能溶于水，所以常先用酒精溶解配成酒精母液，或加入滑石粉使用。使用的方法有3种。

（一）浸渍法

一般使用浓度为10～200毫克／升，浸泡插条基部12～24小时不等。各种花卉生根所需浓度和浸泡时间不同，这要根据自己试验或别人经验确定。

（二）速 浸 法

所用浓度较高，一般在500～1 000毫克／升或更高，将插条基部只需浸入溶液几秒钟即可。

（三）粉 剂 法

将吲哚丁酸或萘乙酸先用酒精溶解，再加入一定量的滑石粉，配成一定浓度。使用时，将根浸水，再蘸滑石粉剂。市场上有专门配好的酒精溶剂及粉剂可选用。

二、生长延缓剂的应用

目前在国内常用的生长延缓剂有矮壮素（CCC）、比久（B9，即N－二甲基氨基琥珀酸胺）、多效唑（PP333），它们的主要作用是控制节间的伸长，从而控制了植物的生长，使植株矮化，控制株型，使之小型化，使植株矮壮花大。有试验证明，喷洒50%矮壮素200～300倍液可使大丽花植株高度降低30%～50%，茎粗，花大，节间比正常株短50%，矮壮花大的案头菊是由200～400倍液比久处理的结果。多效唑目前也广泛用于菊花的矮化及水养水仙花的矮化，可使水仙花株矮，叶短而肥厚。

三、乙烯释放剂的应用

乙烯利（2－氯乙基磷酸）是一种强酸性液体，加水稀释，当pH值达4.1以上时，可以分解释放乙烯气体。乙烯对某些花卉有促进开花作用，现在凤梨类花卉已广泛使用乙烯利促进开花，供节日需要。

不同的植物生长调节剂在不同的花卉中起着不同的作用，或打破休眠，或促进生长、开花，或提高坐果率，增加观赏效果等。

赤霉素类、细胞分裂素类物质由于价格昂贵，目前多用于试验阶段，主要用于植物的组织培养或克隆技术，在花卉的繁殖中也起到了不少作用，相信随着人们研究的深入，它们在花卉的生产中将会起到更多的作用。

第五章　景观花卉的常用肥料及其合理使用

花卉的生长发育离不开营养元素的不断供应，这些营养元素主要包括碳、氢、氧、氮、磷、钾、钙、镁、硫、铁、锰、硼、铜、锌等。除碳、氢、氧来自空气外，其他均来自于土壤，其中对氮、磷、钾需求量最大，故又称肥料中的三要素。花卉所需的这些营养元素，除一部分来自土壤本身外，大部分需通过施肥补充。合理施肥不仅影响着花卉的生长发育，也影响着它们的产量与质量。

一、肥料的种类及应用

肥料分有机肥（农家肥）与无机肥（化肥）两大类。

（一）有机肥

有机肥包括人粪尿、畜禽粪、堆肥、各种饼肥等。由于其组成成分变化大，其所含营养元素也十分不固定。有机肥除了提供植物的营养外，还可改良土壤；有机肥的另一大优点是可缓慢而稳定地较长时间地提供营养。

1. **人粪尿**　有机质含量较少，为5%～10%，含氮为0.5%～0.8%，磷0.2%～0.4%，钾0.2%～0.3%，由于含有病菌，营养元素难以被植物直接利用，必须经发酵分解，杀灭病菌后使用。

2. **厩肥**　主要成分为家畜的粪便及饲草、饲料和垫圈土。由于成分十分不固定，所以营养成分也不固定，但多以氮素为主，并含磷、钾元素，经沤制发酵后可使用。与人粪尿一样，有效成分少，但肥力持久而柔和，可改良土壤，增加土壤有机质，可直接施入花坛、树旁。

3. **饼肥**　油料植物种子榨油后的残渣。这种肥料一般含有机质75%～85%，营养丰富、完全。需粉碎发酵后使用，常作基肥，也可用作追肥。发酵的饼肥需对水稀释后使用，一般需对水10倍以上作追肥用。常用饼肥的营养含量见表5-1。

表5-1 常用饼肥的营养含量

种 类	氮（%）	磷（%）	钾（%）
大豆饼	6.25～7.02	1.09～1.79	1.20～1.90
花生饼	6.39	1.10	1.90
芝麻饼	4.90	2.00	0.92
菜籽饼	4.64	0.32	0.39
棉籽饼	5.62	2.49	0.85
蓖麻饼	4.98	2.06	1.90

4. **家禽粪和蚕粪** 家禽饮水少，粪中水少，因而各种营养浓度较高，而蚕粪（即蚕沙）实质上是蚕粪与桑叶碎末组成的混合物，有机质含量高达78%～88%(表5-2)。

表5-2 家禽粪和蚕粪的营养含量

种 类	水分（%）	有机物（%）	氮（%）	磷（%）	钾（%）
鸡 粪	50.0	25.5	1.67	1.54	0.85
鸭 粪	56.6	26.2	1.10	1.40	0.62
鹅 粪	77.1	23.4	0.55	0.50	0.95
鸽 粪	51.0	30.8	1.76	1.78	1.00
蚕 粪	-	78～88	2.2～3.5	0.5～0.75	2.4～3.4

5. **矾肥水** 是一种含硫酸亚铁的有机肥。用饼肥5～10千克、猪粪10～15千克、硫酸亚铁（又名绿矾）2.5～3千克对水200～250升一起置于缸中发酵，在夏天经20天后可取上清液用水稀释后浇灌花卉，可起到酸化土壤的作用。也可用发酵好的有机肥水50升加硫酸亚铁400～500克配制。常用矾肥水可使北方的中性或

碱性土壤呈弱酸性，使pH值达5.8～6.7，适合在北方种植南方花卉时使用。

许多花卉种植者常在花盆底部放一些蹄角或盆土中混一些骨粉后种花，这两种肥都属迟效性有机肥，需经逐渐发酵后缓慢释放营养。蹄角含氮15%、磷0.2%、钾0.3%，是一种有机氮肥；而骨粉含磷25%～30%、氮4%，缺钾，可以说是一种有机磷肥。

（二）无机肥

又名化肥，为人工合成，以无机化合物状态存在。优点是养分单一，含量高，易溶于水，肥效快，清洁卫生，使用方便；最大的缺点是易造成土壤板结。所以，最好配合有机肥使用。常用的化肥有以下几种。

1. 氮肥类

（1）尿素　白色结晶状，含氮量45%～46%，中性肥料，是含氮量最高的化肥。

（2）硫酸铵　俗称肥田粉，白砂糖状，生理酸性肥料，含氮量20%～21%。

（3）硝酸铵　俗称硝铵，白色或淡黄色结晶，含氮量32%～35%。

2. 磷肥类

（1）磷酸二氢钾　白色结晶，磷钾复合肥，含磷53%、钾34%，常作根外追肥用。

（2）磷酸铵　俗称磷铵，白色颗粒，是磷酸一铵和磷酸二铵的混合物，含磷46%～50%、氮14%～18%。

（3）过磷酸钙　灰白色或深灰色粉末，含磷16%～18%，能溶于水，常作基肥用，用量可达盆土的1%～5%。

3. 钾肥类

（1）硫酸钾　白色或灰白色结晶，含钾48%～52%，常作基肥，也可用作追肥。

(2) *硝酸钾* 白色结晶，含钾45%～46%，氮12%～15%。

上述肥料含磷量以五氧化二磷(P_2O_5)表示，含钾量以氧化钾(K_2O)表示。

4. **微量元素** 种类也很多，如铁肥、硼肥、锌肥、铜肥、钼肥、锰肥等，由于植物需用量极微，通常培养土中，特别是施用有机肥的土中都不缺少，因而也很少单独施用，除非植物出现缺素症状。这里需要提的是铁肥的使用。常用的铁肥是硫酸亚铁，又名绿矾，蓝色结晶，易溶于水，也易氧化成不能被植物吸收的铁锈色的硫酸铁。在酸性土壤中，铁溶解量大，可满足南方花卉所需；但在中性或偏碱性的土壤中，铁溶解量降低，因而一些南方花卉在北方种植时，由于北方土壤多为中性或微碱性土壤，常表现缺铁症，即幼叶失绿变黄，常用硫酸亚铁喷施补充铁元素。像南方花卉杜鹃、山茶花、栀子等在北方种植时常遇到缺铁症的问题。但硫酸亚铁又是一种很不稳定的化合物，所以持久性不强，通常用浓度0.2%的硫酸亚铁喷施几次才能见效。其络合物尿素铁比较稳定，具长效性，但由于价格较高，影响了广泛使用。

二、肥料的使用

（一）科学施肥

施肥的种类和数量应根据花卉的不同生长发育需要和土壤中营养含量情况决定。一般来说，花卉生长前期（开花前）对氮肥需要量较大；花蕾出现后对磷、钾肥需要量相对较多，有利于开花结果。但各个时期氮、磷、钾都是不可缺少的，只是各时期对它们的需要量稍有差别而已。大面积种植或生产花卉最好先进行土壤养分测定，再根据花卉所需进行补充。但一般生产种植者还难以做到这一点，常根据养花经验，看苗施肥。

春、夏是植物的生长旺季，可增加施肥次数和施肥量；秋凉后生长渐缓，可减少施肥。但有的花卉，如生石花、肉锥花等，天热时休眠，春、秋两季才是它们的旺盛生长期，所以夏天必须停止浇水施肥，因而施肥也要根据不同植物的生长需要进行。草本花卉通常在生长旺季时10天左右施1次稀肥水；而木本花卉常在入冬前施1次农家腐熟肥，生长季节进行几次追肥。使用的有机肥必须经充分发酵，既可消灭病菌，又不致伤根；化肥纯度高，肥力强，宁可淡些，而不能浓施，化肥使用过量常引起花卉迅速死亡。

（二）施肥方法

花卉的施肥方法主要有基肥、追肥和根外追肥3种。

1. **基肥**　在播种或定植前施入土壤中的肥料，通常以有机肥为主，也可混入一些化肥，特别是迟效性化肥。基肥可以较长期地供应花卉生长发育的需要。人们习惯在盆花上盆时在盆底放些未发酵的蹄角或已发酵的饼肥，但应注意在这些肥上要撒一层土，避免植物的根与这些肥料直接接触。

2. **追肥**　花卉的一生通常都需几个月的生长时间或更长，只靠基肥是不够的，因此在生长的不同时期常需补充一些肥料，称为追肥。追肥通常用速效性肥料，如复合肥或发酵好的液体有机肥，追肥的浓度须很好掌握，浓度过大可使花卉根部受伤，导致死亡。通常化肥的浓度在0.5%左右，有机液肥通常需稀释10倍以上使用。

3. **根外追肥**　指用低浓度的化肥喷施叶部，浓度通常在0.2%左右。根外追肥多是通过叶背面的气孔吸收，以补充植物根部吸收之不足。为防喷到叶面的液肥水分迅速蒸发，影响叶片的吸收，应尽可能在傍晚或清晨空气湿度大、风力小的情况下，从叶面下部喷施，以达到最佳效果。根外追肥，植物吸收利用快，见效也快。

第六章　景观花卉的病虫害防治

花卉生长发育过程中，受病虫害危害是很难避免的。植物一旦受病虫害危害，便会严重影响花卉的健康生长，品质降低，影响观赏价值。因此，了解一些花卉常见的病虫害，并积极进行防治十分重要。

一、常见的病害及其防治

（一）病毒性病害

由病毒引起，表现出质量下降、产量降低。病毒传播途径甚多，可土壤传播，种苗传播，机械摩擦传播。许多昆虫，特别是蚜虫更是一个重要传播途径。有些花卉，一株可有几种病毒。对于病毒病现在还没有很好的防治方法。目前主要的方法是消灭传染病毒的昆虫及通过花卉脱毒技术减少病毒的危害。花卉的生长点常没有病毒，通常用仅含1～2个叶原基的生长点，通过组织培养，形成无病毒植株。也可选用无病毒的植株，在隔离病原的情况下，繁殖无病毒植株的后代，可以提高花卉的质量。某些植物，如百合，通过种子种植可去除病毒。

（二）猝 倒 病

又名立枯病，由真菌中的丝核菌、镰刀菌属及腐霉菌属的一些真菌引起，它们都是土壤中生存的真菌，属土传性病害。症状为种芽腐烂或幼苗基部腐烂，虽叶片嫩绿，但可引起幼苗倒伏，似猝倒状，有的虽嫩茎已木质化，受侵染死后仍然直立，但易折断。患此病常和土壤潮湿有关，可在播种前先进行种子消毒、土壤消毒，幼苗期喷杀菌剂都可起到预防作用。

（三）白粉病

由真菌引起，常发生于幼叶及叶片上，白粉状。可抑制幼叶生长，引起叶片脱落。常用粉锈宁（三唑酮）或甲基托布津、多菌灵等防治。

（四）锈 病

由病菌引起，叶片上出现铁锈色病斑，呈橘黄色疱状突起，破裂后散出橘红色粉末孢子。锈病种类很多，其孢子在幼芽处越冬，可使叶片干枯。常用粉锈宁等防治。

（五）枯萎病

由镰刀菌等多种病菌引起，常发生于成年植株，表现枝叶突然枯萎，夏季容易发生。茎内维管束常变褐色。球茎类花卉常引起球茎腐烂。病菌在土中或球茎中宿存，并传播病害。最好的防治办法是轮作，或种子、球茎种前用多菌灵等杀菌剂消毒。

（六）软腐病

由细菌引起，多发生于球根、宿根花卉。主要症状为引起茎、叶、球茎腐烂、发臭。病菌寄主广泛，可长期存在于有病残体的土壤中，由土壤和昆虫通过伤口传播。发病初期可用1000倍液链霉素控制，并清除病株残体及土壤。

（七）叶斑病

这是许多花卉常见的一类病害，由真菌引起。发生于叶片上，产生圆形、椭圆形或各种不规则的斑点，颜色多为褐色、黑色，也有紫、红、灰、白等颜色。有的有明显的边缘，有的边缘不太清晰，有的斑点中间有轮纹，有的斑点隆起，有的并不隆起。月季、菊花叶片上的黑斑病，凤仙花叶片上的褐斑病都属这类病害。可用杀菌剂，如多菌灵、甲基托布津、百菌清等喷雾数次防治。

（八）灰 霉 病

由真菌引起。茎、叶、花均可感病，受害部位腐烂变褐，潮湿时出现灰色至土黄色霉层，可引起受害部位枯死，甚至全株死亡。常见于温室中的花卉，露地花卉也可发生。可用杀菌剂，如代森锌、百菌清、苯来特等消灭。

（九）炭 疽 病

由炭疽菌属的几种真菌引起，可使叶片产生黑色、褐色至灰白色的斑点，引起叶片或幼芽死亡。可用多菌灵、甲基托布津等杀菌剂防除。

（十）白 绢 病

主要危害草本花卉，多发生于热带、亚热带地区。在其他地区高温时，如我国的夏季也常见其危害。常于茎、叶基部接近土壤处变褐腐烂，长出白色绢丝状菌丝体，在根际土壤中蔓延。土壤传播，需土壤消毒，如用五氯硝基苯以0.2%的浓度与盆土拌和，最好种花前先消毒土壤。

二、常见虫害及其防治

（一）蚜 虫

又名腻虫（图6-1）。种类繁多，是最为常见的害虫，如桃蚜、棉蚜、菊蚜等。它们每年可繁殖10～30代，以卵在植物上越冬。可孤雌胎生，也可交尾产卵越冬。用刺吸式口器吸食植物幼嫩枝叶中的汁液，使叶片卷曲皱缩，常密集成群，聚集于幼嫩枝叶处。七星瓢虫、食蚜蝇及草蛉是它的天敌。也可用除虫菊酯、鱼藤精、氧化乐果、乙酰甲胺磷等药剂灭除。

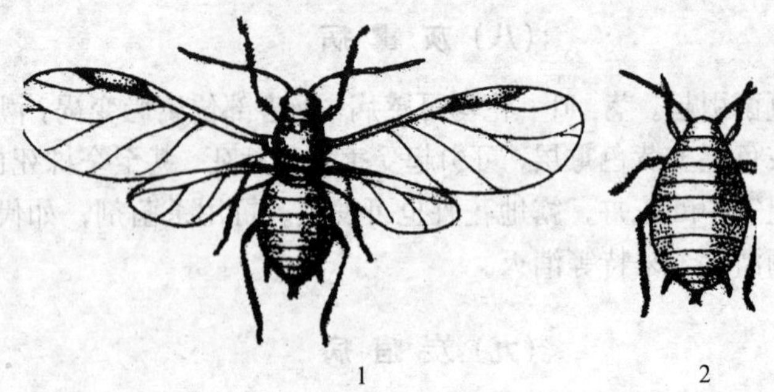

图6-1 蚜 虫

1. 有翅胎生蚜　2. 无翅胎生蚜

（二）红 蜘 蛛

又名叶螨（6-2），属螨类害虫。用刺吸式口器吸食植物汁液，为害多种植物。被害叶片初呈黄白色小斑点，后逐渐波及全叶，使叶片枯黄脱落，每年可繁殖10～20代，在温室内更多。以受精雌性成螨在枯枝落叶上或土块孔隙中越冬。天敌为智利小植绥螨和拟长毛钝绥螨。可用三氯杀螨醇、氧化乐果、三环锡可湿粉性剂、克螨特乳油等药剂灭除。

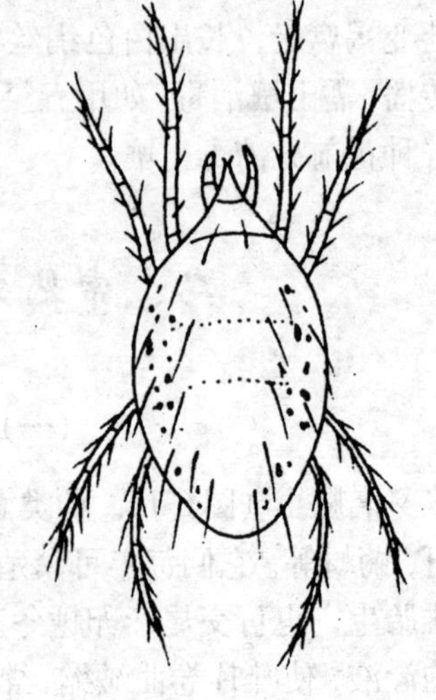

图6-2 红 蜘 蛛

（三）白 粉 虱

常见于温室花卉，吸食植物汁液，并分泌蜜露，导致煤烟病发生，引起植物叶片干枯脱落，每年可繁殖10代。幼虫主要在叶背为害，成虫多集中于叶背产卵。成虫有翅，白色，偶有惊动即会乱飞（图6-3）。喜好黄色，可用黄色塑料板涂重油等黏性物质，诱粘成虫。也可用溴氰菊酯、二氯苯醚菊酯、氧化乐果、杀螟硫磷等农药灭除，添加一些黏性物质，如洗衣粉等，使农药黏附虫体，灭杀效果更好。每升药液加洗衣粉10克，由于世代重叠，需每隔7～10天喷1次农药，连喷3～4次。天敌为丽蚜小蜂。

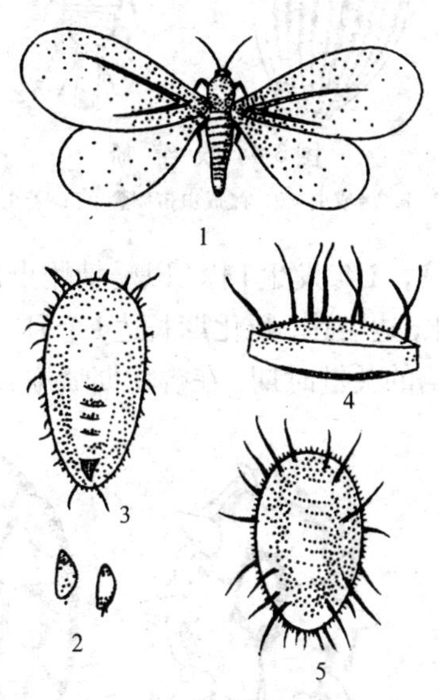

图6-3 白 粉 虱

1．成虫 2．卵 3．幼虫 4．蛹侧面观 5．蛹正面观

（四）介 壳 虫

种类多，生态型也多（图6-4，6-5）。各种介壳虫体表都有疏水性的蜡质，为药物防治增加了困难。成虫、若虫固定在茎、叶上用口器吸食汁液，1年发生1代，以受精雌虫越冬，春天陆续开始产卵，常边产卵，边孵化，孵化期长达1个月，靠幼虫爬行传播。孵化期是药剂防治的关键时期，在孵化期喷施氧化乐果、久效磷、

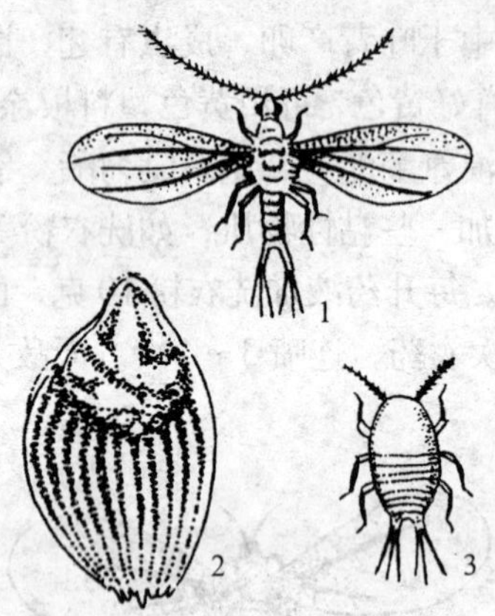

图6-4 吹 绵 蚧

1．雄成虫 2．雌成虫带卵囊 3．若虫

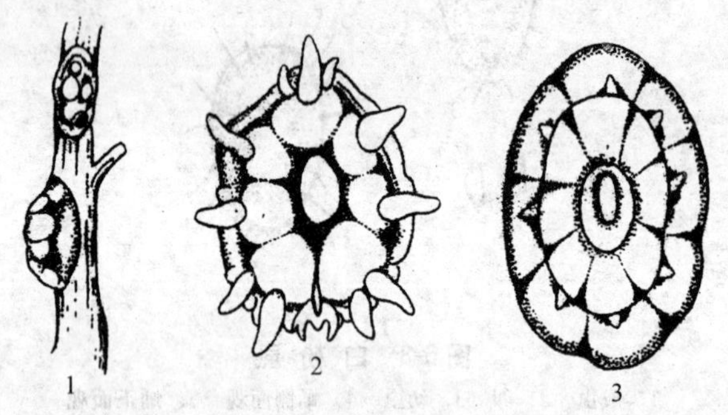

图6-5 日本龟蚧

1．为害状 2．雌成虫 3．雄成虫

杀灭菊酯等药物，每隔10天喷1次，连喷3次，可获得良好效果。少量介壳虫发生可用刮除法，将虫体刮掉烧死。

（五）刺　蛾

俗称洋辣子（图6-6），常见的杂食性食叶害虫，分布广，种类

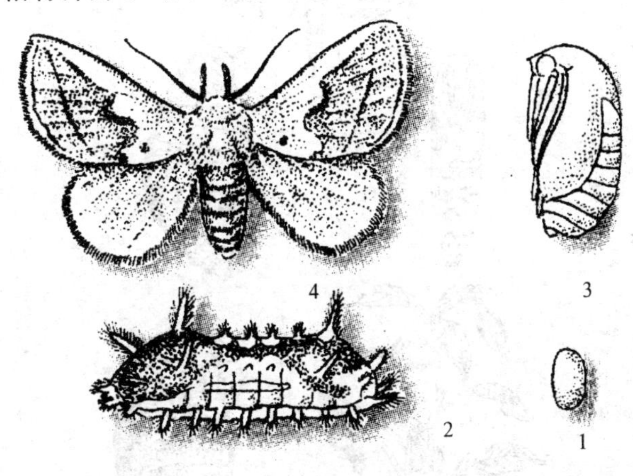

图6-6　刺　蛾

1．卵　2．幼虫　3．蛹　4．成虫

多，常见的有黄刺蛾、桑褐刺蛾等5种，为害多种花卉。幼虫只吃叶肉，将叶片啃食成网状叶脉，1年发生2代，结茧越冬。各种刺蛾都有趋光性。天敌为寄生蜂。幼虫可用辛硫磷、敌百虫、菊酯类农药灭除；也可利用成虫的趋光性，在刺蛾羽化期（5～6月份）用黑光灯诱杀。

（六）蓑　蛾

又名袋蛾、皮虫（图6-7），常见的杂食性食叶害虫。我国约有10余种，1年发生1代，幼虫在虫囊中越冬，翌年春天化蛹，夏初羽化成成虫，产卵于虫囊中；6月中旬孵化，幼虫从母虫囊中涌出后可随风扩散，又吐丝做新囊，保护自己，负囊觅食。天敌为伞

裙追寄蝇。蓑蛾成虫可用黑光灯诱杀，幼虫可用敌百虫、辛硫磷等农药防治。

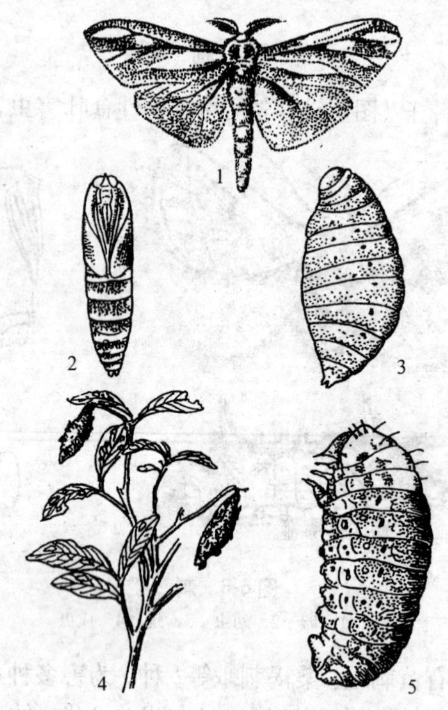

图6-7 大蓑蛾

1．成虫 2．雄蛹 3．雌蛹 4．为害状与护囊 5．幼虫

（七）蝼 蛄

土壤中的根部害虫(图6-8),若虫和成虫咬食幼苗的根、嫩茎，并在地表挖掘坑道，将幼苗拱倒，造成缺苗断垄。可用药剂拌种，如用种子重量0.1%的50%辛硫磷乳剂拌种；或用毒饵诱杀，毒饵可用碎饼粉（或麦麸）5千克炒香，加入90%晶体敌百虫50克，加少量水拌匀，于傍晚撒于幼苗旁诱杀；也可用100份鲜草加1份90%

晶体敌百虫混合撒于苗周围。

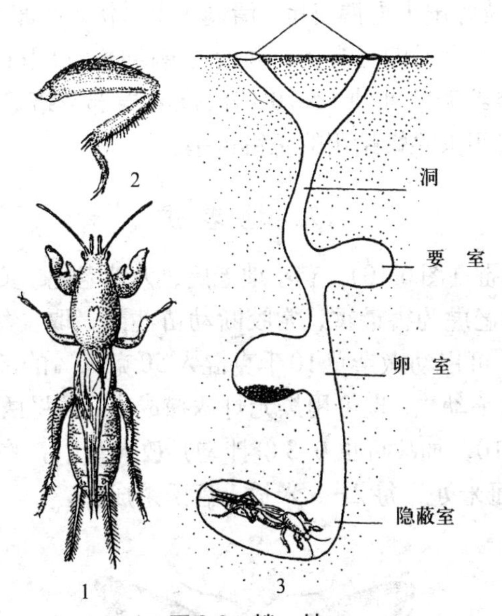

图6-8 蝼 蛄

1．华北蝼蛄成虫 2．后足 3．卵窝构造

（八）蛴 螬

又名白地蚕（图6-9），是金龟子的幼虫。1年1代，咬食花卉

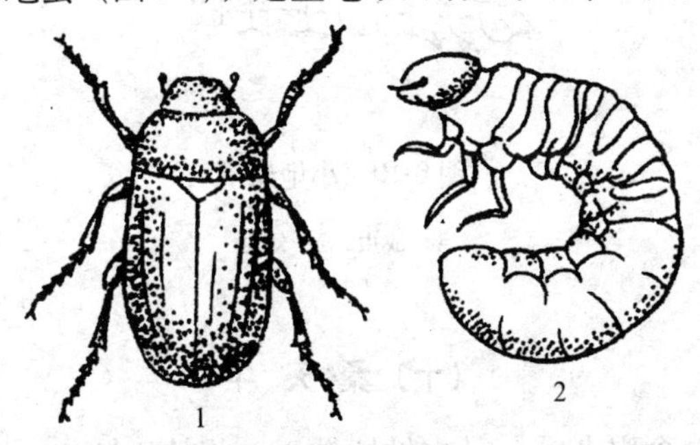

图6-9 金 龟 子

1．金龟子(成虫) 2．蛴螬(幼虫)

根部及茎部，造成植物死亡。成虫金龟子于夏初出现，咬食花卉的花、叶，黄昏出土觅偶交尾，清晨入土潜伏，产卵于地表层5~15厘米内，半个月即可孵化，继续为害植物。可用农药拌种，也可用辛硫磷或磷胺乳油1500倍液浇灌根部，蛴螬死亡率可达100%，也可用灭除蝼蛄用的毒饵诱杀。

（九）地老虎

俗称地蚕（图6-10）。有小地老虎、大地老虎、黄地老虎等几种。以小地老虎为害最重，常咬断幼苗茎部，取食幼苗，1年繁殖2~3代。可用幼嫩杂草10千克混入50克90%的敌百虫，傍晚置苗圃中诱杀幼虫，也可用黑光灯诱捕成虫，或将诱饵（糖：醋：水=1：3：10，加敌百虫0.3份拌匀）放入盘中，将盘放于苗床距地面30厘米处，每2~3米放1盘诱杀成虫。

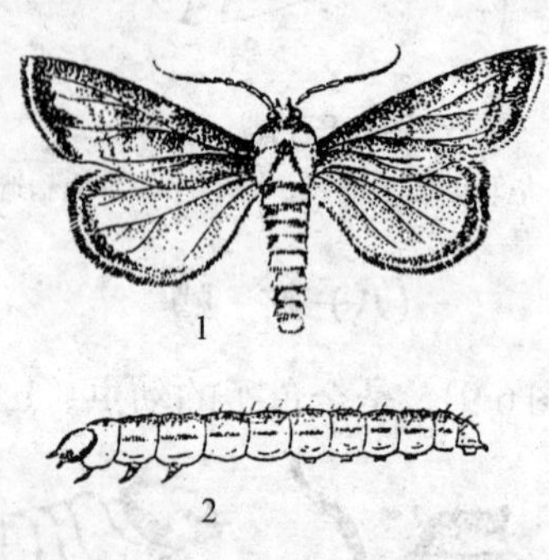

图6-10　小地老虎

1. 成虫　2. 幼虫

（十）桑天牛

成虫取食嫩茎叶，幼虫钻蛀枝干，将枝干蛀空，阻碍树液流通（图6-11）。成虫在晴天中午常在树干茎部交尾产卵，可人工捕杀；幼虫，可用钢针插入虫孔，刺死幼虫，也可从虫孔处注入100倍液的敌敌畏或氧化乐果灭除。

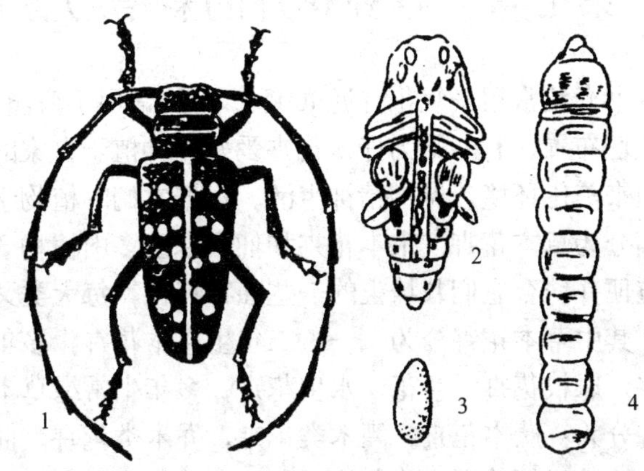

图6-11　桑天牛

1．成虫　2．蛹　3．卵　4．幼虫

注：害虫插图均采自孟庆武，刘金主编的《大众四季花卉图说》一书。

第七章　景观花卉的栽培与鉴赏

本书介绍常用景观花卉近400种。有的常用于公园、街道、庭院或花坛布置，有的常为许多花卉爱好者种植于自家的阳台或居室，用来美化环境，调剂精神生活。根据它们的植物学特性本书把它们分为草本花卉、木本花卉和仙人掌及多肉植物3大类。为应用方便并结合它们栽培上的一些独特特性，每大类又分出若干小类。其中草本花卉分为：一、二年生草本花卉，多年生宿根草本花卉，球根花卉，兰花，水生花卉，多年生常绿草本花卉。木本花卉分为：藤本花卉，灌木类花卉，乔木类花卉。仙人掌及多肉植物植株小巧美观、花色艳丽，越来越受到人们的喜爱，不仅用于岩石园林布展，也常为人们组合成大大小小的盆景欣赏或单独盆栽，摆放室内作为珍品细细品味。

一、一、二年生草本花卉

三色堇 (Viola tricolor)

堇菜科堇菜属植物，又名蝴蝶花、鬼脸花、猫脸花。原产于欧洲中北部。我国各地多有种植。

【形态特征】　二年生草本花卉，株高多在25厘米以下，多分枝。叶互生，基生叶有叶柄，叶片圆心形，叶缘有钝锯齿；茎生叶卵状，长椭圆形。花单生于叶腋，花瓣5枚，两侧对生，花常具3种颜色，故得名；花径3厘米左右。现经育种，品种丰富，有紫色、红色、黄色、白色、淡蓝色多种颜色；大花型花径可达10厘米(彩图1)。春季开花，夏季种子成熟而后死亡。

【生长习性】　喜光照充足的凉爽环境，有一定耐寒性，畏湿热，喜肥沃的砂壤土。

【繁殖方法】　种子繁殖。多秋播，在冬季严寒、夏季凉爽地区也可春播。北京地区 8 月下旬至 9 月上旬播种；南方可晚至10月初。

【栽培管理】　北方秋末冬初需将幼苗移至阳畦或防冷害过冬，阳畦上需覆盖塑料薄膜，白天见光，晚上用蒲席等覆盖，防寒。南方可露地越冬，严寒时可稍加覆盖或北设遮挡物防风。栽植用的土壤需肥沃，每半个月追肥 1 次直至开花。生长期需常浇水，保持土壤湿润。

三色堇是春季花坛的重要花卉，也常盆栽。

一串红 (Salvia splendens)

唇形科鼠尾草属植物。原产于南美洲，现世界各地广为种植，也是我国节日布置花坛的重要花卉。

【形态特征】　多年生草本花卉，常作一年生花卉种植，如秋凉时移入温室，则可长成多年生亚灌木状。株高因品种而异，高者可达1米，通常种植的株高多在40厘米左右。叶对生，卵形，叶端尖，叶缘锯齿状。总状花序顶生，小花2～6朵轮生，红色。花萼钟状，常与花冠同色。花冠唇形，开花时露出花萼；但开花时间较短，而花萼宿存时间较久，我们常看到的多是宿存于花序上的红色花萼(彩图 2)。常见栽培的尚有变种一串白，花白色(彩图 3)；一串紫，花紫色。

【生长习性】　喜温暖，光照，土壤疏松肥沃。适宜生长温度20℃～25℃。

【繁殖方法】　播种繁殖。春天播种，秋天开花。温室种植，初冬播种，可于劳动节前后开花。

【栽培管理】　育苗可盆播或用育苗盘播种，温度20℃～25℃，半个月可出苗，3～4叶时分苗1次，7～8叶时定植，栽种土壤应疏松肥沃。定植苗成活后摘心，促发侧枝生长。摘心不仅可以促进多分枝，也可控制花期。夏季炎热，生长势渐弱，可停止施肥；

立秋后再施有机液肥或化肥，促使枝叶生长。一般一串红主要供节日使用，可于使用前1个月做最后1次摘心，到时即可开花。一串红种子成熟变黑后易自然脱落，应于花萼褪色、种子将要变黑前将花枝剪下，晾晒；种子变黑后敲打花枝，种子会脱落，收集保存。

本属常见栽培的还有以下两种。

红花鼠尾草，又名朱唇(彩图4)。一年生草本花卉，株高50~80厘米，花比一串红小，花冠筒长约2.5厘米，下唇长于上唇2倍，春播，7~9月份开花。

蓝花鼠尾草，又名一串蓝(彩图5)。多年生草本花卉，株高30~80厘米不等，多分枝，花小而密集，花蓝色，也有白花品种，7~9月份开花，常作一年生花卉种植。

彩叶草 (Coleus blumei)

唇形科鞘蕊花属植物。原产于印度尼西亚爪哇地区。现各地多有种植。常作盆花或布置花坛。

【形态特征】 多年生草本花卉，但常作一年生栽培。叶对生，卵形，叶缘有粗锯齿。株高可达70厘米或更高，叶色美丽，而花无观赏价值，故出现花序时常剪掉。叶色多种，常具各色斑块，似一幅美丽的彩图(彩图6)。

【生长习性】 喜温暖、湿润、不太强的光照环境。冬季室温不应低于10℃。

【繁殖方法】 播种或扦插繁殖。春天播种，温度20℃~30℃时可随时扦插。可插于沙床，也可水泡茎基生根；遮荫，夏季7天左右即可生根，10天即可移植。

【栽培管理】 肥沃的砂壤土种植；控制氮肥，多施磷、钾肥，可防止植株徒长，叶色鲜艳。光照过强或过弱，影响叶色美观。盆栽植株可在10厘米时摘心，以促发侧枝，使盆株粗壮、丰满。可作盆花或种于花坛，组成各式图案。

石　竹 (Dianthus chinensis)

石竹科石竹属植物，又名中国石竹、草石竹。原产于我国，主要分布于长江以北各省。

【形态特征】　多年生草本花卉，常作二年生栽培。株高一般在20～40厘米，茎直立。叶对生，窄披针形，基部抱茎。花单生或2～3朵簇生茎顶；单瓣或重瓣，花瓣边缘具齿；花色有紫色、红色、粉色、白色及复色；单瓣花具花瓣5枚，花径3厘米左右(彩图7)。初夏开花，花期2个月，天热停止开花。

【生长习性】　喜凉爽、光照，怕暑热，有一定耐寒性，也较耐干旱，喜排水良好、较肥沃的土壤，忌潮湿、水涝。

【繁殖方法】　种子繁殖。也可扦插繁殖，但通常不用。

【栽培管理】　秋播出苗后，在华北南部及其以南地区可露地过冬。但为管理方便，常集中育苗，冬季稍加遮盖，早春移植于花坛。生长期旱时浇水，追肥2～3次即可。花期过后采收种子，备秋播用。通常收种后将植株铲除，另植新花。也可保留植株，将地上部分剪去，秋天可重新发苗、开花，仍可开花2个月。

常用于庭院种植的还有同属植物须苞石竹，又名美国石竹，比石竹稍高，株高可达70厘米，茎较粗壮，但花较小，常密集成头状聚伞花序(彩图8)。从美国传入我国，生长习性、繁殖方法与栽培管理与石竹相似。

虞美人 (papaver rhoeas)

罂粟科罂粟属植物，又名丽春花。原产于欧洲及亚洲的暖温带地区。

【形态特征】　一、二年生草本花卉。茎直立，株高多在1米以下。茎枝较细，全身被短硬毛。叶互生，长椭圆形，羽状深裂。花单生，具长梗；未开花时，花苞下垂，被2枚具刺毛的萼片包裹，开花时，花朵向上；花瓣4枚，也有复瓣品种；花径6厘米左右；

花色多种，有紫红色、红色、粉白色及复色；每朵花开1～2天，但花陆续开放，可保持1个月的花期（彩图9）。蒴果扁球形，具细小种子多粒。春末夏初开花。

【生长习性】 喜凉爽、光照，怕暑热，具一定耐寒性。喜疏松肥沃、排水良好的砂壤土。

【繁殖方法】 播种繁殖。为使春末夏初开花，常于秋天播种。

【栽培管理】 秋播的，出苗后可间苗1～2次。在黄河中下游地区，可露地直播过冬，只需北边挡风；在冬季寒冷的地区，可播于塑料钵中，在阳畦或低温温室中过冬，早春连同盆土一起移入花坛。定植后追肥1～2次即可。此花属深根性直根系植物，侧根少，较难移活，如需移植，需幼苗期带土移植。花开放早晚不同，因此果实成熟期也不同，应随熟随采。

虞美人花瓣质地轻柔，常随微风飘动，似蝶起舞，是一种美丽的庭院花卉，常用于布置花坛或盆栽。

花菱草 (Eschscholzia californica)

罂粟科花菱草属植物，原产于美国加利福尼亚州。

【形态特征】 多年生草本花卉，常作一、二年生草花种植。茎直立，多分枝，高50厘米左右。叶互生，多回三出羽状细裂。全株被白粉，呈灰绿色。花单生于枝顶，花瓣4枚，金黄色；花径3.5厘米左右，萼片2片，春季开花(彩图10)。尚有粉红色等颜色的园艺品种。

【生长习性】 喜冷凉、干燥，耐寒畏热，不忌土壤，但以疏松肥沃、排水良好的沙质土壤种植更好。

【繁殖方法】 播种繁殖。冬暖地区，如华南、华中地区可秋天露地播种，华北地区秋播，但需在低温温室过冬。夏凉地区可春天播种。发芽适温15℃～20℃，播后1周内可出苗。

【栽培管理】 一般露地种植，土壤较肥沃即可种植。直播苗需出苗后间苗。移栽苗应带土移植。土壤干旱时浇水，无须追肥。

花菱草花色美丽，花多，常用于花坛布置。

紫罗兰 (Matthiola incana)

十字花科紫罗兰属植物。原产于地中海地区，现各国多有栽培。

【形态特征】 二年生草本花卉，株高30～90厘米，茎直立。叶互生，侧卵状披针形。顶生总状花序；花4瓣，十字形或重瓣花；花色有紫红色、红色、粉色，白色多种(彩图11)。果为长角果。春季开花。常盆栽或种于花坛。株高超过60厘米的，茎秆粗壮，常用作切花。

【生长习性】 喜凉爽、湿润气候和阳光充足而通风良好的环境，要求土壤疏松肥沃。

【繁殖方法】 秋季播种繁殖。重瓣花不结种子，单瓣花可结种子，目前选用的单瓣花植株所结的种子，种后常有70%以上的植株开重瓣花。紫罗兰为自花植物，花后约2个月种子成熟，应及时采收，以防角果开裂，种子散落。

【栽培管理】 秋季播种，出苗后及时分苗，置低温温室或阳畦中过冬，早春定植，春天即可开花。紫罗兰属直根系植物，须根不发达，根再生能力弱，移植时应避免伤根。成活后应及时浇水，避免干旱，生长期可追肥2～3次。切花品种，在第一次切花后，再追肥1～2次，可再次开花。

紫罗兰花期长，花色丰富艳丽，花繁茂，可作花坛用花，也可作盆花及切花种植。

香雪球 (Alyssum maritimum)

十字花科庭荠属植物，原产于欧洲及西亚地区。

【形态特征】 多年生草本花卉，通常作一、二年生花卉种植。植株矮小，一般高10厘米左右；但株幅大，可达20厘米。叶线形或侧披针形，互生。花白色或粉色；花朵密集呈球形，花瓣4枚，花小而繁多；春季开花(彩图12)。

【生长习性】 喜凉爽、干燥、光照，稍耐寒；忌酷暑、湿涝，而喜湿润、排水良好、肥沃的砂壤土。

【繁殖方法】 播种繁殖。发芽适温20℃，15℃也可发芽。华北地区多秋播。夏凉地区可春播。

【栽培管理】 秋播苗于冬前移入低温温室越冬，在10℃～15℃下，经2个多月培养可开花；早春移入露地种植，天热即结籽死亡。夏凉地区可春天播种。花后剪去残花，可重新发枝开花，略施肥水，花期可延至秋末。

香雪球株丛铺地，花开一片，适宜作毛毯花坛，也可小盆种植，桌案摆设。

二月兰 (Orychophragmus violaceus)

十字花科诸葛菜属植物，又名诸葛菜、菜籽花。原产于我国长江以北各省，野生。

【形态特征】 二年生草本花卉。直立，高20～50厘米。基生叶具叶柄，叶片近圆形，叶缘有粗的不整齐锯齿；顶生茎叶呈三角状卵形或肾形，无叶柄。总状花序顶生，花深紫色至淡紫红色；花瓣4枚，倒卵形，具长爪；早春至夏初陆续开花(彩图13)。角果长条形，6月份果实成熟。

【生长习性】 耐阴，耐寒，对土壤要求不严。

【繁殖方法】 种子繁殖。自播能力很强，一次播种，以后可靠散落的种子年年出苗。秋季出苗。

【栽培管理】 野生状，无须管理。多生于林下或土坡，早春开花，增添园林野趣。嫩茎、叶可食用。

羽衣甘蓝 (Brassica Oleraceal. var. acephalea)

十字花科芸薹属植物，又名叶牡丹。原产于西欧。我国各地多有种植。

【形态特征】 二年生草本花卉，食用甘蓝的变种。株高30～40厘米，春天开花抽薹时高可达1米左右。未开花前，叶呈莲座状，似未抱心的甘蓝，叶宽大匙形，外层叶绿色，中心部位叶形成于天冷时，呈现不同色彩，通常呈紫红色、粉红色、黄白色等多种(彩图14)。春天开花，小花黄色，角果。开花植株仅为繁殖用，花并无观赏价值。

【生长习性】 喜凉爽、光照充足环境。对土壤要求不严，肥沃的砂壤土可用于种植。

【繁殖方法】 早秋播种繁殖。

【栽培管理】 早秋播种，约1周出苗，3～4片叶时分苗1次，7～8片叶时可露地定植或盆栽。栽培土壤用肥沃的砂壤土。天冷前催苗生长，形成球状叶体，可半个月追肥1次。天冷后，夜温降至10℃以下，内层新叶出现不同色彩，形成美丽的植株，可观赏一冬。春暖抽薹开花，若不留种，可剪去花薹，延长观赏期，6月份种子成熟。

羽衣甘蓝叶色艳丽，是冬、春的观叶植物。在长江流域可露地种植过冬，布置花坛；在北方常盆栽，冬前室外布置花坛，严冬室内观赏。高茎种茎秆可达50厘米，茎上具球形带色的叶片，用作切花观赏。

翠　菊 (Callistephus chinensis)

菊科翠菊属植物，又名江西腊、八月菊、蓝菊等。原产于我国、日本及朝鲜。

【形态特征】 一、二年生草本花卉。株高随品种而异，低者30厘米，高者可达1米。叶阔卵形或三角状卵形；叶缘具粗锯齿。头状花序生于枝顶，花色有紫红色、红色、粉色、白色多种。高型种株高60～100厘米，生长约7个月开花；中型种30～60厘米，生长约5个月开花；矮型种30厘米以下，花多而较密(彩图15)。

【生长习性】 喜温暖、光照、肥水充足。不喜炎热，较耐寒，可耐3℃左右低温。

【繁殖方法】 种子繁殖。春、夏、秋都可播种，秋天播种，冬天植于冷床，翌年春天可开花，供劳动节花坛用；春播，8月份开花；夏播，9月份可开花。

【栽培管理】 喜肥沃的砂壤土，幼苗定植后，可半个月追肥1次，夏季可暂停追肥。浅根系植物，生长季节应注意浇水。矮型种在出现花蕾后，应控制浇水，控制植株生长，使花朵密集，株形美观。常作盆花种植及花坛种植，美化环境。

金盏菊 (Calendula officinalis)

菊科金盏菊属植物。原产于南欧，我国各地多有种植。

【形态特征】 一、二年生草本花卉。株高20～50厘米。叶互生，长圆形至倒卵形；叶基抱茎，全株疏生细毛。头状花序，花径5～10厘米；花黄色至橘红色(彩图16)。果为瘦果，形状有船形、爪形、环形多种。春季开花，在夏凉地区可夏、秋开花。

【生长习性】 喜凉爽、光照，不耐暑热，具一定耐寒力。生性强健，对土壤要求不严，在肥沃的土壤中生长良好。

【繁殖方法】 播种繁殖。夏热地区通常秋播，冬季保护越冬；夏凉地区可冬天温室播种，天暖移出温室。种子发芽率较低，播种量应大。

【栽培管理】 秋播苗在冬冷地区需在阳畦或低温温室过冬，春暖移出室外，或花坛种植或盆栽；在冬天不太冷的长江流域可露地过冬。幼苗能耐−9℃低温。早春开花，是春季主要的花坛用花。伏天到来时正是种子发育成熟期，这时也正是雨水较多的季节，尤其是我国南方常下雨，影响种子成熟，也易造成花头霉烂，因此当花盘边缘的蒴果开始发黄、中心蒴果还绿时即应采收，这时中心部位种子并未成熟，这也是种子发芽率较低的原因。因此，只能通过加大播种量保证足够的苗数。

雏　菊 (Bellis perennis)

菊科雏菊属植物。原产于欧洲至西亚地区，我国多有种植。

【形态特征】　多年生草本花卉，常作二年生栽培。株高多在20厘米以下。叶簇生于地面，侧卵形至匙形。花莛从叶丛抽生，头状花序生于花莛上。花头直径3～5厘米或更大，花瓣多层、条形；花色有紫红色、红色、粉色、白色等，每株通常可开花10余朵(彩图17)。瘦果，侧卵形。春季开花，夏季种子成熟。

【生长习性】　喜凉爽、光照，也耐半阴，具一定耐寒性，在−3℃−4℃下可覆盖越冬。不耐热，酷热易死亡。耐瘠薄土壤，在肥沃的壤土中生长良好。

【繁殖方法】　播种繁殖，也可分株繁殖，但一般不用。通常秋播，冬寒地区可置阳畦或低温温室过冬。

【栽培管理】　早春可将冬存苗定植花坛。如土壤肥沃，春天可不再追肥，只需旱时浇水。如秋播苗冬季置于温室，春节前后可开花，作室内花卉养植，属易栽培管理花卉。夏天移植于遮阳棚下，可安全度夏，秋天继续开花。是春季花坛重要花卉。

万寿菊 (Tagetes erecta)

菊科万寿菊属。原产于中南美洲，现各地广为种植。

【形态特征】　一年生草本花卉。株高通常30～50厘米，也有更高品种。茎直立。叶对生；羽状裂，裂片披针形，有锯齿。头状花序顶生，花径5厘米左右；黄色或橘色，多为重瓣花，花瓣舌状，有爪，花瓣边缘稍波皱(彩图18)。夏季至晚秋开花。

【生长习性】　喜温暖、光照。生长强健，适应性强，对土壤要求不严。

【繁殖方法】　播种繁殖。通常春天播种，也可于冬季温室内播种，可早日定植室外花坛。

【栽培管理】　种植土壤最好用肥沃的砂壤土。从播种至开花一般需3个月，可开花至寒冬来临植株冻死为止。夏季炎热季节开花较少，可将植株短剪1次，促发新枝，秋季可再度大量开花。旱时浇水，在生长季节可追肥2～3次。盆栽植株多用杂交一代种，植株矮壮，花大。地栽植株可用普通品种，以减少种子费用。万寿菊是人们喜爱种植的草本花卉，花勤花多，花期长，也易管理。广泛用于花坛布置。

百日草 (Zinnia elegans)

菊科百日草属植物，又名百日菊、步步高等。原产于中南美洲，现各地广为种植，也是我国居民喜爱种植的草花。

【形态特征】 一年生草本花卉。株高30～100厘米。叶对生，长椭圆形，端尖；无叶柄，叶基部抱茎。花为头状花序，顶生；花径5～15厘米，舌状花多轮，花色有红色、橙色、黄色、粉色、白色等多种(彩图19)。夏、秋开花。

【生长习性】 喜温暖、光照，热天生长、开花不良。

【繁殖方法】 春天播种，也可冬天温室内播种，春天定植花坛开花。

【栽培管理】 盆栽或地栽均需土壤肥沃，可用砂壤土种植，盆栽最好多拌入些腐叶土，使土壤更疏松。生长期可10～15天施稀液肥1次。从播种至开花约需100天。主茎顶端先开花，以后顶部叶腋再生花枝开花，依次生长，开花不断，植株也随之长高。盛夏热天，生长减缓，花朵较小，可停止施肥，只需浇水，保持土壤湿润即可；立秋转凉后，进入生长、开花旺季。现盆栽多用杂交一代种子，植株矮壮，花朵大而美。常用的高茎种多用于花境种植。杂种植株单植花盆或用盆花布置花坛都非常美观。

本属常见的尚有小花百日草，原产于墨西哥，植株较矮，通常高30厘米左右；叶线状披针形；头状花序，花多而繁，花径约4厘米，花色较多，抗热、抗病能力较强，因而广受欢迎，已成为夏、秋花坛的重要花卉之一(彩图20)。

白晶菊 (Chrysanthemum paludosum)

菊科茼蒿属植物。原产于欧洲。

【形态特征】 一年生草本花卉。株高15～25厘米。基部叶卵形，深裂，似菊叶；茎上部叶互生，长椭圆形，浅裂或深裂，裂片端尖。花白色，中部筒状花黄色，花径3厘米左右；春季至初夏开花（彩图21）。种子1克1 000余粒。

【生长习性】 喜凉爽、光照，对土壤要求不严，以疏松、中等肥沃砂壤土为宜。适宜生长温度5℃～20℃。

【繁殖方法】 播种繁殖。通常秋播，夏凉地区可春播。种子细小，播种时土壤应平整，撒播后覆薄土保湿，7天左右可出苗，发芽适温15℃～20℃。

【栽培管理】 幼苗3～4片叶时可移入盆径10厘米左右的盆中，天冷后可置5℃～10℃低温温室光照处养护，天暖后可逐步开窗通风，春暖可移出室外布置花坛。播种后若温度保持15℃～20℃，约3个月可开花。本属常见用于花坛种植的有黄晶菊，原产于非洲，株高15厘米左右，叶形较多，条状匙形，3裂或羽状浅裂，花黄色，花径3厘米，花密，单花期10天左右，日出花开，早、晚或阴天呈含苞欲放状(彩图22)。春季至夏初开花，生长习性及繁殖方法同白晶菊，天热易死亡。

黄帝菊 (Melampodium paludosum)

菊科黄星花属植物，又名黄星花、美兰菊。原产于美国。

【形态特征】 多年生草本花卉，常作1年生花卉种植。株高30厘米左右，多分枝。叶披针形，叶缘稍有波状裂，对生。头状花序，花径近3厘米，花小而繁多，橙黄色或浅黄色；舌状花可孕，盘心花不孕(彩图23)。自春至晚秋开花不断。

【生长习性】 喜光照与潮湿，适应性强，能耐35℃以上高温与较高的空气湿度，对土壤要求不严，以肥沃砂壤土为宜。

【繁殖方法】 播种繁殖。20℃～25℃条件下约10天出苗。

【栽培管理】 苗具4～6片叶时可分栽或上盆。应及时打顶，促发侧枝，促使多开花。生长期应常浇水，防止因土干引起下部叶片干枯，并应常施肥，以满足旺盛生长的需要。

黄帝菊花期长，开花多，又适宜高温多湿气候，是优良的夏秋盆栽与花坛花卉。

瓜叶菊 (Senecio hybridus)

菊科千里光属植物。原种产于大西洋加拿利群岛，现种植的都是杂交种。

【形态特征】 多年生草本花卉，常作二年生种植。叶片宽心形，形似瓜叶，花似小菊花，因而得名。株高随品种而异，矮生种30厘米左右，高茎种50厘米左右。头状花序簇生成伞房状；每朵花（头状花序）周边为舌状花，中央为可结种子的筒状花；花色有红色、粉色、白色、紫色、蓝色及各种复色(彩图24)。冬、春开花，花五彩缤纷，繁花似锦。

【生长习性】 喜凉爽、光照、湿润，不耐高温、炎夏枯萎，能耐近于0℃低温。生长适温白天10℃～20℃，夜间8℃～12℃。

【繁殖方法】 秋季播种繁殖。从播种至开花约需7个月，与品种有关，可根据开花需要确定播种期。

【栽培管理】 盆栽花卉，盆土应疏松肥沃，3叶期可分苗1次，以后再经1次分苗即可定植上盆。虽可耐低温，但低温下生长慢，开花也会延迟，在适宜生长温度下生长快，应注意追肥。现蕾时可增施磷、钾肥，花期植株达到最大，应充分满足肥水之需要，10天左右需施稀液肥1次。

瓜叶菊是冬、春重要花卉，常用于家庭观赏、花坛及庭院布置。

银叶菊 (Senecio cineraria)

菊科千里光属植物，又名雪叶菊、雪叶莲。原产于地中海沿岸，在我国多有种植。

【形态特征】 多年生草本花卉，常作一、二年生栽培。株高通常在50厘米以下，未开花前，植株高多在30厘米以下，更具观赏价值。叶卵形或长椭圆形，羽状深裂或浅裂，形成不同品种，全株银白色。头状花序，黄色；花径约2厘米，春季开花(彩图25)。

【生长习性】 喜凉爽、光照，生长适温15℃～25℃。

【繁殖方法】 播种繁殖。在20℃～25℃条件下约半个月可发芽。

【栽培管理】 粗生易长，易于管理。栽培土壤用肥沃的砂壤土。1个月追肥1次，肥大易引起徒长。株形疏散，浇水掌握见干见湿原则。

银叶菊，全株雪白，为美丽的观叶植物，常用于花坛镶边和盆栽观赏。

波斯菊 (Cosmos bipinnatus)

菊科秋英属植物。原产于中美墨西哥及南美地区，现各国广为种植。

【形态特征】 一年生草本花卉。株高1米左右，茎秆稍细，直立。叶对生，二回羽状全裂，裂片细长，线形。头状花序，周边舌状花单轮，也有2～3轮的重瓣花；花色有红色、粉色、白色、紫色及复色多种，中间花为可育花，黄色，结种。夏、秋开花(彩图26)。

【生长习性】 喜温暖、凉爽、光照充足，不耐炎热，耐瘠薄、干旱，肥水大反而引起枝叶徒长，易倒伏。自生力强，前一年种植的地块，翌年能自行繁衍。

【繁殖方法】 播种繁殖。通常春天直播，也可夏季播种，秋季都可开花。春播者植株高大。也可扦插繁殖，保持土壤湿润，适当遮荫，1周左右即可生根，但一般不用。

【栽培管理】 由于植株高大细弱，所以栽培土壤不宜大肥大水。播种出苗后，苗高10厘米时可摘心，促使侧枝生长。生长季可摘心2～3次，枝条多；开花多；也可矮化植株。不十分干旱时，不必浇水，以控制植株生长。

常成片种植，美化环境。

麦秆菊（Helichrysum bracteatum）

菊科蜡菊属植物，又名腊菊、干花。原产于澳洲，现各国多有种植。

【形态特征】 一年生草本花卉。株高40～100厘米不等，随品种而异。茎直立。单叶互生，披针形，全缘。头状花序顶生，花径3～5厘米，总苞片数层，覆瓦状排列，形如花瓣，有光泽；有紫红色、橘红色、粉色、红色，白色等多种颜色；中心为管状花，黄色(彩图27)。瘦果小、黑褐色。冬季温室播种，4月份即可开花；春播7～10月份开花，花后约1个月种子成熟。种子寿命2～3年，无休眠期。

【生长习性】 喜光照、凉爽，忌炎热，也不耐寒，喜中等肥力土壤。

【繁殖方法】 种子繁殖。常秋播，低温温室过冬，春天开花。夏凉地区也可春播，秋天开花。从播种至开花约需100天。播后7～10天出苗。

【栽培管理】 栽培土壤最好中等肥力，肥水大植株易徒长倒伏。生长期可摘心2～3次，降低植株高度，促使多分枝多开花。花衰败时及时采收种子，也可促进侧枝开花。花期可增施磷、钾肥，花色鲜艳。

矮秆品种更适合盆栽，高秆品种常用作切花，但都适合花坛种植。花期长，单朵花开放时间也久。花色绚丽光亮，干燥后花形、花色长久不变。可在花开最美时采下，晾干，也可用细铁丝在采花后穿引做成花环，晾干作干花观赏。

藿香蓟 (Ageratum conyzoides)

菊科藿香蓟属植物。原产于墨西哥，我国各地多有栽培。

【形态特征】 一年生草本花卉。株高多在30厘米左右。枝叶密集，全株具绒毛。叶对生，卵形，具钝齿。花小而密集，呈球形，筒状；常见栽培的多为蓝色、粉色及白色(彩图28)。夏、秋开花，花极繁密，有的品种花几乎覆盖全株。

【生长习性】 喜温暖、光照，对土壤要求不严，适应性较强。

【繁殖方法】 播种繁殖。发芽适温20℃左右，播后约3个月可开花。也可扦插繁殖，10天左右可生根。

【栽培管理】 盆栽土壤可用肥沃的砂壤土，每半个月追肥1次，浇水见干见湿，易成活开花。

常用于花坛布置，花多而素雅。

硬果菊 (Osteospermum eclonis)

菊科硬果菊属植物,又名蓝眼菊。原产于南非。近年引入我国。

【形态特征】 多年生草本花卉，常作一、二年生草花种植。株高30~50厘米。叶互生，椭圆形、倒卵形或倒披针形。头状花序单生或呈疏伞房状生于枝顶；花径6厘米左右，周边花单轮，舌状；花色有紫色、紫红色、粉色、白色等多种，盘心花青蓝色(彩图29)。种子坚硬，春季开花，在夏凉地区可开花至秋季。

【生长习性】 喜凉爽、湿润、光照，忌炎热。生长适温15℃~25℃，种植土壤宜疏松肥沃。

【繁殖方法】 播种繁殖。夏热地区可秋播，冬季置于低温温室，早春开花。也可温室内冬播，春天开花。发芽适温15℃~20℃，10天左右出苗。夏凉地区可春播。

【栽培管理】 种植土壤为疏松肥沃的砂壤土。幼苗期可用0.2%复合肥10天浇灌1次，苗10片叶左右时可摘心，促发侧枝。易徒长，可通过控温、浇水、光照及施肥控制株高，也可用

1～2克/升的比久液喷布心叶控制生长。需经10℃～12℃的低温促进花芽分化。温度适宜，出苗后2个月可开花。四季如春地区可作多年生花卉种植。春天花后重剪，秋天仍可重新开花。可作盆花或布置花坛。

非洲金盏 (Dimorphotheca aurantiaca)

菊科异果菊属植物。原产于南非。近年引入我国。

【形态特征】　一年生草本花卉。株高15～30厘米。叶互生，长圆披针形，叶缘具波状齿。头状花序，舌状花橙黄色，盘心管状花黄色；花径4厘米左右，花多，春季开花。瘦果2型，故名异果菊。舌状花果3棱或近圆柱形，管状花，种子心形，扁平有翅(彩图30)。园艺品种尚有杏黄色，乳白色等。

【生长习性】　喜温凉、光照，忌炎热。要求疏松、排水良好的肥沃土壤种植。

【繁殖方法】　播种繁殖。秋播或温室早春播种。发芽适温20℃左右，约半个月出苗，秋播苗冬季置于5℃以上室内过冬。

【栽培管理】　春天移植于花坛，花前追肥1～2次，及时浇水，管理简单。采种苗应于秋天播种，夏天种子成熟时收集种子。

主要用于花坛种植。

观赏向日葵 (Helianthus annus)

菊科向日葵属植物。原种向日葵原产于北美洲，现种植的观赏类型为其变异品种，各国多有种植，我国近年也引入不少品种。

【形态特征】　一年生草本花卉。茎直立，高多在1米左右，也有少数高茎品种；矮茎种不分枝，高茎种多有分枝，结小型葵花多个。头状花序，周边为舌状花，舌状花有黄色、橙色、红褐色、乳白色等多种；中心为管状花，有黄色、褐色、橙色、黑色多种；也有重瓣花，舌状花多层(彩图31)。种子比食用向日葵种子小。生育期多在2～3个月，高茎品种生育期要长得多，可达半年。花盘直径多在10～20厘米。

【生长习性】 喜温暖、阳光充足、较干燥的环境，要求土壤疏松肥沃。

【繁殖方法】 播种繁殖。

【栽培管理】 盆栽或地栽，盆栽要求盆径以不小于15厘米为宜。种植土壤需肥沃，生长期保证水分供应，重瓣品种结实性差，开花时需人工授粉，用两株向日葵的花盘相对碰撞即可。

鸡冠花 (Celosia cristata)

苋科青葙属(鸡冠花属)植物。原产于亚洲热带地区，现世界各地广为栽种。

【形态特征】 一年生草本花卉。株高30～100厘米不等；茎直立，少分枝。叶互生，下部叶卵形，上部叶卵状披针形，全缘；叶色多为绿色，也有红铜色品种。顶生肉质穗状花序，扁平似鸡冠，或呈半球形；上部花多退化，仅具不同颜色的羽状苞片，不能结籽；下部花小，可结种子；花色有红色、粉色、黄色、白色等，以红色较多(彩图32)。常见栽种的还有变种羽状鸡冠，又名凤尾鸡冠、芦花鸡冠，花序顶生，圆锥形，由许多穗状花序聚集而成，各小穗状花序形似羽毛(彩图33)。花期秋季。

【生长习性】 喜光照充足、温度较高的暖热、干燥天气；不耐寒，宜选择肥沃的沙质壤土种植。

【繁殖方法】 播种繁殖。从播种至开花需3～4个月。播后约10天出苗。花盆或育苗畦中育苗。

【栽培管理】 苗高5厘米时可定植于花盆，更大时定植于花坛，定植需带土团。干旱时浇水，不需常浇水施肥，以免植株徒长、分枝。如有侧枝应及时摘除，以保证主花大而美观。但高茎羽状鸡冠需在苗期摘心，保留3～4个侧枝，产生3～4个花序；一般品种只保留主茎端部的一个大花序。

鸡冠花大而美观，是国庆节及庭院的重要花卉。如国庆节用花，可提前1个月上盆。鸡冠花为异花授粉植物，品种间易杂交。保留优良品种，应在开花前将优良个体移出，多留侧枝，花序虽小，但易结种子，大的花序虽美观，但结种子较少。

千日红 (Gomphrena globosa)

苋科千日红属植物，又名火球花、杨梅花。原产于亚洲热带地区，现广为种植。

【形态特征】 一年生草本花卉。株高30～50厘米不等，茎直立，坚硬，多分枝。叶对生，长椭圆形，全缘。头状花序球形至长圆形；单生或2～3个生于枝顶，直径约2厘米；花色多为紫红色、粉色，也有白色及橘红色等(彩图34)。所观赏的花色实为膜质苞片的颜色，夏、秋开花。花干燥后不变形，如绒球状，可作干花，也可作切花。

【生长习性】 喜温暖、光照。适应性强，以疏松肥沃、排水良好的土壤为宜。

【繁殖方法】 播种繁殖。春暖播种，10天左右出苗，夏天即可开花。

【栽培管理】 苗期生长缓慢，可适当浇水，不施肥。入夏之后，生长渐盛，应加强管理。播后3个月可见花，可增施磷、钾肥，提高结实率。及时剪去残花，追肥，可促进侧枝萌发，多开花，花期可至霜降。

美女樱 (Verbena hybrida)

马鞭草科马鞭草属植物。原产于南美，我国各地多有种植。常作盆花或地栽，布置花坛。

【形态特征】 多年生草本花卉，常作一、二年生种植。茎直立或匍匐生长。叶对生，长圆形或卵圆形，叶缘深裂或具粗锯齿。花聚生茎端，呈球形；花小，花冠5浅裂；花色多种，有红色、粉色、白色、紫色、蓝色等，夏秋开花，分枝多，花开不断(彩图35)。

【生长习性】 喜温暖、光照、土壤湿润，不耐干旱。耐热，故炎夏也常开花。

【繁殖方法】 扦插或播种繁殖。可春播，也可秋播。春播多在早春温室播种，夏末至秋初即可开花；秋播出苗后，冬季于低温温室保存，春暖即可在花坛定植，可早开花。

【栽培管理】 对土壤要求不严，但肥沃的砂壤土较好。通常半个月至1个月施肥1次，夏季注意常浇水，防止土壤过干。常剪去残花，并打尖，促使多分枝、多开花。易管理，花期也长，非常适于花坛布置。

牵牛花 (Pharbitisnil)

旋花科牵牛属植物，又名喇叭花。原产于亚洲及美洲热带地区。我国各地多有栽培。

【形态特征】 一年生缠绕草本花卉。茎细，缠绕性强，蔓长可达数米。叶广卵状心形，常呈3浅裂。花大，花冠直径可达10厘米；多单瓣，稀重瓣种；花色多，有蓝色、紫色、红色、粉色、白色多种，尚未见到过黄色品种(彩图36)。单花期极短，清早开放，下午就开始凋谢，但花极多，故每日上午开花不断。夏、秋开花。

【生长习性】 喜温暖、光照、土壤肥沃，也耐干旱、瘠薄土壤。生活力强。

【繁殖方法】 春天播种繁殖。

【栽培管理】 由于生活力强，抗性强，生长期无需特殊管理，只需在蔓长时用牵引物引入棚架，常种植于庭院的篱笆旁，长大会自动攀缘于篱笆上。

茑萝 (Quamoclit pennata)

旋花科茑萝属植物。原产于南美，我国各地多有栽种。

【形态特征】 一年生蔓生草本花卉，缠绕性强。茎细，长可达数米。叶互生，羽状细裂。花序腋生，常着花数朵；花高脚碟状，花筒细长，花冠红色或白色，五角星状，花冠径1.5厘米左右(彩图37)。夏、秋开花。

【生长习性】 喜温暖、光照，对土壤要求不严，但以疏松肥沃的壤土种植为好。

【繁殖方法】 播种繁殖。春天可直播，也可先盆播，苗长出3～5片叶时移入露地。直根系植物，侧根不发达，育苗时最好小盆育苗，每盆1～2棵苗，定植时，脱盆定植，即不伤主根，成活率也高。

【栽培管理】 种植前，种植穴可施基肥。脱盆定植的苗，定植后基本可以100%成活，也无需特殊管理。抽蔓后根据需要搭架，任其攀缘，可长数米。开花季节花开不断，先开的花，种子先成熟，可先采收。常作篱垣种植，也可盆栽，搭小花架观赏。

本属种植的尚有：圆叶茑萝，叶心状卵形，叶缘无齿，花红色，喉部黄色；裂叶茑萝，叶心形，3裂，花红色。

四季海棠 (Begonia Semperflorens)

秋海棠科秋海棠属植物，又名瓜子海棠、秋海棠。原产于巴西，现各国多有种植。

【形态特征】 多年生常绿草本花卉，常作一年生草花种植。茎直立，肉质，高15～30厘米，多分枝，光滑无毛，质脆。叶互生，斜广椭圆形，先端尖；叶面光亮，肉质，具肉质叶柄，绿色或红铜色。花序腋生，聚伞形；雌雄同株异花，雄花较大，花瓣与萼片均为2枚，都呈花瓣状；雌花较小，花瓣5枚，下有三翅子房；花色多为红色、粉红色、白色，四季开花，果内含种子多粒，极小(彩图38)。地下为须根。

【生长习性】 喜温暖、湿润、半阴环境。生长适温15℃～25℃。不耐强光与酷暑。喜疏松、肥沃、排水良好的土壤。

【繁殖方法】 播种繁殖。也可扦插繁殖，但少用。

【栽培管理】 通常冬季温室播种，在20℃～25℃条件下约10天出苗，经5个月左右可开花，养植期间可置于温室内光照处，半个月追肥1次。天暖后移入林荫下种植。常保持土壤湿润，怕干旱，也怕水淹，现也育出一些耐热并耐光照品种，可移植于花坛种植，组成各式图案，十分美丽。

醉蝶花 (Cleome spinosa)

白花菜科醉蝶花属植物，又名西洋白花菜、蜘蛛花、凤蝶草。原产于南美，我国各地庭院常有零散种植，近年种植渐多。

【形态特征】 一、二年生草本花卉，株高1米左右。掌状复叶，小叶矩圆状披针形，5～7枚，植株有气味。总状花序顶生，花萼4片，条状披针形，向外反折；花瓣4枚，具长爪，与细长的雄蕊组成蜘蛛形的花朵。花红色、紫红色、白色(彩图39)。夏、秋开花，蒴果长圆柱形。

【生长习性】 喜温暖、光照，耐干旱、炎热，对土壤要求不严。

【繁殖方法】 播种繁殖。通常春天直播。

【栽培管理】 属粗生易管植物，对肥水要求不高。一般直播，直根系植物，须根少，移栽苗较难恢复生长。如盆栽育苗，最好在移栽时将整盆植株或植株周围保留大量土移植，以防伤根。生长期可追肥1～2次，干旱时浇水。对二氧化硫及氯气有较强抗性，更适于化工厂美化环境。花形似蜘蛛，又似蝴蝶飞舞，适宜成片栽植，美化环境。

凤仙花 (Impatiens balsamina)

凤仙花科凤仙花属植物，又名指甲花。原产于我国及南亚，我国各地多有种植。

【形态特征】 一年生草本花卉，株高25～50厘米。茎表面光滑，肉质；茎的颜色与花色有关，绿色茎者开白花，红色茎者开红花及粉色花。花单朵或2～3朵生于叶腋；花瓣5枚，左右对称；花色多种，如紫色、红色、粉色、白色；花单瓣，复瓣或高度重瓣(彩图40)。蒴果纺缍形，果皮密生白毛，成熟时会自行开裂，散落种子。夏、秋开花，天冷植株死亡。

【生长习性】 喜阳光充足，温暖；对土壤要求不严但肥沃土壤生长得更良好。应常保持土壤湿润，土壤干旱易引起植株凋萎。

【繁殖方法】 种子繁殖。春天盆播，株高5～10厘米时可定植。

【栽培管理】 盆栽土壤应疏松肥沃，一般每月应施稀有机液肥1次。地栽株一般砂壤土即可种植，基肥充足时可不再追肥。定植成活后应适时浇水。由于果实成熟时会自然裂开将种子弹出，因此应在果实发白后及时采收。

凤仙花在我国种植时间久远，为我国人民尤其是老人、妇女所喜爱，她们常用花瓣加白矾捣碎染红指甲。我国约有几十个品种的凤仙花，株形、花姿花色各异，是一宝贵的花卉资源，既可盆栽，也可布置花坛。

半支莲 (Portulaca grandiflora)

马齿苋科马齿苋属植物，别名死不了、太阳花等。原产于南美巴西，我国各地多有栽培。

【形态特征】 一年生草本花卉，株高多在15厘米以下。茎圆形，肉质，常倾斜生长。叶短圆柱形，散生或略集生，长2厘米左右，肉质。花顶生，花径2.5厘米左右，单瓣或重瓣；花瓣质薄，有丝质感；花色多种，常见的有红色、紫红色、黄色、白色等(彩图41)。6～9月份开花。花晨开晚败，阴天不开花，只有光照时才开花。

【生长习性】 喜温暖、光照、干燥；在阴湿地方生长不良，易徒长，开花少。一般土壤都能种植。

【繁殖方法】 播种繁殖或扦插繁殖。扦插易生根，土壤微潮湿即可，土壤太湿易引起插入土中的茎腐烂。

【栽培管理】 常撒播种子播种，浇水出苗后，如苗太密，可适当稀疏。土壤肥力中等的土地，生长期无需再追肥，仅干旱时浇水即可。

半支莲繁花似锦，植株低矮，粗生易长，是种植花坛的优良材料。常见的大花马齿苋，叶肉质，倒卵形，长2厘米左右(彩图42)。生长习性、繁殖管理、开花习性极似半支莲，常用于庭院种植，也常作地被植物花卉种植，布置花坛。

矮牵牛 (Petunia hybrida)

茄科矮牵牛属植物。原产于南美，现在栽培的都是杂交种。

【形态特征】 多年生草本花卉，常作一、二年生栽培。植株直立或稍蔓生垂枝。株高通常20～40厘米，垂枝可达1米左右，中下部叶常互生，上部叶对生；叶卵圆形，全缘，全株被柔毛。花喇叭形，花径5～8厘米，单瓣或重瓣；花色有紫色、红色、黄色、白色、蓝色及复色多种(彩图43)。蒴果卵形，内含细小种子多粒。花期特长，可从春开至晚秋天冷。

【生长习性】 喜温暖、光照，耐干热，不耐寒。在干热天气仍开花不断，但阴雨天生长不良。喜疏松、排水良好的土壤，土壤过肥易引起徒长。

【繁殖方法】 播种繁殖。重瓣花不易结种，常扦插繁殖，嫩枝扦插，半个月生根。冬季温室播种可早开花。

【栽培管理】 栽培土壤可适当施肥，不必过多；土壤常保持湿润，稍旱几日也可。易栽种，属粗放管理类花卉。

矮牵牛是庭院重要花卉，易管理，天热季节开花不断，花期特长，也宜用不同花色植株组合配置，组成不同花坛图案，广泛用于花坛布置。

红花烟草 (Nicotiana sanderae)

茄科烟草属植物。为原产于南美的两种烟草的杂交种。

【形态特征】 一年生草本花卉，株高50~80厘米不等，多分枝。叶对生，茎生叶矩圆状披针形，基生叶匙形。花序圆锥形生于枝顶，花稀疏；花冠漏斗状，花冠筒长7厘米，红色；夏季开花(彩图44)。蒴果球形，种子细小。

【生长习性】 喜温暖、光照，但不耐高温、高湿。长日照植物，宜选择疏松、肥沃、排水良好的砂壤土种植。

【繁殖方法】 播种繁殖。春季或冬季温室播种。

【栽培管理】 通常晚春定植于露地。生长期注意施肥浇水，管理较简单。雨季防涝，果实成熟时种子易散落，应注意及时采收。

常用于花坛成片种植，增加观赏效果。

鹅蝶花 (Schizanthus pinnatus)

茄科鹅蝶花属植物，又名蝴蝶草。原产于智利。

【形态特征】 一、二年生草本花卉，株高1米以下。近年育出的新品种株高多在30厘米左右，多分枝。叶一或二回羽状全裂，裂片有齿或深裂。圆锥花序顶生，花冠漏斗状，花径2~4厘米；花瓣开展，近唇形；花色丰富，有红色、白色、紫红色等，花瓣基部有黄斑，并分布有青紫色斑点。有些种类下部花瓣两侧有2个较长的镰刀形裂片(彩图45)。春季开花。

【生长习性】 喜凉爽、通风、光照充足的环境；不耐高温高湿。要求土壤通透性好，肥沃。

【繁殖方法】 播种繁种。通常秋播，室内越冬。夏凉地区也可春播。

【栽培管理】 肥沃砂壤土种植。播种温度15℃~20℃，10天左右可发芽，冬季在低温温室光照充足处摆放，半个月施稀肥水1

次，早春可移置室外。

常盆栽或用于花坛布置。

观赏椒 (Capsicum frutescens)

茄科辣椒属植物。原产于南美，在我国种植甚多。

【形态特征】 多年生草本花卉，小亚灌木，但一般常作一年生种植。常盆栽，株高在50厘米之内。单叶互生，叶卵圆形，端尖，全缘。花小、白色，单生于叶腋。果直立向上或下垂；果形、果色因品种而异，果形有指形、圆锥形、球形；果色有红色、黄色、白色等(彩图46)。主要用作观赏，也可食。秋天果实成熟。常见种植的有朝天椒，果圆锥形，直立朝上；五色椒，果圆形；佛手椒果指形，长3～5厘米，常数个簇生于枝端。

【生长习性】 喜温暖、光照充足和肥沃土壤。

【繁殖方法】 播种繁殖。春播，苗3～5片叶时可分植或定植于盆中。

【栽培管理】 肥沃的砂壤土种植。定植后半个月追肥1次；花期浇水不必太多，以防落花。秋天果红，天冷时可移入室内温暖处，可延长观果期。果发干时可采收留种并可食。

曼陀罗 (Datura stramonium)

茄科曼陀罗属植物。广泛分布于温带及热带地区，我国各地多有种植。

【形态特征】 一年生草本花卉。株高1～2米，茎粗壮。叶大，广卵形，叶缘具波状浅裂。花单生于叶腋或枝杈间；花萼筒状，花冠漏斗形，顶端5浅裂；花白色，花冠 径5厘米，夏、秋开花(彩图47)。蒴果直立，卵状，种子黑色。

【生长习性】 喜温暖、光照，对土壤要求不严，适应性强。

【繁殖方法】 播种繁殖。

【栽培管理】 生活力强，出苗后只需旱时浇水，无需特殊管理。花大，可作背景花卉种植。叶、花、种子含生物碱，可药用，但误食会引起中毒。

常见种植观赏的还有：杂种曼陀罗灌木，叶卵圆形至长椭圆形，花黄色或带粉色、白色，花长达20厘米以上，下垂，热带植物，我国多于温室种植(彩图48)；木本曼陀罗，又名大花曼陀罗，灌木，花大型，白色，花冠长可达20厘米，花径10厘米，下垂。

高山积雪 (Euphorbia marginata)

大戟科大戟属植物，又名银边翠。原产于北美，我国各地有零星种植。

【形态特征】 一年生草本花卉。株高50~120厘米，茎直立，多分枝，茎内含有毒的白浆。叶长椭圆形，灰绿色；下部叶片互生，顶端叶片轮生；入夏后上部叶片边缘或全叶变为白色，花下具2片大型苞片(彩图49)。

【生长习性】 喜温暖、光照，对土壤要求不严。但以肥沃、排水良好的沙质壤土为佳，忌湿怕涝。

【繁殖方法】 播种繁殖，也可扦插繁殖。采用嫩枝扦插，插入干土，待浆液干后才可浇水。

【栽培管理】 通常地栽，可直接播种，也可盆播。但应及早移入花坛，因是直根系植物，须根少，晚移植易损伤根系，影响成活。生活力强壮，无需特殊管理。入夏后，上部叶片呈银白色，如绿叶积雪，十分美丽。也可作切花用。

地肤 (Kochia scoparia)

藜科地肤属植物，又名扫帚草。原产于欧洲和亚洲中部及南部地区，我国各地多有种植。

【形态特征】 一年生草本花卉。株高50~100厘米，株形长椭圆形，分枝多而紧密。叶互生条形，长可达5厘米，淡绿色。花小，主要用于观叶，株形美观(彩图50)。

【生长习性】 喜光照，耐干旱；对土壤要求不严，在疏松肥沃的土壤中生长良好，在偏碱性的土壤中也能生长。

【繁殖方法】 播种繁殖。春天播种，直根系植物，须根少，移植时宜带大土团。

【栽培管理】 生活力强，管理粗放。土壤肥力好，及时浇水，便会生长良好。

常盆栽，作花坛的边缘植物观赏，也可作地面覆盖植物。

大花飞燕草 (Delphinium grandiflorum)

毛茛科翠雀属植物，又名翠雀。原产于我国北部及俄罗斯西伯利亚一带。

【形态特征】 多年生宿根草本花卉，常作一、二年生花卉栽培。茎直立，高近1米，多分枝。叶互生，二至四回羽状深裂，裂片线形。总状花序顶生，萼片5枚，花瓣状，有距长1厘米，花瓣数枚，与萼片同为蓝色(彩图51)。地下主根呈肥厚的梭形或圆锥形，5~7月份开花。

【生长习性】 喜凉爽、光照充足。忌热，耐寒，耐旱，耐半阴。适宜中等肥沃土壤。

【繁殖方法】 播种或分株繁殖，也可扦插繁殖。秋播或春播，发芽适温15℃，半个月可出苗。春、秋季分株，扦插应在春季用新枝扦插，用茎部萌发的新芽或上部的嫩枝。

【栽培管理】 黏质壤土种植最适宜，主要应注意选择凉爽地区种植，适宜生长温度10℃~15℃，温度高时生长会明显减弱。光照充足，茎叶才能健壮挺拔，开花时稍遮荫可延长花期。土壤应稍干燥，过于湿润，根部易腐烂。直根性花卉，不耐移植，通常直播种植，花前增施磷、钾肥2~3次。主花序枯萎后可剪除，促发新枝，形成新花序。

同属用于种植的还有穗花翠雀，又名高翠雀飞燕草，宿根，株高达1.5米，多分枝，叶片掌状裂，总状花序，萼片花瓣状，花有

1距，花色有蓝、紫、粉、白等，有重瓣种，花序大；飞燕草，又名南欧翠雀，1～2年生草本植物，株高60～80厘米，叶掌状3裂，花色有蓝色、粉色、白色等，花序大(彩图52)。

飞燕草类花卉多适于凉爽地区种植，矮生种可盆栽或布置花坛，高茎种多用于切花。

欧洲报春花 (Primula vulgaris)

报春花科报春花属植物。原产于欧洲，现广为栽种的为杂种一代园艺品种。

【形态特征】 多年生草本花卉，常作二年生种植。株高10～15厘米。叶基生，长椭圆形，长10～20厘米，宽5厘米左右；叶面皱，叶缘下弯。花梗长10厘米左右，稍细，一莛一花；花径3～5厘米，花冠高脚碟状，花冠5裂；花色多种，常见有蓝色、紫色、红色、粉色、橙色、黄色、白色多种；花心一般具黄色斑块，多为单瓣品种，也有少数重瓣品种(彩图53)。多花报春，叶、花与欧洲报春花极为相似，但为伞形花序，总花梗粗壮，上端着花数朵。由于2种均引自欧洲，又十分相似，人们又常把二者合称为西洋报春。

【生长习性】 喜凉爽、湿润、半阴环境；耐寒，畏热，生长适温10℃～20℃。

【繁殖方法】 种子繁殖。选用杂交种子，晚夏至早秋播种。

【栽培管理】 种子细小，播种需精细管理。盆土应平整。播后不覆土或稍覆土，盆面用玻璃或塑料薄膜覆盖保湿，出苗后去掉覆盖物，置室内光照处，温度降至12℃左右，防止幼苗徒长。经2次分苗，苗具5～6片叶时可定植于花盆，盆土用草炭土或腐叶土与沙及有机肥混配。半个月追施0.5%的复合肥1次。于光照下10℃～15℃环境中生长，注意通风，花期可稍提高温度，也可保持原温度。夏季天渐热，植株逐渐进入休眠。

本属常见种植的还有以下几种。

鄂报春，又名四季报春花(彩图54)。叶卵形至矩圆形，叶缘浅波状。花莛高达30厘米，伞形花序，花数朵，花径2厘米在右，原种产于云南、四川、湖北西部等地，现种植的均为园艺品种。花色品种多，花径也大，大者可达5厘米。

藏报春，叶片卵状心形，有羽状裂，叶背面红色，叶柄长5～10厘米，叶长5～10厘米；轮伞花序1～3层，每层具花10朵左右，花萼明显膨大，呈陀螺形，花瓣5枚，常见红色花，也有蓝色、粉色、橙色、白色等。原产于陕西南部、湖北西部、四川峨眉山等地。

报春花，又名小种樱草、七重楼(彩图55)。叶卵形至矩圆状卵形，叶缘圆齿状浅裂，花莛高30厘米左右，伞形花序2～6轮，每轮具花多个，花较小，花径1厘米左右，花色多种，常见的多为粉红色，原产于云南、贵州等省海拔1800～3000米的潮湿旷地或林缘。

报春花种类繁多，除上述盆栽种类外，还有一些露地宿根类，如高山报春，灯台报春等。都喜凉爽、湿润气候，形态优美，花色鲜艳，是点缀居室和花坛布置的优良花卉。

紫茉莉 (mirabilis jalapa)

紫茉莉科紫茉莉属植物，又名草茉莉、地雷花等。原产于南美。我国各地多有栽培。

【形态特征】 多年生草本花卉，常作一年生种植。株高通常50～100厘米，多分枝。单叶对生，叶三角状卵形，叶面光滑，花喇叭形，数朵聚生于枝端；花常见有红色、紫红色、粉色、黄色、白色等颜色，果（即通常称的种子）卵圆形、坚硬、黑色，表面有皱纹；形似小地雷(彩图56)。夏、秋至冬初开花，傍晚开放。翌日早晨衰败。

【生长习性】 喜温暖、光照，对土壤要求不严；贫瘠、干旱土壤也能生长。

【繁殖方法】　播种繁殖。春天播种，夏天即可开花，也可自播繁殖，即前一年掉落的种子，翌年春天遇湿可出苗。

【栽培管理】　属粗放管理型植物。土壤肥沃，及时浇水，植株会长得高大些；土壤瘠薄，只要幼苗能长大，以后可粗放管理，也能良好生长。常种植于路边、墙角点缀环境。

旱金莲 (Tropaeolum majus)

金莲花科金莲花属植物，又名荷叶莲、金莲花等。原产于墨西哥、智利等国，我国已普遍栽培。

【形态特征】　多年生草本花卉，因老茎脱叶，影响美观，因此常作一、二年生草花种植。茎细，枝条呈攀缘状。单叶互生，叶圆呈盾状、形似荷叶；叶小，叶径5厘米左右，叶柄细长。花生于叶腋，花梗细长，每个花梗着花1朵；花瓣5枚，倒卵形，冠径5厘米；花多为红色、橙色、黄色，也有白色，但少见(彩图57)。每果结种子2~3枚，肾形。花期长，春、秋可常开花，夏季天热花少，冬季温室内也可开花。

【生长习性】　喜温暖、光照、湿润；忌强光、炎热，也不耐寒。

【繁殖方法】　播种繁殖。春播或秋播均可，约10天出苗。秋播室内过冬，在温室内可开花。播种至开花约需3个月。

【栽培管理】　肥沃砂壤土种植，生长期间，尤其花期应追肥3~5次；夏季需适当遮光，避免强光直射，最好置早、晚见光处。植株细弱，花前应搭支架。成熟果实易自然脱落，应在果皮发白未干前采收种子。

常作盆花观赏，叶光亮翠绿，形似荷叶，花色鲜艳。叶、花都极具观赏价值。

蒲包花 (Calceolaria herbeohybrida)

玄参科蒲包花属植物，又名荷包花。原产于智利、墨西哥、秘鲁等国。

【形态特征】 多年生草本花卉，常作二年生种植。株高15～30厘米。叶对生，卵形至椭圆形，淡绿色，茎、叶被绒毛。花序顶生，具花数朵；萼片4裂；花瓣2枚，唇形，上唇小，下唇呈荷包状；花径约4厘米，花色多种，有红色、粉色、黄色、白色及复色花，花上具红、褐等色斑点(彩图58)。冬、春开花，花期长。

【生长习性】 喜凉爽、湿润、光照、通风，不耐寒，畏热。生长适温10℃～20℃，要求疏松、肥沃、排水良好的土壤。超过20℃，不利于生长开花。长日照下可提早开花。

【繁殖方法】 播种繁殖。发芽适温15℃～20℃，10天左右发芽。

【栽培管理】 秋天播种，种子细小，1克种子有20余万粒。因此盆播土壤必须细而平整，水分充足，种子混沙撒播，播种密度防止过大，以便以后分苗。喜光性种子，播后不必覆土，但需用玻璃或透明塑料薄膜覆盖盆面保湿。幼苗出土后，移至通风透光处，逐步撤除覆盖物，见光通风，锻炼幼苗，2～3叶期分苗，5～6片叶时定植上盆。盆土常用草炭土、腐叶土和沙以2∶2∶1混配，加入少量腐熟有机肥。温室温度保持10℃～15℃，每10天追肥水1次，早春即可开花。如欲提早开花，供应春节需要，可于11月份起，每平方米增加80瓦光照，每天增加光照6～8小时，可提早1个月开花。正常情况下，从播种至开花需5个半月左右。蒲包花自然结实困难，常需人工授粉，方法是去除花冠(即包状花瓣)，上午授粉，保持干燥，种子成熟后采收。天气转热，植株即枯萎死亡。

蒲包花，花形奇特，花期长，是冬、春重要盆花。

金鱼草 (Antirrhinum majus)

玄参科金鱼草属植物，又名龙头花。原产于地中海沿岸。

【形态特征】 多年生草本花卉，常作一年生栽培。株高20~100厘米，茎直立。叶披针形或长椭圆形；基部叶对生，上部叶互生，全缘。总状花序生于茎顶，花序长10~20厘米不等；花密生，萼片5裂；花冠筒状，前端分上、下二唇瓣，上唇瓣直立、2裂，下唇瓣3裂。花有红色、粉色、橙色、黄色等(彩图59)。蒴果卵形，种子细小。矮生种多用于盆栽，中茎种多用于花坛布置，高茎种则用于切花。

【生长习性】 喜温暖、光照，畏酷暑，有一定耐寒力，要求疏松肥沃、排水良好的土壤。

【繁殖方法】 播种繁殖。可秋播或春播。秋播苗冬季可移入低温温室或温室，春天移植于花坛，春末至夏初即可开花。夏凉地区，可春天播种，秋天开花。

【栽培管理】 种植土壤需肥沃。春天定植的苗，春末至夏初可陆续开花，花后重剪，促发侧枝，秋天可继续开花。切花品种不能摘心，还应随时摘去侧枝，使营养集中供应主枝，使主枝茎粗花多，以提高切花质量。开过花的花序随时剪除，促使侧枝生长，延长花期。可自花授粉，也可异花授粉，蒴果变黄时可将花枝剪下晒干脱粒。

金鱼草是花坛的重要花卉。高秆品种用作切花，中、矮品种用于盆栽及花坛布置。

夏堇 (Torenia fournieri)

玄参科蝴蝶草属（蓝猪耳属）植物，又名蓝猪耳、蓝翅蝴蝶花。原产于亚洲热带地区，主产于越南。

【形态特征】 一年生草本花卉，株高多在30厘米左右。叶对生，长卵形至卵形，叶缘具粗齿。总状花序顶生，小花对生；花冠筒淡青紫色，冠片蓝色，中间裂片基部黄色(彩图60)。常见种植的还有红夏堇，又名红猪耳，冠片粉红色。

【生长习性】 喜温暖、湿润、光照，但不耐强光照，半阴环境条件更好。光照不足，植株柔弱，开花少。耐暑热，怕干旱，不耐寒，要求土壤肥沃、湿润。生长适温20℃～30℃。

【繁殖方法】 播种繁殖。春播，20℃左右约10天发芽。也可扦插，但少用。

【栽培管理】 肥沃砂壤土种植。幼苗期生长慢，10厘米左右定植，15厘米高时可摘心，促进分枝；半个月施肥1次，氮肥可少施，避免徒长。植株常喷水，增加湿度。夏季怕干燥，每周浇水2～3次，保持土壤湿润。

夏堇枝叶繁茂，花朵密集，常用于花坛布置。

龙面花 (Nemesia strumosa)

玄参科龙面花属植物。原产于南非。

【形态特征】 一年生草本花卉。株高多在25厘米左右，茎多分枝。叶对生，基生叶倒匙形，茎生叶披针形。总状花序生于枝顶，花朵密集；花冠上唇4裂，下唇2浅裂，喉部黄色，有深色斑点及须毛；花色多种，有红色、黄色、白色、玫瑰紫等(彩图61)。春季开花。

【生长习性】 喜凉爽，不耐热，也不耐寒；喜光照充足、排水良好的肥沃砂壤土。

【繁殖方法】 播种繁殖。长江流域可秋播，冬季低温温室过冬，北方可于冬季温室播种，20℃左右7～10天发芽。生长适温10℃～20℃。

【栽培管理】 肥沃砂壤土种植。4～10片叶时上盆，生长环境要求凉爽、中等光强；苗期每周浇0.1%的全营养液1次，经1～2次摘心，可使植株花枝多而株矮；从播种至开花约3个半月。春天可置室外，温度超过30℃时枝叶易枯黄而死，低于8℃时应提高室温。

钓钟柳 (Penstemon campanulatus)

玄参科钓钟柳属植物。原产于墨西哥等地。

【形态特征】 多年生草本花卉，常作一、二年生种植。株高50～100厘米。叶侧披针形至披针形，交互对生；茎下部叶较密集，多为侧披针形，茎上部叶多为披针形。花序顶生，长圆锥花序；花冠筒长约2.5厘米，裂片5枚；多为红色品种，也有白色及紫红色品种(彩图62)。5～6月份或7～10月份开花。

【生长习性】 喜温暖、湿润、光照，不耐寒，畏炎热、湿涝。要求疏松、肥沃、排水良好的土壤。

【繁殖方法】 播种或分株繁殖，也可扦插繁殖，但少用。播种常于秋季或早春温室内进行，春季定植花坛。分株常于春、秋进行。

【栽培管理】 管理较粗放，定植花坛后，只需及时浇水，便可正常生长。夏季雨大，应注意及时排水，积水极易造成植株死亡。

羽扇豆 (Lupinus polyphyllus)

豆科羽扇豆属植物。原产于北美。

【形态特征】 多年生草本花卉，株高1米左右。掌状复叶，小叶10～17片，多集生于植株下部，总状花序顶生，长20～50厘米不等；晚春至夏初开花，花密集；花色多种，有红色、白色、蓝色等；旗瓣直立而阔，龙骨瓣弯曲(彩图63)。荚果扁，长近4厘米，种子扁圆，黑褐色。

【生长习性】 喜凉爽、光照充足，略耐阴，忌炎热。喜微酸性的肥沃砂壤土，根系较深，土层应深厚。

【繁殖方法】 播种繁殖。直根性植物，宜直播而忌移栽。如欲移栽，应使用容器播种育苗，直接带土坨移栽于露地。

【栽培管理】 通常秋播，冬寒地区需低温温室过冬。春天移置室外。夏凉地区也可春播。夏季炎热地区，多雨易引起植株死亡，应注意防止积水，可将花枝剪去，促进秋季第二次开花，秋末应剪除花枝。

羽扇豆花序挺拔，花多而艳丽，适合片植或丛植，也可盆栽。叶、花皆具观赏性。

五星花 (pentas lanceolata)

茜草科五星花属植物，又名繁星花。原产于非洲，后引入欧洲，近20年引入我国，已广泛种植。

【形态特征】 多年生草本花卉，或亚灌木状，常作一年生栽培。茎直立，株高30～60厘米。叶对生，长卵形，端尖；叶面沿叶脉稍凹，因而叶显得不光滑。夏、秋开花，聚伞花序，由20朵左右小花组成；小花五星状，有红色、粉色、白色、蓝紫色等，种子极小(彩图64)。

【生长习性】 喜温暖、湿润、光照充足；怕干旱，不耐寒，耐半阴。生长适温15℃～25℃，不耐炎夏高温，土壤应疏松、肥沃，微酸性。

【繁殖方法】 播种或扦插繁殖。春天播种约半个月发芽，5个月可开花。扦插可随时进行，半月余可生根。

【栽培管理】 种植场所可避开全日照地方，有半日光照即可；土壤应中等肥沃，肥水大，易徒长，株高花疏。生长期进行1～2次修剪，可增加花枝，压低株高；花期可增施2～3次磷、钾肥，花谢后应剪去残花，促进分枝，继续开花。夏季高温时，可叶面喷水，增加湿度，有利于生长和开花；秋末逐渐进入休眠，应减少浇水，保持土壤湿润即可。盆栽植株，2～3年后，生长势下降，应重新播种或插枝进行更新。

五星花花、叶繁茂，花色丰富，艳丽醒目，花期长，是花坛及庭院的优良花卉。

观赏南瓜 (Cucurbita pepo Var. ovifera)

葫芦科南瓜属植物。原产于美洲热带地区。

【形态特征】 南瓜变种，一年生蔓性植物，蔓长可达6米。单叶互生，叶心形，全缘或有裂缺。花单生，黄色，广喇叭形。果实形状、颜色多种，大小也不相同；果坚硬，较小，适合长期摆放观赏(彩图65)。也可作艺术雕刻或作儿童玩具。

【生长习性】 喜温暖、光照充足、土壤肥沃，怕酷热。

【繁殖方法】 播种繁殖，从播种至收获，一般需3~4个月。

【栽培管理】 栽培土壤应肥沃，环境应通风、光照充足，枝蔓30厘米左右搭架，让其攀缘。生长期每半个月追肥1次，并充分浇水；使其枝叶繁茂，多结果。结果多少随品种、肥水状况而异，通常可结果5~10个，也有多达20个的，幼果可食。常见种植的有金童、玉女、佛手、五福等10余个品种。

观赏葫芦 (Lagenaria siceraria Var. microcarpa)

葫芦科葫芦属植物。原产于欧亚大陆热带及温带地区，我国庭院多有种植。

【形态特征】 一年生缠绕草本植物。蔓茎长可达数米，具2叉卷须，缠绕他物。叶卵圆形。花夏季傍晚开放，单性；广喇叭形，白色，单生叶腋，雌雄同株。果形有亚铃形、扁球形等，共同特点是体积小，供玩赏用(彩图66)。本属仅1种，变种数种，常见的有瓢葫芦、杓葫芦等大型果种，过去常用作厨房器具，也可食用。所有葫芦都是夏季开花，秋季瓠果成熟，成熟果坚硬，可长期存放。小葫芦品种较大型葫芦开花结果都早，结果量也大，多作玩赏。

【生长习性】 喜温暖、光照充足、土壤疏松肥沃。

【繁殖方法】 春天播种繁殖。

【栽培管理】 土壤肥沃，及时浇水，便可正常生长，属粗放管理类植物，如能追肥1～3次更好，植株长蔓时应及时搭架供其缠绕。城市里目前传粉昆虫较少，可辅助授粉，保证结实。

观赏葫芦攀缘性强，生长快，枝叶繁茂，果可观赏，也可作棚架遮荫。

观赏苦瓜 (Momordica charantia)

葫芦科苦瓜属植物，又名癞瓜。苦瓜的一个观赏品种。

【形态特征】 一年生草本蔓生植物。茎长3～5米，具卷须，用卷须缠绕他物攀缘。单叶互生，叶近圆形，5～7深裂，光而翠绿。雌雄异花同株，花黄色，花瓣5枚；雌花的花冠下具瓜形子房，授粉后形成心形小瓜。幼瓜翠绿色，成熟时金黄色，颇具观赏价值，也可食(彩图67)。

【生长习性】 喜温暖、光照，喜肥水，宜肥沃砂壤土种植。

【繁殖方法】 播种繁殖。

【栽培管理】 种植土壤应施基肥，可直播或盆播。苗出土后3～5叶期，将整盆移入种植穴，由于没伤根，种后浇水极易成活。4叶期开始出现卷须，并开始攀缘，生长迅速，应引入篱笆或棚架让其攀缘生长。从播种至结果约需2个月，早摘心，促发侧蔓，可早结果。

垂直绿化植物，宜播种于绿篱、棚架旁。

雁来红 (Amaranthus tricolor)

苋科苋属植物，又名彩色苋、三色苋、老来少等。原产于亚洲热带地区。

【形态特征】 一年生草本花卉。株高40～120厘米不等，随品种而异。主茎粗壮，少分枝。叶互生，卵圆形至卵状披针形；入秋后茎端的叶片先开始变色，呈红色或黄色，或叶中带不同色斑，非常美丽(彩图68)。穗状花序腋生，小花单性，上部为雄花，下部为雌花；秋季开花，花序无观赏价值。

【生长习性】　喜光照充足、温暖、干燥、通风良好的环境，不耐水湿，对土壤要求不严。

【繁殖方法】　播种繁殖。春暖播种，5天可发芽；苗高5厘米时分栽，移植时应带较大的土团，因雁来红是直根系植物，侧根不发达，若主根受伤，影响成活和生长。

【栽培管理】　幼苗定植宜早而不宜晚，大苗定植易引起下部叶片凋萎脱落，影响植株美观。生长期不需大肥大水，以使植株矮化。自花授粉，先出现的花序种子先熟，因此应分批采收种子。

雁来红可单植，也可片植或盆栽观赏，或播置花坛。

长春花 (Catharanthus roseus)

夹竹桃科长春花属植物。原产于南亚、南美及非洲东部，我国各地多有种植。又名日日草、五瓣莲、四时春。

【形态特征】　多年生常绿草本状亚灌木，常作一年生草花种植。茎直立，高多在50厘米以下。叶对生，长椭圆形至侧卵形；叶柄短，全缘，主脉明显，叶两面光滑无毛。花序聚伞形顶生或腋生；花多粉红色、红色或白色，也有黄色；花冠高脚碟状，5裂。蓇葖果圆柱形，直立，种子细小。夏至晚秋开花(彩图69)。是夏季重要花卉。

【生长习性】　喜温暖、光照、稍干燥环境；怕严寒，忌水湿。对土壤要求不严。

【繁殖方法】　播种或扦插繁殖，均于春天。发芽适温15℃～20℃，半个月出苗。扦插约半个月可生根，1个月后可移植。

【栽培管理】　盆栽土壤最好用疏松、肥沃的砂壤土。扦插苗根系健全后可盆栽。播种苗2～3对叶时可分植1次，同时喷多菌灵等杀菌剂2～3次，预防苗期病害；苗高10厘米以上可定植花坛或上盆。基肥足，可每月追施稀液肥1次。及时打尖，促发侧枝多开花。适宜生长温度15℃～30℃，低于10℃时移入室内光照处，土壤可干而不可过湿。

二、多年生宿根草本花卉

菊　花 (Dendranthema morifolium)

菊科菊属植物。原产于我国，现许多国家都有种植。

【形态特征】　多年生宿根草本花卉。一般株高控制在20～50厘米。叶互生，卵形至阔披针形；叶缘浅裂或深裂。花序头状，单个或数个聚生于茎顶；小花品种，花多但花径可小至3厘米；大花品种，花大但少，花径可达30厘米，周边为舌状花，1至数层，中心为管状花，黄色；菊花的花色主要由舌状花构成，花形、花色多种(彩图70)。多为秋、冬开花，现在也育成了一些夏季开花品种，主要为小花品种。

【生长习性】　喜凉爽、光照，生长适温15℃～25℃。耐寒，花与叶可耐－4℃左右低温，地下根茎可耐－10℃低温。

【繁殖方法】　常用嫩枝扦插繁殖或嫁接繁殖。一般5～6月份扦插。扦插枝条应选用茎上部5厘米长的茎段，剪口应位于节下，除去基部叶片，保留顶部2～3片叶插于沙中，喷透水，置阴凉处。扦插后5天内，每天喷水2～3次，以后酌情喷水，约半个月可生根。也可用青蒿或黄蒿作砧木嫁接，通常用来制作多花色的什锦菊。

【栽培管理】　栽培土壤应选用通透性好且肥沃的砂壤土。株高10厘米左右，摘心1次，促发侧枝，通常保留3～4个枝条；为使多开花，也可于侧枝4～5片叶时进行二次摘心，这样1株可开花多朵，但最后1次摘心不应晚于7月中旬，以免开花太晚。一般立秋后（8月上旬）开始追肥，用稀有机液肥每周追肥1次；秋分(9月下旬) 可见花蕾，到时可追施稍浓的液肥，促进花芽发育。施肥应根据生长情况而定，菊苗色淡而小表明缺肥；叶色浓且边缘反卷，表明肥已过多，应停止施肥。施肥时应防肥水污染叶片，施肥原则是少施勤施。菊花怕涝，地栽应选排水良好的地块。为国庆花坛布置，可选种早花品种及一些小花品种。如发现菊花徒长可用200～400倍的比久液喷植株茎尖，10天1次，即可控制植株徒长。

菊花依修剪造型可分独本菊，1株1花，最能表现品种特征；多头菊，通常1株具花3～9朵；大立菊，常用蒿子作砧木，嫁接而成，1株可开花数百朵至上千朵；悬崖菊，用小菊品种，经整枝修剪而成，枝条悬垂，花多而密，更适合摆放于假山石上；塔菊，用蒿子作砧木，嫁接而成，株高3～4米，塔状；案头菊，植株低矮，高通常在15厘米以下，花大，叶大而肥厚，适合室内摆放；盆景菊，常用小菊品种配木桩、山石组成，具盆景艺术性(彩图71)。

菊花在我国栽培历史久远，深受国人喜爱。国内有许多城市以菊花为市花，每年秋末至冬初举办菊花展，极受欢迎。

松果菊 (Echinacea purpurea)

菊科松果菊属植物。原产于北美。

【形态特征】 宿根草本花卉。株高1米左右。茎直立，全株具毛。叶卵形或卵状披针形，叶柄较长。头状花序单生或数朵聚生，花径约10厘米；周边具舌状花一轮，紫红色、玫红色、粉色及白色多种；管状花橙黄色(彩图72)。夏、秋开花。

【生长习性】 喜温暖、光照和疏松肥沃土壤，稍耐寒，耐瘠薄及半阴环境，怕积水、干旱。冬季不得低于－5℃。

【繁殖方法】 播种或分株繁殖。早春播种，早秋可开花；秋天播种，翌年夏初可开花。分株繁殖可于春天或秋天进行，春天分株，当年即可开花。

【栽培管理】 通常盆栽育苗，3叶期可定植。土壤肥沃可不追肥，直至开花前增施1～2次磷、钾肥。生长期应保持土壤湿润，雨季应注意排水。花后剪去残花，可延长花期，花期一般有2个月以上。夏天花后，修剪，加强肥水管理，秋天可第二次开花。常作花坛、花境种植，美化环境。

黑心菊 (Rudbeckia laciniata)

菊科金光菊属植物。原产于北美洲，我国各地有种植。

【形态特征】 多年生草本花卉。株高1～2米。植株茎部的根出叶呈羽状深裂，5～7裂；茎上叶片互生，3～5裂。头状花序生于枝顶；外周舌状花瓣6～10枚不等，披针形，长约3厘米，黄色，花径8～10厘米；花中心的筒状花呈黄绿色，后期呈黑色(彩图73)。尚有矮茎重瓣黑心菊品种。

【生长习性】 喜光照，也较耐阴，对土壤要求不严。

【繁殖方法】 分株或播种繁殖。早春挖出地下宿根进行分栽，每株应不少于3个芽。可于春天或秋天播种，约半个月出苗。

【栽培管理】 生长强壮，无需特殊管理，生长期间追肥1～2次即可。常用于花坛种植。

勋章花 (Gazania rigens)

菊科勋章花属植物。原产于南非。

【形态特征】 多年生草本花卉。高多在30厘米以下，茎短而不明显。叶丛生于茎上；叶线状披针形至倒卵状披针形，全缘或略羽裂，基部渐窄成具翼叶柄；叶长10～25厘米，叶背具白色绒毛，呈白色；茎生叶少而小。茎端着生头状花序，花径7～12厘米；花色多种，有红色、黄色、橙色、白色及复色等；舌状花基部有棕色斑及白点，形成一个美丽的环状，使整个花形似一个美丽的勋章(彩图74)。主要开花于春夏之间及秋季。

【生长习性】 喜凉爽、光照，耐低温而不耐冻，忌高温、高湿，喜疏松肥沃土壤。

【繁殖方法】 播种或分株繁殖，也可扦插繁殖。种子无休眠期，成熟即可播种；发芽适宜温度15℃～20℃，10余天可出苗。分株繁殖可于早春将植株挖出，纵切分株种植。也可扦插繁殖，但较少应用，切取壮茎节的芽，去除叶片仅保留顶端2片幼叶，扦插保湿，20℃左右约1个月可生根。

【栽培管理】 一般秋季播种，在长江以南可露地越冬，北方则需置冷床或不加温的温室内养护，劳动节可达盛花期。长江以南早春可开花，生长适温15℃～25℃。播种繁殖，在适宜生长温度范围内约3个月可开花。夏季炎热，进入生长缓慢期，高温多雨、水大易造成植株死亡，应注意排水。秋季植株进入另一个生长开花期。冬季如室温保持20℃左右，仍可开花，能耐0℃低温。勋章花只在光照下才能开花，阴雨天不能开花，日出花开，下午逐渐闭合，单花期5～7天。

勋章花花色品种多而美丽，适宜花坛种植或家庭盆栽。

宿根天人菊 (Gaillardia aristata)

菊科天人菊属植物。原产于北美洲，我国各地多有种植。

【形态特征】 多年生草本花卉。株高30～50厘米。下部叶长椭圆形或距形，中部叶披针形。头状花序，花径近10厘米，总苞片披针形，舌状花下部红色，端部黄色，具3裂；有的品种舌状花全红色。栽培品种很多，因此株高，花色各异(彩图75)。6～10月份开花。

【生长习性】 喜温暖、光照，耐寒、耐旱，要求土壤肥沃、透水良好。

【繁殖方法】 播种或分株繁殖。早春播种，当年可开花；也可春季分株。

【栽培管理】 管理粗放，只要土壤肥沃，排水性好，只需土壤干旱时浇水即可，生长过程中可追施2～3次稀肥。

天人菊花期长、花色艳丽，易栽培管理，宜片植或丛植，美化环境。

千花葵 (Helianthus decapetalus)

菊科向日葵属植物，又名多花葵、千瓣葵。原产于北美洲。

【形态特征】 多年生宿根草本花卉。茎直立；高1～1.5米，多分枝。叶卵形至卵状披针形，长15厘米左右。头状花序，黄色(彩图76)。夏季至早秋开花。

【生长习性】 喜光照充足，在湿润肥沃含钙质土壤中生长良好，耐寒。

【繁殖方法】 分株繁殖。早春挖取地下根茎，切割种植。

【栽培管理】 管理较粗放。土壤肥沃，常浇水保湿，可良好生长。应种植于光照处。盆栽时，由于千花葵喜肥水，盆土营养有限，需经常追肥，并常浇水，6～7月份可开始陆续开花。如预备国庆节布置花坛，应于6月、7月、8月初各抹头（即剪除茎顶）1次，并修剪多余枝条，使枝条分布均匀，控制浇水，防止旺长，国庆节前可开花。

千花葵易管理，病虫害少，花多，开花持久，是优良的花坛植物，也可作切花用。

大滨菊 (Leucanthemum maximum)

菊科滨菊属植物。原产于欧洲北部。

【形态特征】 多年生草本花卉。株高50厘米左右。基生叶有叶柄，茎生叶无叶柄，披针形，叶缘具细锯齿。花序头状，直径6～10厘米；舌状花白色，管状花黄色，花香，初夏开花(彩图77)。

【生长习性】 喜温暖、湿润，耐寒，也耐干旱，耐瘠薄土壤。

【繁殖方法】 播种或分株繁殖。早春或秋天播种，约1周发芽；分株应换地种植，通常2年分株1次。

【栽培管理】 属易栽粗放管理花卉。只要栽植时施足基肥、生长期适时浇水，都能生长良好。花期一片白花，飘有清香，十分美丽。适合片植，也可盆栽。

重瓣旋花 (Calystegia pubescens)

旋花科打碗花属植物，又名转枝莲。广泛分布于欧亚及美洲北部。

【形态特征】 多年生缠绕蔓性草本花卉。蔓长可达数米。茎具短柔毛。叶互生，戟形，茎部有2侧裂；叶长4~8厘米，全缘；叶柄长1~4厘米。花1~3朵腋生，多为1朵；花梗细长，5厘米左右；花瓣边缘波皱状；高度重瓣，淡粉色，花冠直径6厘米左右；7~9月份开花，花早晨开放，下午闭合，单朵花可开放数日；花无雌、雄蕊，不能结实(彩图78)。

【生长习性】 喜温暖、光照，耐寒。地下根状茎可耐 −20℃的低温。对土壤要求不严，但以肥沃砂壤土为好。

【繁殖方法】 地下茎切段繁殖。早春挖出地下茎，切成具3个以上芽的地下茎段，横埋，当年即可开花。

【栽培管理】 管理粗放。土壤肥沃，及时浇水，都能生长良好。阴处种植，节间变长，开花较少。

主要作垂直绿化用，花大而多，是很好的篱垣花卉。

草芙蓉 (Hibiscus palustris)

锦葵科木槿属植物，又名芙蓉葵、大花秋葵。原产于北美洲，我国各地多有种植。

【形态特征】 多年生草本花卉。株高1~2米，茎直立，粗壮。叶互生，广卵形，叶长20厘米；叶柄、叶背密生灰色星状毛。花大，花径10~20厘米，花瓣5枚，单生于叶腋；花色多种，有紫色、红色、粉色、白色等；夏季至早秋开花(彩图79)。蒴果扁球形，10月份种子成熟。入冬地上枯萎，翌年重新发芽。

【生长习性】 喜温暖、光照、土壤肥沃湿润，但也耐干旱，对土壤要求不严，耐寒。

【繁殖方法】 分株、扦插或播种繁殖。早春分株。扦插多于夏初采半成熟枝条，插于湿润砂壤土中，约1个月可生根。春天播种，但少用。

【栽培管理】 管理粗放，种植时施足基肥，成活后干旱时浇水，每年施1～2次有机肥。

草芙蓉，花大而美，花期长，适宜街心公园或庭院及水池、河边种植，丛植、片植都很美观。

蜀　葵 (Althaea rosea)

锦葵科蜀葵属植物，又名熟季花。原产于我国，各地常有栽培。国外也多有引种。

【形态特征】　多年生草本花卉。茎直立，少分枝；株高1～2.5米不等，全株密生短毛。叶互生，叶柄长10厘米左右，近圆形；叶基心脏形，叶面皱而粗糙，叶缘有5～7浅裂。花腋生，在茎的上部组成总状花序；花无梗，似贴于花茎，自下而上陆续开放；花径10厘米左右；单瓣种花瓣5枚，重瓣种多枚；花色多种，主要有紫色、红色、粉色、黄色、白色及各种复色(彩图80)。蒴果扁圆形，种子圆片形，多粒，夏季开花。

【生长习性】　喜光照，耐旱，耐寒，对土壤要求不严，肥沃土地生长良好，土质较差也能生长。

【繁殖方法】　分株或播种繁殖，也可嫩枝扦插繁殖。春天可挖取宿根分植，也可于秋天或春天播种，易繁殖。扦插较少用。

【栽培管理】　蜀葵生性强健，适应性强，因此管理十分粗放。每年冬前或早春施有机肥1次，天旱时浇1次水即可。秋季播种的苗较难越冬，可移入冷床内，备早春定植。

蜀葵植株高大，常作背景材料。墙边、路旁皆可种植。丛植也很美观，开花时节，花朵成片。

火把莲 (Kniphofia uvaria)

百合科火把莲属植物，又名火炬花。原产于南非。

【形态特征】　多年生宿根草本花卉。叶线形，长30～50厘米，近基部丛生。夏初花茎自叶丛中抽出，高50～100厘米不等。茎顶着生红色或黄色的总状花序，长20厘米左右，每个花序由上百个筒状花呈穗状排列，自下而上依次开放，每个花序开花半个月左右。整个花序似火炬状(彩图81)。地下须根发达。

【生长习性】 喜温暖、光照，耐旱，耐寒，也耐半阴。怕积水，对土壤要求不严。

【繁殖方法】 分株繁殖。秋季或春季分株种植。种子繁殖易发生性状分离，通常不用。

【栽培管理】 肥沃砂壤土种植，通常地栽。因怕积水受涝，不能种植于低洼处，以防积水烂根而死亡。分栽株、行距一般为30厘米×60厘米，可根据苗大小及土壤情况灵活掌握。栽种地应光照充足，排水良好。春天花后及初秋可各施1次复合肥，促进植物多分蘖，多开花。也可盆栽，但根系发达，应选用较深的盆种植，保证根系伸展。

火把莲叶色翠绿，花序红艳或全黄，适宜片植或丛植，生性强健，易管理。适宜公园、庭院种植，盛花时，如同点燃的火炬，甚为壮观，也是切花的良材。

荷包牡丹 (Dicentra spectabilis)

罂粟科荷包牡丹属植物，又名兔耳牡丹。原产于我国北方、日本及西伯利亚。

【形态特征】 多年生宿根草本花卉。地下具肉质根状茎。株高多在60厘米以下。叶对生，三出羽状复叶，具长叶柄；小叶阔卵形，深裂，似牡丹叶片。花梗端呈拱形生长，总状花序；小花下垂生长，玫瑰红色或白色；花瓣4枚，外侧2枚基部呈囊状，形似荷包，内瓣2枚伸出；5月份开花(彩图82)。

【生长习性】 耐寒，喜半阴，不耐暑热及强光照；夏季茎叶枯黄而休眠。喜湿润、疏松肥沃的砂壤土。

【繁殖方法】 通常分株繁殖，也可播种繁殖。但需3年才能开花，常于秋末或早春将根状茎挖出，分丛另植。

【栽培管理】 可栽于树荫下疏光的地方。栽前施足基肥，栽后浇水，出苗后无需特殊管理。

荷包牡丹叶似牡丹，花似荷包，较为奇特，适宜片植。适于我国北方种植。

宿根福禄考 (phlox drummondii)

花葱科福禄考属植物，又名天蓝绣球。原产于北美。

【形态特征】 多年生宿根草本花卉。株高50～100厘米，茎直立，常丛生。单叶对生，卵状披针形，全缘。圆锥花序顶生，呈球形；花高脚碟状，花冠5裂，花径2.5厘米；花红色、粉色、白色、蓝色及复色多种；夏、秋开花(彩图83)。

【生长习性】 喜温暖、光照充足，适应性强，稍耐热，极耐寒，东北及华北地区可露地越冬。对土壤要求不严，但以肥沃、排水良好的砂壤土种植为好。

【繁殖方法】 分株或扦插繁殖。种子繁殖易发生变异，故不用。春天挖出母株，分数丛，每丛需有3～5个芽栽种。通常3～5年分株1次。扦插繁殖，可在25℃左右时，剪取嫩枝，遮荫保湿，插于沙中，1个月左右可生根。

【栽培管理】 种植土壤应施基肥，定植后浇足水。株距40厘米左右，生长旺季应追施2～3次液肥，并常浇水，保持地面湿润。也可盆栽，但应选用矮生品种。常见栽培的还有福禄考，1～2年生草本花卉，株高20～45厘米；叶互生，长卵状披针形，聚伞花序生于茎顶，花色多种；5～7月份开花，种子繁殖；多秋播，较耐寒；低温温室过冬，多用于盆栽。

宿根福禄考花期长、花色多。管理粗放，常片植，美化环境或花坛种植。

耧斗花 (Aquilegia hybrida)

毛茛科耧斗菜属植物。原种产于欧洲及西伯利亚地区。我国各地园林多有栽培。

【形态特征】 多年生草本花卉。茎直立而多分枝，株高多在1米以下。叶具长柄，二回三出复叶；小叶倒卵形，具浅裂。花枝顶生或腋生，花梗细弱，花朵常下垂；萼片5枚，花瓣状，卵形，先端尖；花瓣5枚，卵形，长仅为萼片1/2；花冠漏斗形，有距，长1～2厘米，非常别致，花色多种(彩图84)。常见栽培的还有华北耧斗菜，株高40厘米以下，花蓝紫色；加拿大耧斗菜，花黄色；洋牡丹，花萼紫色，花瓣白色。耧斗菜通常于春末至夏初开花，持续2个月左右。

【生长习性】 喜凉爽、半阴环境，耐寒，但畏酷暑。要求土壤肥沃，排水良好。在长江流域可露地越冬，在华北地区地表培土盖草也可露地越冬。

【繁殖方法】 分株或播种繁殖。秋季或早春可挖取地下宿根分株种植，每株具芽3～5个。常于早春温室播种，约1个半月出苗，苗高10厘米时可定植，通常翌年开花，实生苗开花良好。

【栽培管理】 通常地栽。栽前结合整地，多施有机肥；株距30厘米左右，每年追肥1～2次；旱时浇水，保持土壤湿润，冬前浇水1次。当植株密集时，应将宿根挖出，重新分栽，植株拥挤生长易衰退。栽植地点最好有树木遮荫处，在阴凉下生长较好。

耧斗菜是春末至夏初季节的花卉，花形美丽，花色丰富，宜种植于庭院半阴处。叶翠绿清秀，花后也是良好的观叶植物。一些杂交种，花叶优美，适宜盆栽。

芍　药 (paeonia lactiflora)

毛茛科芍药属植物。原产于我国、朝鲜半岛、日本等国，我国各地多有种植。

【形态特征】 多年生草本花卉。地下具粗壮肉质根。地上茎直立丛生，高50～100厘米不等；初春地上萌发的茎叶褐红色，以后转绿。叶为二回三出羽状复叶；小叶椭圆形，狭卵形。花开于茎顶，花径10～20厘米，原种花花瓣5～10枚，栽培品种多为重瓣花；花色多种，常见的有紫红色、红色、粉色、白色等，黄色品种稀少(彩图85)。芍药的叶、花极似牡丹，但芍药是草本，每年秋末地上死亡，翌年重新从地下长出新芽；而牡丹是木本植物，每年从地上枝条上长出新芽，所以又称木芍药。

【生长习性】 喜光照，耐寒，北方各地都可露地过冬；夏季喜凉爽，炎热的夏季停止生长。种植土壤应为土层深厚、肥沃、排水良好的砂壤土。

【繁殖方法】 分株繁殖。黄河中下游地区可于9月份将母株挖出，分割成几块，每块具芽3～5个，切口晾干后种植。种植晚，当年长根少，翌年生长不良。春季种植多生长不良，因为春天气温上升快没形成须根就大量萌芽，消耗肉质根内的贮藏营养，影响根系生长。

【栽培管理】 栽培土壤应土层深厚，施入大量有机肥。栽培深度离地表5厘米左右，栽后浇水，促进长根，冬前应浇1次冻水，并培土防寒。翌年早春，萌芽前5天左右，扒除冬天培的土堆，并浇水，保持土壤湿润。芍药喜肥，春季出现花蕾时应施肥1次，促进生长开花；花后施第二次肥，促进根系发育及新芽形成；霜降后，结合封土施1次冬肥。芍药开花前，顶蕾下常生有3～4个侧蕾，应剥去侧蕾，使养分集中顶蕾，花大色艳。为了保证有花，防止顶蕾受损，常留1个侧蕾，待顶蕾膨大，开花有保证时，再剥掉侧蕾。

芍药易受黑斑病、锈病及蚜虫危害，可喷波尔多液或其他杀菌剂及杀虫剂防除。

芍药是露地名花，花大色艳，常用于庭院种植，点缀景色。肉质根是主要药材。

落新妇 (Astilbe chinensis)

虎耳草科落新妇属植物，又名升麻。原产于我国长江流域及其以北地区，俄罗斯及朝鲜也有。

【形态特征】 多年生宿根草本花卉。地下有粗壮的根状茎。基生叶二至三回羽状复叶；小叶卵形至长卵形，先端尖，叶缘有锯齿。花序圆锥形，长20～30厘米；密生小花，花小，5瓣，几无梗；花色有红色、粉色、黄色等；初夏开花(彩图86)。

【生长习性】 喜半阴环境，肥沃土壤，中性或微酸、微碱性土壤中均能生长。

【繁殖方法】 种子或分割根状茎繁殖。种子细小，应精细盆播，以后分植；早春将根状茎挖出，分割种植。

【栽培管理】 栽培地点应选半阴处或树林下，施足基肥，土壤常保持湿润。花谢后应及时除去残留花枝，保持田地整洁，并施追肥，促进植株生长。为庭院、林下优美花卉。

珊瑚钟 (Heuchera sanguinea)

虎耳草科矾根属植物，又名红花矾根。原产于美国、墨西哥。

【形态特征】 多年生宿根草本花卉。叶基生，阔心形，深绿色或褐红色。花莛明显高出叶面，可达50厘米；花疏生于圆锥花序上，花小，钟形，端5裂；花色有红色、粉色、白色等；初夏开花(彩图87)。

【生长习性】 喜半阴环境，排水良好的肥沃土壤，耐寒。

【繁殖方法】 种子繁殖或分株繁殖。春播，20℃～30℃条件下，半个多月可出苗，播种苗翌年可开花。通常生长几年后植株密集时分株。

【栽培管理】 常种于树荫下或能避开中午烈日处，土壤应肥沃。由于根系分布浅，不耐旱，种植地应常保持湿润。花后应及时剪去残花枝，并施复合肥，促使植株生长。在冬暖地区叶不凋枯，可四季观叶。

珊瑚钟花、叶优美，花后是极美的观叶植物，也是良好的地被花卉。

美国薄荷 (Monarda didyma)

唇形科美国薄荷属植物。原产于北美，现世界各国多有种植。

【形态特征】 多年生草本花卉。茎直立，高1米左右，茎四棱。叶对生，卵形至卵状披针形，叶缘有锯齿；叶有薄荷味，故名。花聚生枝顶成头状，苞片红色；花冠长5厘米，红色，还有堇紫色、粉红色、白色等品种(彩图88)。夏、秋开花。

【生长习性】 喜凉爽、光照或疏阴环境；要求土壤肥沃、湿润，较耐寒。

【繁殖方法】 播种或分株繁殖。种子在20℃～25℃条件下半个月余可发芽，分株可于春、秋进行。

【栽培管理】 种植于中等肥力的土壤，适时浇水，一般都能良好生长。第一次花后，可短剪，促发新枝生长，进入另一次花期。可通过修剪调整植株高度与花期，生长季应每月追肥1次。通常2～3年分株1次。

美国薄荷花色艳丽，植株繁茂，花期长，适合片植或丛植，点缀庭院与花坛。

白三叶 (Trifolium repens)

豆科三叶草属植物，又名白车轴草、白花苜蓿。原产于欧洲，现世界温带及热带地区多有种植，我国南北各地都有种植。

【形态特征】 多年生草本花卉。株高15厘米左右。具匍匐茎，长30～70厘米。叶自匍匐茎长出，具细柄，端生小叶3片；小叶翠绿，倒卵形，叶面有“U”形白斑。花枝从叶腋长出，端生头形总状花序，高出叶面；花小而多，白色，密集成球形；4～6月份开花(彩图89)。荚果倒卵状矩形，小而细长，种子细小。

【生长习性】 喜温暖湿润气候，也耐寒、耐旱，喜光照；也较耐阴，耐土壤贫瘠，壤土中生长良好。

【繁殖方法】 播种或分株繁殖。播种可春播或秋播，种子小，常混土播种，播深1~2厘米，7天左右出苗。也可于春天挖出母株，分割，重新种植。

【栽培管理】 种植土壤若贫瘠，应适当施基肥，种后浇水。由于适应性强，平时只在干旱时浇水，冬前应浇水1次，防止离地表较浅的幼芽因干旱失水而死亡。

白三叶是一种极好的地面绿色覆盖材料，绿色期在北京可达8~9个月，绿色期长，覆盖地面也快，地下有根瘤菌，可起到改良土壤的效果。

紫露草 (Tradescantia virginiana)

鸭跖草科紫露草属植物。原产于北美林地及草原。

【形态特征】 多年生草本花卉。茎直立，高50~100厘米。叶条带形，长可达30厘米。花蓝紫色，生于枝端；春、夏开花；有白花、红花、蓝花品种(彩图90)。

【生长习性】 喜温暖，光照，肥力中等的土壤，生性强健，也耐半阴。

【繁殖方法】 分株繁殖，也可扦插繁殖。生长季节，即春、夏、秋都可分株。扦插常用侧芽，遮荫喷水，半个月可生根。

【栽培管理】 生性强健，中等肥力土壤可种植。光照充足的露地或树林中都可种植，但怕水涝。花后平茬，可重新发枝开花；1年可开花3~4次。多用于园林绿化。

假龙头花 (physostegia virginiana)

唇形科假龙头花属植物。原产于北美，现各地多有种植。

【形态特征】 多年生草本花卉。株高50厘米左右，茎直立丛生，茎4棱。叶披针形，叶缘有锐锯齿；叶色浓绿。穗状花序顶生，长15~30厘米，由密集排列的唇形小花组成；花粉红色、淡紫色或白色，夏季至初秋开花(彩图91)。地下为匍匐状根状茎。

【生长习性】 生性强健，较耐寒，也耐干热，对土壤要求不严，但疏松肥沃的砂壤土种植生长更好。

【繁殖方法】 分株或播种繁殖。植株密集时，可于早春将地下匍匐茎挖出，分段另栽。春天播种，10余天可出苗。分株或播种苗，当年都可开花。

【栽培管理】 通常花坛种植，土壤肥沃，及时浇水，都可良好生长，无需特殊管理。

假龙头花花开繁茂，群体观赏性能好，主要用于花坛布置或路旁种植，美化环境。

沿阶草 (Ophiopogon japonicus)

百合科沿阶草属植物，又名麦冬、书带草。原产于我国长城以南各省及印度、越南和日本。

【形态特征】 多年生常绿草本花卉，冬冷地区天寒叶枯。叶基生，线形，长15～30厘米，宽0.4厘米，向四周弯垂。花莛从叶丛抽生，顶生总状花序，长约5厘米；着生淡紫色或白色小花多个，5～8月份开花(彩图92)。地下具肉质须根，中部或顶部膨大呈纺缍状。

【生长习性】 喜阴湿也耐光照，有一定耐寒力，在长江流域可露地越冬。华北地区庭院中也可露地越冬。对土壤要求不严，肥沃湿润壤土中生长更好。

【繁殖方法】 分株繁殖，也可播种繁殖。

【栽培管理】 疏阴下种植，也可种于林下。栽时施入少量基肥，生长期土壤常保持湿润。无需更多管理。

为良好的地被植物及镶边材料；也可盆栽作花坛布置的周边材料，地下膨大的须根为中药材“麦门冬”，并为麦门冬类的上品，具生津止渴功能。

三、球根花卉

朱顶红 (Hippeastrum Vittat)

石蒜科弧莛花属植物。原产于南美，现世界各国广有种植。

【形态特征】 多年生草本球根花卉。地下具球状鳞茎。地上叶2列对生，叶扁平带状4～8片，叶长可达30厘米。花莛自鳞茎抽出，粗壮而直立，高30～50厘米，通常着花4朵，两两对生；花大，喇叭形，花径10～15厘米，单瓣或重瓣；花色多为红色，也有粉红色、白色及复色花，春季开花(彩图193)。

【生长习性】 喜温暖、光照，夏季应避开强光照及炎热。

【繁殖方法】 鳞茎繁殖。种子繁殖多应用于育种，从种子到开花需4年左右。

【栽培管理】 常盆栽或花坛种植，土壤应疏松肥沃。早春种植，鳞茎露出土面1/3，土壤常保持湿润，花后每月施肥1次。秋季增施磷、钾肥，促进鳞茎生长。盆栽植株炎夏可移置半阴处，高温烈日不利于生长。冬前可挖出植株，剪去叶片，晾干，置微潮沙中，于4℃以上环境保存。沙土过湿易造成茎腐烂，过干易引起鳞茎干缩。

如欲春节赏花，可提前2个月种植，在25℃条件下约60天左右可开花；如室温不足25℃可更早些种植。

晚香玉 (Polianthes tuberosa)

石蒜科晚香玉属植物，又名夜来香、月下香。原产于墨西哥，我国已引种多年并普遍种植。

【形态特征】 多年生草本球根花卉。地下具鳞茎状根茎，多年生的老株，地下生根状茎，其上生有许多长圆锥形鳞茎。叶基生，线形，开花前从基生叶中抽出花茎；茎生叶互生而短小。花茎通常高1米，上端着生花10余朵，形成总状花序；花白色，漏斗形，长约5厘米，单瓣或重瓣；花被片6，长圆形；夏季开花，花两两成对；自下而上开放，花香，傍晚更香(彩图94)。

【生长习性】 喜暖热、光照，对土壤要求不严，但肥沃土壤更好。

【繁殖方法】 球茎繁殖。鳞茎直径达2.5厘米以上者都可种植开花，小球不能开花。

【栽培管理】 春季天暖后种植，盆栽或地栽。土壤应肥沃，栽后浇透水，常保持土壤湿润，花茎抽生后应10天追肥1次，至现蕾。天冷后挖出球根，晒干，并捆绑成束，挂在稍暖的室内，备春天种植用。也可10月份种植于高温温室，冬季作切花用；冬季温室种植可供春季切花。

晚香玉花极香，是优良的庭院花卉，也可盆栽观赏。瓶插水养较耐久，又可使室内芳香四溢。晚间尤香，更适于布置庭院或置放酒吧。

中国水仙 (Narcissus tazetta var. chinensis)

石蒜科水仙属植物。由1000多年前欧洲引入的多花水仙亚属的法国水仙选育演变而成，主要产于我国长江以南的江、浙、闽一带。

【形态特征】 多年生球根花卉。地下具肥大鳞茎，须根白色肉质。地上具叶5～9片，长条带形，长可达50厘米，宽2厘米左右。花莛从叶丛中抽出，中空，高可达45厘米；伞形花序，一般具花3～7朵。家庭水养叶数通常4～6片，长在30厘米以内；花莛高多在30厘米以内，花冠高脚碟状，外3片由萼片变态而成，内3片为花瓣，均为白色，卵形，先端略尖，花中心为黄色副花冠(彩图95)。蒴果，三倍体植物高度不孕，不能结籽。有品种2个，一个是金盏银台，即最为常见的单瓣品种；另一个是玉玲珑，又名千叶水仙，高度重瓣，花瓣较皱，由白色夹杂黄色的小花瓣组成，黄色花瓣由副冠及雄蕊演化而来(彩图96)。玉玲珑较为少见。

【生长习性】 喜凉爽、湿润、光照环境；要求湿润、肥沃土壤种植，夏季休眠。

【繁殖方法】 鳞茎繁殖。

【栽培管理】 水仙仅在我国东南沿海一带少数地区种植，供其他地区水养观赏用。当地气候适宜，有丰富的种植经验，因而能生产高品质的水仙球，其他地区多不具备这些条件，水养观赏后弃之。种植地区将小鳞茎于10～11月份种植，1～2月份开花，初春鳞茎迅速膨大，夏季叶片凋枯，6月下旬挖取鳞茎。经3年种植形成商品球出售。生产过程中需于花期摘花减少养分损耗，每次种植要去除主鳞茎两侧的小鳞茎。第三年种植前不但要去除小鳞茎，还要对大鳞茎在种植前3天左右进行"阉刈"，即割除中心主芽两侧的侧芽，主芽与侧芽呈"山"字形排列，用特别刀具将大约外层5层鳞片左右内的小芽去除干净，经第三年种植的种球才能形成一个中心为大鳞茎，两侧具1～2个小鳞茎的商品球。"阉刈"可以减少侧鳞茎过多形成，集中营养供给中心大鳞茎。

家庭水养应挑选大球，球大而坚实，根无损伤，两侧具1～2个小鳞茎的商品球，这样的球花多，叶茂，根系发达。根若受损，水养难以成功。

水养至开花的时间与水养月份和温度有关。因为水仙球内的花芽在无水的条件下也在缓慢生长，通常11月初开始水养，约经40天可开花，如果春节在2月中旬，一般水养30天左右即可开花。水养前应先剥去外皮，并在鳞茎背、腹两面竖刻2刀，深约0.5厘米，使鳞片松散，花莛易出，也可雕刻造型水养，刀刻后的鳞茎需水泡1～2天，洗去黏液，以防伤口腐烂变黄。水仙盆为各种造型的浅盆，盆底铺各色小卵石，加水，将经过处理的水仙球置卵石上，用纱布遮盖伤口及鳞茎盘，下端浸于水中，可防伤口变黄，并吸水供鳞茎萌发生长。水养期间应2～3天换净水1次或每日晚倒掉盆水，翌日加水。水养期间应置于室内光照冷凉处。如有条件，在室外5℃以上时，可将盆株置室外光照下，这样培养的水仙，叶短、肥厚、碧绿，花莛壮实，花期也长。室内温度高，光弱，极易造成水仙叶片多而徒长，消耗过多的养分，而造成哑花现象，即只长叶而不开花。

欧洲水仙 (Narcissus Spp.)

石蒜科水仙属植物，又名洋水仙。原产于地中海地区，为近年从欧洲引进的几种水仙的总称。

【形态特征】 多年生球根草本花卉。株高30～50厘米。地下具鳞茎。叶多扁平带形，少数近柱形。花莛具花1朵或数朵，花被片6片，卵圆形，黄色或白色，基部合成筒形，中央具杯状副冠，长短不一，长者呈喇叭形，花形花色多种，冬、春开花(彩图97)。园艺家把洋水仙划分为12个类群，在我国常见的有4个类群，它们是：喇叭水仙群，副冠呈喇叭形，与花被裂片等长，花有黄色、白色、双色，花大小也有很大区别；重瓣水仙群，副冠及雄蕊瓣化，高度重瓣；红口水仙群，花被片白色，副冠黄色，边缘为橘红色的皱边(彩图98)；多花水仙群，花序具小型花数朵，每个鳞茎可抽生多枝花莛。

【生长习性】 喜温暖、湿润、冬暖夏凉气候。要求疏松、肥沃、土层深厚土壤，但也稍耐瘠薄、干旱与寒冷。生长适宜温度10℃～20℃，也能耐0℃低温，喇叭水仙、红口水仙抗寒性较强，可在华北地区的背风向阳环境中露地越冬。

【繁殖方法】 球茎繁殖。

【栽培管理】 露地种植时，栽培土壤常用土层深厚的肥沃沙质土壤；盆栽常用草炭土或腐叶土加一些肥沃砂壤土混合配制。在长江下游冬季不太冷的地区，秋天种植，长根，约12月份长出叶片，春天开花。6月份天热地上枯萎，挖出地下鳞茎保存，夏季种球休眠。北方冬前只长根，初春发芽，晚春开花，但球内的花芽仍在进行分化，秋季花芽分化完成，可再继续种植。北方多盆栽，也可在优良的小环境中露地种植，但秋天只长根，春天叶片伸出土层，继而开花，夏天进入休眠。生长期要保证有充足的肥水供应。

石　蒜 (Lycoris radiata)

石蒜科石蒜属植物，又名红花石蒜、平地一声雷等。产于我国长江流域及以南地区，北方也有种植。

【形态特征】　多年生球根花卉。鳞茎近球形，外皮紫黑色。叶窄带状，长30厘米左右。伞形花序，常开花4～6朵，花鲜红色(彩图99)。本属常见栽培的有几个种，如忽地笑，花黄色，花被裂片反卷，皱缩；鹿葱，花淡红色(彩图100)。

【生长习性】　喜半阴、湿润环境，疏松肥沃的土壤，较耐寒，但在华北地区需保护过冬。

【繁殖方法】　球根繁殖。

【栽培管理】　易于管理。在北方种植，早春种植球根，春天叶片繁茂，天热后叶干枯，秋天，约8月份，从地下伸出一花莛，高可达1米，开花。此时只有花莛及花而无叶。在南方，秋天长叶，翌年天热时，地上叶干枯，秋季开花。只要土壤肥沃，旱时浇水，易生长开花。

通常种植于疏阴环境下，而不能种于暴晒环境。花美，秋天可从地下长出花莛，故西方人称为魔花。

百子莲 (Agapanthus africanus)

石蒜科百子莲属植物，又名非洲百合、蓝花君子兰。原产于南非。

【形态特征】　多年生常绿球根草本花卉。叶基生，2列生长，长条带状，长30～50厘米，宽3厘米左右。叶面光滑，7～8月份从2列叶中间抽出花莛。花莛高70～100厘米，上端着生伞形花序，具小花几十朵；苞片2枚，开花后枯萎，花漏斗形，长5厘米；淡蓝色至深蓝色，花被片6片，从花上半部开裂；子房3室，雄蕊6枚(彩图101)。蒴果，种子具翅。地下根状茎短棍棒状，肉质须根粗壮。也有白花品种。

【生长习性】 喜温暖、湿润、光照，也耐半阴；忌炎热与强光暴晒，稍耐寒。对土壤要求不严，但疏松肥沃土壤中生长良好。

【繁殖方法】 分株繁殖。小苗和母株分离生长，独具根系，易与母株分割。多在秋季花后分株。也可种子繁殖，但种苗生长慢，常需5年左右才能开花，因而少用。

【栽培管理】 常盆栽，喜肥，因此盆土应疏松肥沃。上盆的苗，1年内常可分生几个新株，因此盆不宜太小，3年后盆内植株较多可分株。半个月施肥1次，盆土常保持湿润，秋后可入5℃以上温室越冬。温室20℃左右，植株可继续生长并开花。炎夏应置阴凉处养护。江南地区，冬季可移入室内，露地种植稍加覆盖也可越冬。

百子莲叶色清秀，花色淡雅，是盆栽的优良花卉，适宜家庭种植，江南地区可种植于树荫下的花坛。

百 合 (Lilium Spp.)

百合科百合属植物。广泛分布于北温带，东亚与北美是主要分布区。全属植物约100种，我国产40余种。我国南北各地均有分布，以华中、西南最多，台湾也产。

【形态特征】 多年生草本球根花卉。地下具无皮膜的鳞茎；茎直立，高几十厘米至2米不等。叶互生或轮生，长披针形，光滑，具明显的平行叶脉。花1朵或数朵生于茎顶，花多少随品种而异；每花具花瓣6枚，宽披针形，雌蕊1枚，雄蕊6枚；花白色、黄色及红色多种；夏季开花(彩图102)。蒴果具种子多枚。有的百合地上茎下部茎节处能形成小鳞茎；有的（如卷丹）地上茎节叶腋处能形成紫黑色的球状体，又称珠芽，小鳞茎和珠芽都是短缩的枝，可用于繁殖。

【生长习性】 原产于北方的百合喜凉爽气候，原产于南方的百合喜相对较温暖的气候，但都喜光照，土层深厚、肥沃。

【繁殖方法】 多用鳞茎繁殖，某些品种也可用种子繁殖并于当年开花，如台湾百合、麝香百合。种子繁殖可获得无病毒种球和新的杂种类型植株。

【栽培管理】 种植土壤需土层肥沃深厚。秋天种植种球，冬前长根，春天出土，生长迅速，应及时追肥；夏季开花，通常花前需追肥2~3次，并充分供水，花后也应追肥1次，以供地下鳞茎形成。花后地上部分逐渐枯萎，地下鳞茎形成，可挖出晾干贮藏，供秋季种植。百合种球需经一个低温阶段才能出芽生长，为了促成栽培，种球经5℃～10℃处理2个月，可于冬季温室内或春天种植，正常生长开花。

我国百合种质资源丰富，许多种具有优良的观赏价值，如麝香百合，花朵美丽、芳香，在我国已有多年的栽培历史；岷江百合，又名王百合，植株健壮，花白色，美丽，花多者1株可开花20～30朵，极耐寒(彩图103)；卷丹及湖北百合都为百合属中美丽的橙色品种，它们都是重要的观赏植物，因有优良的性状，也成为各国育种家们的育种材料。一些食用品种和药用品种，如兰州百合、药百合，也具有美丽的花朵，常作花坛种植，既美化了环境，又极具经济价值。近年我国从国外引进了一些园艺栽培种。多数供切花用，常见的有3个杂种品系，它们是亚洲杂种系、东方杂种系、麝香百合杂种系，这些杂交品种具有枝条粗壮，花多而美的特点，成为切花的姣姣者，但它们中的许多品种都含有我国百合的基因。

百合花姿优美、艳丽、叶片青翠，是庭院点缀、盆栽的名贵花卉，也是高档切花品种。

郁金香 (Tulipa gesneriana)

百合科郁金香属植物。原产于地中海一带、中亚及我国的新疆，现栽种的都是杂交种。

【形态特征】 多年生草本花卉。地下具鳞茎，株高多在50厘米以内。叶3～5片，阔披针形；叶缘常微波状、披白粉，故叶常呈淡绿色。花多单生或2～3朵；多单瓣、花被6片，呈杯形、碗形等，也有重瓣品种；花色、花形多种，有红色、橙色、黄色、粉色、白色及复色多种(彩图104)。

【生长习性】 喜光照、凉爽，不耐暑热，耐寒，喜疏松、肥沃的壤土种植。

【繁殖方法】 鳞茎繁殖。秋季地温10℃左右种植，如北京多在10月初种植，原则是冬前只长根，不能萌芽出土，各地可依当地气候而定，可早可晚。覆土深度10厘米左右。

【栽培管理】 种植土壤需疏松肥沃；春天萌芽后至开花可追液肥2～3次；出苗后浇1次水，株高10厘米左右可再浇1次水，土壤保持潮湿而不太湿。开花后，天逐渐转热，天热导致植株死亡，可挖出地下鳞茎备秋季种植。在我国由于春天过后天热得很快，球茎不能很好形成，植株易干旱死亡不能形成良好的种球，常引起退化。目前种球繁育还未能很好解决，每年都需从荷兰买进新球种植。

市上卖的郁金香种球，如未经低温处理，必须在秋天种植，经过一冬的低温，可于翌年春天开花。如经过低温处理，可种植于9℃左右环境下(9℃有利于长根，而不利于长苗)。约经1个月，待根系长好后，增加温度，可于15℃～20℃，在光照下促进苗的生长，3～4周可开花。

风信子 (Hyacinthus orientalis)

百合科风信子属植物。原产于非洲、地中海一带。

【形态特征】 多年生草本球根花卉。株高20～30厘米，地下具球状鳞茎。叶片4～6片，长披针形，质厚。花序自叶丛中抽出，顶端为椭圆形总状花序，小花多朵，密生；小花漏斗形，向外倾斜；花梗极短，花瓣6枚，反卷，花长约2厘米；花色主要有蓝色、红色、粉色、黄色、白色多种，芳香；春季开花(彩

图 105)。

【生长习性】 喜凉爽、光照，怕炎热，耐寒。北方可露地种植。生长适温 15℃～20℃。

【繁殖方法】 鳞茎繁殖。

【栽培管理】 种植土壤应土层深厚、肥沃。秋季种植鳞茎，冬前长根，早春出苗；苗生长期加强肥水管理，花后应再追肥 1～2 次，促使新生鳞茎形成；天气转热，地上逐渐枯萎，可挖出地下鳞茎晾干，置通风室内贮存。目前在我国种植的主要问题是，退化严重，新生种球少且小，翌年种植开花不良或不能开花，主要原因是花后天气转热，生长期太短，新鳞茎尚未形成之前植株已枯死，所以每年尚需进口大量种球。市售的进口的种球多已经过低温处理，家庭种植，可将鳞茎种于盆中，置于 9℃左右环境中 1 个月，让其长根，然后移入室内光照处，在 15℃～20℃条件下约 1 个月可开花。高温促进苗的生长。

风信子花鲜艳夺目，芳香，既是春天花坛的重要花卉，也是冬天室内盆栽的常用花卉。

葡萄风信子 (Muscari botryoides)

百合科蓝壶花属植物，又名蓝壶花、葡萄百合。原产于欧洲南部，我国各地多有种植。

【形态特征】 多年生球根草本花卉。地下具小型鳞茎，皮膜白色。叶基生，线形，长 10～20 厘米。株高多在 20 厘米之内。总状花序，密生小花，蓝色，也有白色及肉红色品种，春季开花(彩图 106)。

【生长习性】 喜凉爽、光照，也耐半阴及寒冷，喜深厚肥沃土壤。我国华北地区可露地种植。

【繁殖方法】 球根繁殖。秋季种植。

【栽培管理】 生性强健，适应性强，只要土壤肥沃，春季干旱时浇水，即可良好生长。

花朵清秀别致，常种植于花坛及林下作地被花卉。

灯笼百合 (Sandersania aurantiaca)

百合科圣诞钟属植物。原产于南非。

【形态特征】 多年生草本球根花卉。地下具块状根茎，株高60～80厘米。叶互生，线形或线状披针形；长6～10厘米，无柄。花朵生于叶腋，花梗细长；花橙色，球状钟形下垂，长约2.5厘米；花柱3裂，雄蕊6枚(彩图107)。春天种植，夏天开花，单花期10天左右。

【生长习性】 喜温凉气候，不耐寒，忌炎热；喜半阴光照，肥沃排水良好的砂壤土种植。

【繁殖方法】 球根分割或播种繁殖。

【栽培管理】 肥沃砂壤土种植，稍施石灰，有益生长。春种种球，覆土2厘米深即可；生长期可追液肥2～3次，夏季开花，炎夏应稍遮荫。如作切花，应保留基部叶2枚以上，以备地下块根继续生长，形成开花球。也可秋季种植，冬季开花，供冬季节日市场需要，种球应保存于10℃以上室内泥炭土中。

皇冠贝母 (Fritillaria imperialis)

百合科贝母属植物。原产于土耳其、伊朗及巴基斯坦等国的海拔1000～3000米的高山坡地。

【形态特征】 多年生直立粗壮草本花卉。地下具大鳞茎，由2～3片肥厚的鳞片组成，直径可达15厘米，肥厚的大鳞片内有数个由肉质鳞片包裹的花芽。基生叶多枚，宽披针形，宽2.5厘米左右，长40厘米左右。开花时从叶丛中抽生一高大粗壮的花茎，高1米左右，上端具披针形顶生叶数枚，顶生叶腋着生花朵5～10朵，形成顶生花盘；花盘冠幅直径可达30厘米，花钟状，下垂，长约5厘米；花黄色，春末夏初开花(彩图108)。还有红色，橘红色品种。

【生长习性】 喜凉爽、光照，排水良好的肥沃砂壤土，耐寒。

【繁殖方法】 多用分割母株产生的新鳞茎繁殖，也可扦插鳞片产生新鳞茎或播种繁殖。扦插鳞片产生的小鳞茎及实生种苗一般需种植4年左右才能开花。

【栽培管理】 秋天种植鳞茎。由于植株较大，土壤需深厚肥沃。大的鳞茎（周长20厘米以上者）春天长出基生叶，晚春即可开花。天热时地上枯死，地下形成新鳞茎，可挖出晾干，贮于低于20℃的环境中，备秋天种植。

皇冠贝母是贝母属植物中观花类的姣姣者，花形独特，花色亮丽，适于花坛布景或盆栽。贝母属中的另一类，如浙贝母、川贝母等都是著名的药材，也有一定的观赏价值。观花用的贝母类植物还有蛇头花贝母，株高40厘米，花紫红色，花被片具网格状条纹；波斯贝母，株高1.5米，总状花序，具钟形花10～30朵，深紫色。

萱 草 (Hemerocallis fulva)

百合科萱草属植物。原产于我国中南部及欧洲南部，现各地多有种植。

【形态特征】 多年生草本花卉。地上无茎。叶丛状基生，地下具短粗的根状茎、肉质根。叶条带形，长20～50厘米。花莛高1米左右，有的仅30厘米，顶生圆锥花序；每花序可着花5～10朵，花冠长漏斗形，花被6片，分内外两层，各3片，也有重瓣种。花黄色、红色或橘红色等；夏季开花，花期2～5个月，单花期1天，朝开暮落(彩图109)。

【生长习性】 喜阳，也能耐半阴；较耐旱，也耐寒；在我国北方可露地越冬，对土壤要求不严。

【繁殖方法】 分株繁殖。秋末或早春，挖出老株根状茎，分开，每丛具芽3个左右种植。

【栽培管理】 属粗放管理类花卉。种植土壤宜用深厚肥沃壤土，施足基肥，旱时浇水，土壤常保持湿润即可。

萱草广泛用于园林及城乡居民区种植，常成片种植或丛植。萱草品种甚多、花期长短不一。现多种植大花四倍体萱草及矮生品种，前者株高花大，后者株矮花小，既可赏花，也是很好的地被植物。

玉　簪 (Hosta plantaginea)

百合科玉簪属植物，又名白萼、玉春棒。原产于我国、日本、现欧美多国常用于园林。

【形态特征】　多年生草本花卉。地下具粗壮根状茎。地上叶基生，叶柄长；叶片卵形至心状卵形，叶大、翠绿而有光泽。花茎高50厘米左右，自叶丛中抽生，上部总状花序着花7～15朵，白色管状漏斗形，先端6裂，芳香；也有重瓣品种；7～8月份开花(彩图110)。

同属植物40余种，有紫色花及花叶品种，作观叶植物种植(彩图111)。

【生长习性】　阴性植物，怕阳光直照；耐寒性强，在我国北方能露地安全过冬。要求湿润、肥沃、排水良好土壤。

【繁殖方法】　主要用分株繁殖。春天或秋天挖出根状茎，分割种植。也可用种子繁殖，由于成苗慢、需3年才能开花，较少用。

【栽培管理】　肥沃的砂壤土种植，常种于树荫下或建筑物北侧光不能直照的地方。定植穴应施入充足的有机肥，株距60～80厘米，以植株大小而定。生长期间经常浇水保持土壤湿润，无需再追肥，每年秋后于植株四周施肥，并充分浇冻水1次。

玉簪是花、叶俱美的地被植物，也可盆栽，适于庭院阴处种植。傍晚开花，花香浓郁。

嘉　兰 (Gloriosa superba)

百合科嘉兰属植物。产于云南南部及亚洲、非洲热带林中，我国各地常作温室花卉种植。

【形态特征】　多年生常绿草本蔓生花卉。蔓长可达2~3米，地下具块状根状茎。叶互生，对生或3叶轮生，卵状披针形，叶先端延长并卷曲。花单朵或数朵在茎端组成疏散的伞房状花序；花被片6片，上部红色，下部黄色，边缘皱波状；花冠直径7厘米左右，花形美观，夏季开花(彩图112)。

【生长习性】　喜温暖、湿润；耐阴而不耐寒。要求疏松肥沃、保水、排水力好的土壤。

【繁殖方法】　早春分割根状茎繁殖。

【栽培管理】　在我国，除少数冬暖地区可露地种植外，大多数地区都作盆栽。盆土应疏松肥沃，可用草炭土或腐叶土加少许砂壤土及有机肥配制。土壤常保持湿润，置半阴处养护，避强光照射。盆株周围常喷水增加环境湿度。半个月施肥1次。搭支架供植株攀缘。

嘉兰花姿别致，花期长，是高档盆花，常用于温室及家庭种植。

大花葱 (Allium giganteum)

百合科葱属植物。原产于中亚及地中海地区。

【形态特征】　多年生草本花卉。株高可达1米。地下具鳞茎，直径可达5~7厘米。叶基生，宽带状，长50厘米，宽达7厘米。花莛圆柱形，花序由数百朵小花密集而成圆球形，顶生，花序径可达20厘米；花色多为粉红色和淡蓝色；5~6月份开花；开花后约1个月种子成熟，种子寿命3~4年(彩图113)。常见栽培的还有沙葱，原产于中亚，我国内蒙古、甘肃也有，多年生草本，鳞茎柱形、簇生，基生叶线形，花序由小花密集成半球形或球形，淡紫色或紫红色，7~8月份开花，耐干旱，叶可作蔬菜食用；卡拉地葱，株高14～20厘米，花序球形，淡红色，花序径7厘米，花期春季；红花葱，株高约60厘米，花白色至粉色。

【生长习性】喜凉爽、光照充足的环境，排水良好的肥沃砂壤土，耐寒，畏湿热。

【繁殖方法】鳞茎繁殖或播种繁殖。母株通常可生2～4个新鳞茎，可分开种植。可于秋季播种，发芽适温10℃～15℃，一般需种植4～5年的鳞茎才能开花。

【栽培管理】 栽培土壤应肥沃、排水良好，10月种植鳞茎，覆土约15厘米，栽后半个月左右再浇水1次，入冬前浇封冻水1次，翌年春出苗后及时浇水，直至开花。花后如不留种，可将花序剪去，促进地下鳞茎生长，入夏叶片干枯后，挖出鳞茎，阴凉处通风晾干，备秋季种植。

虎眼万年青 (Ornithogalum caudatum)

百合科虎眼万年青属植物，又名海葱、鸟乳花。原产于非洲南部及地中海沿岸。

【形态特征】 多年生常绿花卉。鳞茎圆球形；叶片带状，丛生于鳞茎；花莛高50厘米左右，上有一总状花序。密生许多白色小花；花朵由下而上开放，春季开花(彩图114)。

【生长习性】 喜温暖、湿润、阳光。耐半阴；也较耐寒，忌夏季强光直照。

【繁殖方法】 分球或播种繁殖，通常用分球繁殖。

【栽培管理】 栽培土壤用肥沃的砂壤土，易管理。夏季可置放于半阴并较潮湿的环境，冬天置室内光照处。

万年青 (Rohdea japonica)

百合科万年青属植物，又名冬不凋、铁扁担。原产于我国山东、浙江、江苏等省及日本。

【形态特征】 多年生常绿草本花卉。具短粗的地下块状根茎，地上无茎。叶簇生于根茎，无叶柄；叶长披针形至椭圆状披针形，长10～30厘米，宽3～6厘米，叶端急尖，下部稍窄。穗状花序，花序长3～5厘米，花多密生，白绿色，夏季开花。浆果圆球形，成熟时红色，直径8毫米，可观果至春天。万年青是我国和日本的传统观叶植物(彩图115)。常见的园艺品种有金边万年青，叶缘为黄色；银边万年青，叶缘白色；虎斑万年青，叶片上有黄色斑块。

【生长习性】 喜温暖、湿润、半阴环境，畏酷热、烈日。生长适温16℃～26℃，有一定耐寒性，能忍耐−4℃～−3℃低温而不枯萎。原产地多生长于山野溪间两旁和林下的阴湿地上。

【繁殖方法】 分株或播种繁殖。分株繁殖，先将植株分离，用沙土栽培，待根系形成后再换培养土种植。播种繁殖，于温室内点播，保持土壤潮湿，1个月左右可出苗，苗大时移入小花盆中，约经2年才能形成大株。

【栽培管理】 盆栽土壤用腐叶土加沙种植，春、秋两季为生长季节，每半个月施液肥1次；夏季应注意通风降温。南方可地栽，可栽于疏阴环境，施入少量有机肥，栽后浇水。

万年青，叶片四季常青，秋后果熟不易脱落，红果累累，可挂一冬。我国民间常把它作为幸福吉祥的象征。

马蹄莲 (Zantedeschia aethiopica)

天南星科马蹄莲属植物。原产于非洲南部至非洲东北部。现世界各地广为种植。

【形态特征】 多年生草本花卉。地下具肉质块状茎，株高40～100厘米不等。叶基生，叶片长心形或箭形，端尖，叶柄粗长，叶片光亮；彩色马蹄莲的叶片具白色斑点或条纹，新叶从老叶叶鞘中长出，花梗从叶旁生出，常高出叶面；花白色、红色、黄色及复色；通常说的花实为带色的大佛焰苞，呈斜漏斗状，形似马蹄，是主要观赏部位；佛焰苞内具棒状肉穗花序，黄色，上部密生雄花，下部为雌花，花极小(彩图116)。在适宜条件下，1年可开花数次，温室中主要开花于冬、春。

我国目前栽培的主要有马蹄莲和彩色马蹄莲。马蹄莲叶绿色，花白色，有盆栽的矮生品种和切花用的高株品种，后者高大，花大，花梗粗长。彩色马蹄莲包括红花马蹄莲、黄花马蹄莲及马蹄莲的杂交种，佛焰苞有红色、橘红色、橙黄色、粉色或红黄复色等品种(彩图 117)。

【生长习性】 喜温暖、湿润、半阴环境，不耐寒，畏炎热、干旱，要求通风环境，肥沃疏松、排水良好的土壤。

【繁殖方法】 分株繁殖，大量种植采用克隆技术育苗。

【栽培管理】 马蹄莲生性强健，较易栽培管理。夏季天热休眠，可将球根挖出，剥下子球，分级贮藏在通风凉爽的室内，也可将盆株置于遮阳棚下，停止浇水，秋天重新栽种，天冷移入温室。室温保持在 15℃～20℃。栽种土壤要营养丰富，并常保持湿润，环境常喷水，提高空气湿度，植株每天必须有充足的光照。春季天气渐暖，可开窗通风，并逐渐移出室外。花后进入夏季，地上植株逐渐枯萎，进入休眠。彩色马蹄莲由于抗病性弱，管理较难，尤易患软腐病，导致整片死亡。因此，种植的种球及土壤应先消毒，已种过彩色马蹄莲的土壤不能再用。种球应选用健壮、球直径在4～5厘米的大球，小球难以开花。用每升水含25～50毫克赤霉素的溶液处理10～15分钟，可促进开花并增加花产量。赤霉素处理浓度过高或时间过长易产生畸形花。经处理的种球种植于疏松、肥沃、洁净的土壤中，埋土10厘米，浇水，上面覆盖塑料薄膜，保湿保温，白天室温保持20℃～25℃，夜间保持15℃左右，不得低于10℃。花前可追2次含钙液肥（如硝酸钙），促进开花；花后可追施2次等量的氮、磷、钾稀液肥，促进新种球形成。一般从种植至开花需2个月。如用于切花，应用消毒的工具早晚切花。花后，植株枯萎，新种球形成，可挖出洗净，置凉爽通风室内或10℃左右的冷库中贮存。

花叶芋 (Caladium hortulanum)

天南星科花叶芋属植物。原种产于南美。现种植的多为杂交种，也称杂种花叶芋。

【形态特征】 多年生常绿球根花卉。茎极短而不明显。叶柄长，株高30～50厘米。植株由簇生于短茎上的数枚叶片组成，叶片心形，长20～30厘米，叶面由各种花纹或不同色彩的斑块组成，十分美丽(彩图118)。佛焰苞花序，不具观赏价值。地下具黄褐色的扁圆形块茎。

【生长习性】 喜高温、高湿、半阴环境。不耐15℃以下温度，生长温度应在20℃以上。

【繁殖方法】 块茎繁殖。早春可于20℃～25℃温室中，将块茎埋于湿润沙土中催芽，发芽后切割，晾干伤口后种植。

【栽培管理】 栽培土壤要求疏松肥沃。常用草炭土或腐叶土加沙及有机肥混合配制，盆土常保持湿润，要求半阴环境，光强易灼伤叶片。上午10时前及下午4时后可置阳光下，中午应置阴凉处，可常向植株及周围喷水，提高环境湿度。生长期5～10月份，秋季由于气温逐渐变凉，叶片逐渐枯萎，可停止浇水，地下块茎可留原盆中或置微潮沙中，存放于10℃以上室内。翌年春天暖时，浇水催芽。

香雪兰 (Freesia refracta)

鸢尾科香雪兰属植物，又名小苍兰。原产于南非，现各国多有种植，主要是园艺杂交种。

【形态特征】 多年生草本花卉。地下具卵圆形或圆锥形球茎，直径约2厘米，外被棕褐色薄膜。叶长带形，长30厘米，叶基生。后期抽生茎，茎细而不能直立，高约40厘米，有分枝。茎生叶短小，长约10厘米。花序自茎顶的叶腋间抽生，花序向一侧倾斜，着花5～10朵；小花漏斗形，长约4厘米，花被6片，端圆；花色多种，芳香(彩图119)。蒴果近圆形，含种子多粒。早春开花。

【生长习性】 喜稍凉爽、湿润、光照充足。不耐寒，热天休眠，喜疏松肥沃、排水良好土壤。

【繁殖方法】 分球繁殖。1株通常可结子球4个左右。

【栽培管理】 秋季种植，生长适温15℃～18℃；多于温室种植，但苗期应控制室温在5℃～10℃，使苗健壮。保持室内湿润、光照充足，追肥2～3次，一般都能生长良好。开花后减少浇水。花茎细而不能直立，需立支架。夏季进入休眠，可挖出子球晾干，置阴凉通风处保存。

香雪兰主要用于切花与盆花，花美而香。

唐菖蒲 (Gladiolus hybridus)

鸢尾科唐菖蒲属植物，又名十样锦、剑兰。原始种产于南非及地中海一带。现种植的都是杂交种。

【形态特征】 多年生草本球根花卉。地下具扁形球茎；地上茎粗壮直立，无分枝，株高1～1.5米。叶剑形，质硬，长30～40厘米，宽4～5厘米，7～8片排成2列。花茎自叶丛中抽出，穗状花序顶生，着花10～20朵不等；花漏斗形，花冠左右对称，花径10～15厘米，花色多种，夏、秋开花(彩图120)。依生育期可分为早花类（60天左右开花），中花类（70～90天开花），晚花类（100天左右开花）。

【生长习性】 喜光照、夏季凉爽环境，不耐炎热。适宜生长温度20℃～25℃，怕寒，不耐涝。喜肥沃、排水良好的沙质壤土。

【繁殖方法】 球茎繁殖。

【栽培管理】 种植土壤应施足基肥；春季种植，种植球茎深度为球茎高的2～3倍。浅种有利于新球生长，但雨后遇风易倒伏；深种新球少而小。生长期应常浇水，保持土壤湿润。2片叶展开后，追肥1次，促进茎叶生长；4叶期第二次追肥，促进花茎生长；花后第三次追肥，促进新球发育。花后，植株枯黄时可挖出球茎，晾干贮藏。

唐菖蒲主要用于切花，也可作花坛种植。切花时，植株应保留4～5片叶，供球根发育需要。

鸢　尾 (Iris tectorum)

鸢尾科鸢尾属植物，又名蝴蝶蓝。原产于我国中部及日本、南亚一带。

【形态特征】 多年生草本花卉。株高50厘米左右，地下具粗壮的根状茎。叶剑形，交互排列成2行，长30～50厘米，叶宽约3厘米，叶挺拔，斜上。花茎从叶丛中抽出，与叶片基本等长，多单枝。花茎端着花1～3朵，蓝紫色，花被6片，外3片较大，上部向外翻卷，有鸡冠状皱褶；内3片较小，呈拱形，基部狭细(彩图121)。春天开花。本属常见栽培的有德国鸢尾，原产于欧洲，园艺品种甚多，我国有广泛栽培，耐干燥，花大而美，株高约1米；髯鸢尾，花朵3片外花被的中脉上有髯毛，花大，花色丰富，园艺品种甚多，现也广为种植。

【生长习性】 喜光，耐寒，在我国北方能露地越冬，对土壤要求不严。常呈野生状。但德国鸢尾与有髯鸢尾需种植于肥沃砂壤土中。

【繁殖方法】 分株繁殖。秋季或早春挖出地下根状茎，分割，每块具芽2～3个，重新种植。

【栽培管理】 栽培地应施基肥，挖坑穴栽，浇水，易于成活。生长期间无需特殊管理。冬前追施1次有机肥。

常丛植，点缀花园，也常片植，美化环境。

射　干 (Belamcanda chinensis)

鸢尾科射干属植物，原产于我国、日本及朝鲜。

【形态特征】 多年生草本花卉。株高约1米，地下具短而粗壮的黄色根状茎。叶剑形，基生，茎上疏生短叶。伞房花序顶生，花被片6片，基部合生成极短的筒，橙红色至橘黄色；花被片具红色斑点；7～9月份开花(彩图122)。

【生长习性】 喜温暖、光照环境和肥沃、排水良好土壤；也耐瘠薄土壤，耐寒，北方可露地种植。

【繁殖方法】 分株或播种繁殖。分株当年可开花，播种苗当年或翌年开花。

【栽培管理】 春天分株，挖取地下根茎，分割，每段具芽1～2个；切口晾干后种植。温暖、湿润土壤种后约10天可出苗。花前可施肥1～2次。

常用作花坛布置，极易管理。

仙客来 (Cyclamen persicum)

报春花科仙客来属植物，又名兔耳花、萝卜海棠。仙客来为拉丁文的音译。原产于地中海地区，现各国多有栽培。

【形态特征】 多年生球根花卉。地下具扁圆形球茎。叶从生于球茎顶部，叶片心形，具大理石状银白色花纹，叶背紫红色；叶柄细长，红色。花莛肉质，端生一花，高出叶面，花开时5枚花瓣向上反卷呈兔耳状；花色多种，常见有紫红色、红色、粉色、白色及复色。冬、春开花，单花期10余天(彩图123)。

【生长习性】 喜凉爽、湿润、光照；畏强光、炎热。生长适温15℃～25℃。超过30℃植株进入休眠。

【繁殖方法】 播种繁殖。也可用球根切割繁殖，但现在已很少用，除非为了保留原品种。多为秋天播种，中小型品种可于冬、春季播种。播种基质可用泥炭土或腐叶土7份配以3份蛭石及珍珠岩，经消毒后使用；种子常用杂种一代种子，播后在20℃左右，约20多天发芽，常陆续发芽，40天左右才能出齐苗。播后用塑料薄膜覆盖保湿，基质干时可喷水保湿。播前种子用30℃～40℃温水浸种半天可提早10天左右发芽，种球秋天度过休眠期，略浇水可发芽，纵切，使每块具1芽，晾干切口种植。

【栽培管理】 苗出土后应揭去覆盖物，炼苗；3叶期可分苗移植于小花盆中，栽培基质可用播种基质或其他疏松肥沃、排水良好的土壤。小苗常可形成小球茎，移植时应将小球茎露出1/2~2/3，而不能全埋于土中，为防球茎表皮老化，可将苔藓放置周围，幼苗7~9叶期可定植于口径大于10厘米的盆中。一般从播种至开花7~12个月不等，随品种而异。9月份进入花芽分化期，12月份前后一般都可开花。播种的幼苗比开花苗耐热性稍强，但也难耐夏季高温，因此安全度夏是仙客来种植中的一个重要问题，在入夏前应加强肥水管理，形成壮苗，可提高耐热性，同时应做好降温工作，使用遮阳网，增加通风力度，并向植株周围喷水降温，力争环境温度降至30℃以下，盆土维持潮润状态，避免过湿，更应避免雨淋；夏天过后加强肥水管理，促使植株生长。春、秋两季每10天应施氮、磷、钾等量的稀薄复合化肥，现蕾后应喷施0.2%的磷酸二氢钾溶液数次。夏天及花期应停止施肥，并应控制浇水。冬天室温最好在15℃~25℃，室温低于10℃，单花开花时间缩短，易凋谢；5℃以下，花莛生长缓慢，常发生花开于叶片之下现象。入夏气温超过30℃时，植株进入休眠，叶片发黄，10天左右叶片可全枯萎，此时应停止浇水。若保留球茎，可将花盆置于阴凉、通风、避雨处，盆土干时稍浇水至盆土微潮即可，水多球茎易腐烂。

仙客来花色艳丽，花期长，是我国重要的冬、春盆花。

大丽花 (Dahlia pinnata)

菊科大丽花属植物，又名天竺牡丹、大理花、大丽菊、西番莲等。原产于墨西哥、哥伦比亚等国的山区。现世界多国都有种植，我国各地普遍栽培。

【形态特征】 多年生草本花卉。地下生块根，多呈纺缍形；地上茎直立，高多在1.5米以下。叶对生，一至三回羽状深裂，裂片卵形。头状花序，生于枝顶；外围舌状花1至数层，单性不育；中间为管状小花，为两性花，多黄色；花多姿多彩，艳丽美观，常见有紫色、红色、橙色、黄色、白色及复色多种；开花期从夏至秋末，可开花4～5个月(彩图124)。瘦果长椭圆形。

【生长习性】　喜光照、温暖、偏凉爽气候，昼夜温差大的地区更好。适宜生长温度15℃～25℃，不耐寒，也畏酷暑，不耐干旱，也怕涝，喜疏松、肥沃、排水良好的沙质壤土。

【繁殖方法】　块根繁殖或扦插繁殖，也可播种繁殖。春季可将前一年贮有的块根埋于潮沙土中，发芽后分割块根种植，也可先分割块根种植，但每个块根上必须有芽，否则不能出苗。早春扦插，可将块根上萌生6～10厘米的芽，从基部二节以上处切下扦插，在15℃～25℃条件下约20天生根。也可在其他季节利用茎上侧芽扦插。种子繁殖，通常作为花坛用花，植株花多而小，俗称小丽花，花盆播种，出苗后移栽。

【栽培管理】　可地栽或盆栽，但土壤都需疏松肥沃。地栽通常植株高时需设支架。盆栽通常选用大花矮生种，生长期间需追肥数次，可通过控水或打尖分枝控制株高，也可用化学药剂矮壮素或多效唑矮化。

大丽花常用于花坛布置，也是庭院常用的花卉。

蛇鞭菊 (Liatris spicata)

菊科蛇鞭菊属植物，原产于北美。

【形态特征】　多年生草本花卉。株高50厘米左右，茎直立而不分枝，地下具块根。叶线状披针形。头状花序由两性管状花组成，宽1～1.5厘米，管状花多为紫红色，也有白色；头状花序紧密排列成长20～30厘米的穗状花序，7～8月份开花(彩图125)。

【生长习性】　喜温暖、光照，耐寒。

【繁殖方法】　分株繁殖，也可播种繁殖。春播翌年开花。

【栽培管理】　栽培土壤可用肥沃的砂壤土。早春分株种植，当年秋天开花，生长季节及开花期需充足的水分，并应追施液肥2～3次。切花植株，为防倒伏需立柱拉网。切花时，下部留茎叶1/3，维持植株继续生长，以利于地下块根继续增大。

常用于园林花境种植及切花生产。切花生产时可根据需要调控花期。

大花美人蕉 (Canna generalis)

美人蕉科美人蕉属植物。原产于中南美洲，现我国各地多有种植。

【形态特征】 多年生草本花卉。地下具肥大的根状茎，地上茎通直，高1～2米，不分枝。叶互生，长椭圆形，叶鞘包茎。总状花序自茎顶抽出；花色有红色、粉红色、橘红色、黄色、白色等，也有一花二色品种；盛花期在夏季，在冬暖地区可四季开花(彩图126)。本属常见种植的有蕉藕，又名食用美人蕉，地下根状茎特别肥大，富含淀粉，可作饲料，叶片宽大而美，现主要用于观叶，花小；金叶绿脉美人蕉，大花美人蕉的一个观叶品种，叶金黄色，叶脉绿色，十分美观，夏季开花，粉红色(彩图127)；紫叶美人蕉，株高1米左右，叶椭圆形，紫色。

【生长习性】 喜光照、高温炎热环境，不耐寒。在肥沃、土层深厚土壤中生长健壮。

【繁殖方法】 块茎分割繁殖。早春将块茎分割，每块具芽2～3个种植。

【栽培管理】 栽培土壤应肥沃，种前应深挖土壤，施足基肥，块茎埋入土中10厘米左右，浇水封土。出苗后，土干时可浇水，花前施肥1～2次。冬前可挖出地下块茎，晾晒几日后，贮存于0℃以上房间，盖微潮沙土保存。

美人蕉常用于布置花坛，花期长，管理粗放。也可盆栽，用于会场布置。

球根海棠 (Begonia tuberhybrida)

秋海棠科秋海棠属植物，又名茶花秋海棠，为杂交种。原种产于南美安第斯山的凉爽地区。

【形态特征】 多年生草本球根花卉。地下生有棕褐色块根，地上茎直立，株高一般在50厘米以下，盆栽株高多在30厘米左右；茎富含汁液，脆嫩易折。叶片长斜心形，基部偏斜，先端渐尖。花序腋生，通常1个花序着花3朵，最大1朵为雄花，多重瓣；两侧着花2朵，为雌花，花较小，单瓣，下有具3翅的子房；花色多种，有紫红色、红色、橘红色、黄色、白色等(彩图128)。果实具小粒种子多枚。球根秋海棠可分大花类、多花类、垂枝类3个类型。大花类，花径大于10厘米，花大而美，但每株分枝少，开花数量较少；多花类，植株分枝较多，花多但花较小，小者花径3厘米左右，大者多在7厘米左右；垂枝类，枝条下垂，常作吊篮植物。

【生长习性】 喜凉爽，湿润，半阴环境。生长适温10℃～25℃，超过30℃植株进入休眠。环境空气相对湿度以70%左右为宜，低于40%易引起叶片边缘干枯。

【繁殖方法】 早秋或早春播种繁殖，也可于冬季温室内播种繁殖；或用枝插或叶插繁殖；块根纵切繁殖也是常用的方法。播种用土可用泥炭土2份加沙1份，经消毒使用，用浸盆法使盆土充分湿润，种子极小（1克种子约有7万粒），需拌沙撒播，不必覆土，盆面用塑料薄膜覆盖保湿，在20℃～25℃条件下约10天出苗。块根繁殖是将块根埋入潮湿的沙中催芽，约20天左右新芽萌发后，进行纵切，每块含1芽，伤口涂草木灰或硫黄粉，晾干后种植。枝插，是将一段枝条，去掉下部叶片，上部保留少许叶片，插入沙土或蛭石中；叶插则是将叶片四周减去一半，将叶柄插入沙中或蛭石中。扦插法均需搭塑料小棚保湿，在20℃条件下约20天生根。叶插生根后尚需月余才能长出小芽。

【栽培管理】 栽培土壤通常用泥炭土或腐叶土混少量沙土配制，另加适量腐熟有机肥。球根秋海棠，根系纤细，盆土必须疏松、透气、保水、保肥。种苗在2片子叶充分形成后小心分植，等苗较大时移入花盆。生长期可1个月施1次颗粒肥或每10天施1次0.3%的复合肥。球根秋海棠属长日照植物，早秋播种苗，苗高10

厘米左右时正值冬季，光照时间较短，需每日补光3～4小时，促使花芽分化，以便春节前后开花，满足市场需要。冬天播种，夏季开花，夏季是长日照季节，光照完全可以满足植物生长开花需要。但夏季炎热，必须创造凉爽的生长环境，这在我国夏凉地区更为合适。从播种至开花，需6～8个月的时间；用球根种植的，从种植至开花约需3个月的时间，可根据需要调整种植时间。冬、春开花，单花期通常为15～20天，观花期可达3～4个月，天热休眠时，地下已形成块根，经传粉的种子也已成熟。夏、秋开花的植株到天冷时，地上枯萎，可将球根挖出，贮于5℃～10℃条件下的干沙中保存，根据需要随时取出种植。

球根秋海棠，花色艳丽，花姿优美，属室内高档盆花，深受人们欢迎。

丽格秋海棠 (Begonia elatior)

秋海棠科秋海棠属植物。是球根秋海棠与阿拉伯秋海棠的杂交种，前者为一杂交种，后者产于阿拉伯海南部的索科特立岛，冬季开花。

【形态特征】 多年生草本花卉。盆栽株高20～35厘米，冠幅15厘米左右；茎直立，肉质多汁，脆嫩易折。单叶互生，叶斜心形，叶端渐尖，叶缘有钝锯齿；叶长与叶宽大体相等，为5～10厘米。花序从叶腋生出，不分枝或二叉分枝，每枝花序具花4或8朵，通常由雄花组成，雄蕊瓣化，花重瓣；目前绝大部分品种仅开雄花，为雄性植株，仅少数品种具雄花与雌花，为两性植株。花期通常为11月份至翌年5月份，单朵花可开放15～20天。花形花色丰富，常见的花色有红色、粉红色、橘红色、黄色、白色等；有些品种花瓣呈锯齿状缺刻，更显俏丽(彩图129)。花极易碰落。

【生长习性】 喜温暖，湿润，半阴环境。适宜生长温度16℃～25℃，超过30℃或低于10℃则生长不良。环境空气相对湿度以70%左右为宜，不应低于50%。畏强光，夏季应避开上午10时至下午15

时的光照，或搭遮阳棚于5～9月份遮去50%光照，属短日照植物。

【繁殖方法】 通常扦插繁殖。用具3片叶的枝条，去掉基部叶1片，插于插床，保湿，上搭塑料小棚，在20℃左右下，约20天可生根；也可用具叶柄的叶片扦插，但成株慢，一般不用。少数品种可用种子繁殖，家庭种植难得种子，需购买。秋天播种，播种土用草炭土加少量沙混配，必须经消毒才能使用，播种土湿透后播种，种子极小，1克种子有6万～7万粒，需混沙撒播，最好买具包衣的种子种植，早秋播种，在20℃～25℃条件下下约10天出苗。

【栽培管理】 丽格秋海棠根系纤细，盆土必须疏松、排水良好，可用2份泥炭土与1份珍珠岩加适量有机肥配制；也可用泥炭土和腐叶土加沙等量混配。原则是配制的盆土应疏松、通气、保水。幼苗2片子叶充分展开后或稍大可先分植1次，幼苗娇弱，生长缓慢，应保盆土湿润。喷2～3次杀菌剂；防治病害发生，小苗高7厘米左右时可摘心，促发侧枝，一般留3～4个侧枝即可。生长期，应创造良好的生长条件，10天左右施1次0.3%的复合肥。从播种至开花约需7个月，扦插枝要快一些。

花蕾出现时可增施一些磷、钾肥，如磷酸二氢钾稀液，也可施含磷、钾的复合肥促进开花。平时可在盆土稍干燥时再浇水，盆土常湿易引起根系腐烂。丽格秋海棠属短日照植物，只在入冬后才能开花。过了春分（3月下旬）日照逐渐延长，5月后天气逐渐转热，花期也过，进入植物营养生长阶段，应创造一个凉爽的环境，促进植物营养生长并扦插繁殖。可将植株置放于遮阳棚下或房屋北侧潮湿的地方，或北阳台上，周围常喷水，减少盆内浇水，安全度夏；待秋凉后，植株进入一个新的生长季节，可加强水肥管理，促进生长。

丽格秋海棠是近年引入我国的盆栽花卉，由于花多而美，又开花于冬、春，深受人们欢迎。

花毛茛 (Ranunculus asiaticus)

毛茛科毛茛属植物，又名芹菜花、波斯毛茛。原产于欧洲东南部及亚洲的土耳其、叙利亚、伊朗等国。

【形态特征】 多年生球根草本花卉。株高20～50厘米不等。茎单生，常有少数分枝。基生叶具长柄，叶片阔卵形，二回三出羽状裂，小裂片叶缘有钝齿，形似芹菜叶。花单生于茎顶，花径4～10厘米，主茎花大，侧枝花较小；花单瓣至高度重瓣，花色多种；春季开花，花后2个月种子成熟(彩图130)。留种株每主茎应仅留第一朵花，其余花蕾全部除去，以保证种子充实饱满。单花期10～15天。

【生长习性】 喜凉爽、光照，较耐寒；忌湿热与强光照。适宜疏松、肥沃、排水良好的沙质壤土种植；喜土壤湿润，怕干旱，忌积水。生长适温白天15℃～20℃，夜间5℃～10℃。

【繁殖方法】 播种或块根繁殖。秋天种植，种子发芽适温10℃～15℃，约半个月发芽，高于20℃对发芽不利。将干的块根先浸水半天，自根颈分离，每3～5个小块根为一组种植，新植株才较丰满。小块根通常长1.5～2厘米，粗0.4厘米左右。

【栽培管理】 种苗3～5片叶时定植，天冷移入温室，室内应光照充足；室温高于20℃时应开窗通风；土壤常保持湿润，每半个月施肥1次。春天逐渐长出直立的地上茎，并现花蕾，应增施肥料，特别是补充一些磷、钾肥，每10天施肥1次。大花重瓣品种应进行疏蕾，原则是1主茎只保留1朵花，每株保留3～5个花蕾，使花蕾充分发育，充分显示品种特性。非留种株，花后应剪去残花，使养分集中供给地下块根生长。现在种植的花毛茛多为杂种一代种子，植株与花都整齐一致，自留种子易在后代产生性状分离。地下块根可保留母本性状。夏季天热，茎、叶逐渐枯死，可挖出地下块根晾干保存。

花毛茛花朵艳丽，色泽丰富，是盆栽与花坛布置的优秀花卉。

大岩桐 (Sinningia speciosa)

苦苣苔科苦苣苔属植物。原产于南美巴西，现种植的都是园艺杂交种。

【形态特征】 多年生球根草本花卉。株高20厘米左右。地下具褐色球状块茎；地上茎短而不明显。叶对生，长椭圆形，稍肉质，密生绒毛。花顶生或腋生，阔钟形，单瓣或重瓣，花瓣有丝绒感，十分美丽；花色丰富，有红色、粉色、白色、紫红色、蓝色及复色多种；通常夏、秋开花(彩图131)。

【生长习性】 喜温暖、湿润、光照明亮环境，但忌强光照。喜肥，要求土质疏松肥沃。生长适温20℃～25℃。

【繁殖方法】 播种繁殖，也可球茎切割或叶插繁殖。多用播种繁殖，难结种子的重瓣花可用叶插或纵向切割块茎繁殖，块茎出芽后可切成数块，每块1芽种植。

【栽培管理】 大岩桐根系纤细，生长期耗肥也多，栽培土壤必须十分疏松、肥沃、排水良好。盆土常用大量腐叶土或草炭土加少量粗沙及腐熟有机肥配制。盆土常保持湿润，生长旺季10天左右施液肥1次，应避免液肥污染叶片。施肥后应用清水喷洒叶面，去除肥污，以防烂叶。夏季应置半阴环境或早、晚光照处，常向叶面及周围喷水，增加湿度。花期可增施磷、钾肥，促进开花和地下块茎生长。秋凉地上部分干枯后，挖取地下块茎置于10℃环境微潮沙中保存。

大岩桐是花、叶俱美的小型盆花，可置室内光照处或室外明亮散射光处。

桔　梗 (Platycodon grandiflorum)

桔梗科桔梗属植物，又名六角荷、僧冠帽。原产于我国各地，朝鲜半岛、日本、西伯利亚也产。

【形态特征】 多年生草本花卉。地下主根胡萝卜形，外皮淡黄色。茎高1米左右。叶卵形至披针形，3枚轮生或对生、互生，无叶柄，叶缘有小齿。花单生于茎上部的叶腋，组成疏散的总状花序；花未开时似僧帽，开后5裂，裂片三角形，裂至花冠筒中部；多蓝紫色，也有重瓣种或白色品种。花径3～5厘米，夏季开花(彩图132)。

【生长习性】 喜光照，也耐半阴，耐寒，可在北方露地越冬，喜肥沃的沙质壤土。

【繁殖方法】 一般分株繁殖，也可播种。

【栽培管理】 种植土壤应土层深厚，施足基肥，旱时浇水，无需特殊管理。

可种植于庭院空地，多丛植，点缀风景，补充夏季花卉不足。主根也是重要的药材，有一定的经济效益。

紫叶酢浆草 (Oxalis triangularis)

酢浆草科酢浆草属植物。原产于非洲南部，华南冬暖地区可露地种植，北方盆栽或作花坛种植。

【形态特征】 多年生草本花卉。株高30厘米，地下具球形根状茎，地上无茎。叶基生，叶柄长，顶端着生小叶3枚，小叶倒三角形，中有浅裂，紫红色。花淡粉红色或白色(彩图133)。本属常见种植的有红花酢浆草，株高10～20厘米，地下有球形根茎，叶丛生，叶柄长，端生小叶3枚，倒心形，三角状排列，叶绿色，伞形花序，玫瑰红色，有变种白色或紫色花，自春至秋开花不断，白天或晴天开放，阴天与夜间闭合(彩图134)；四叶酢浆草，掌状四出复叶，小叶大，截面扇形，直径4厘米，叶缘具淡紫褐色带状斑，花玫瑰红色，基部黄色；金网酢浆草，掌状三出复叶，小叶倒心形，叶径8厘米，叶基楔形，叶深绿色；密生黄色网状脉纹，小花玫瑰红色，喉部白色。

【生长习性】 喜温暖、湿润、半阴环境。不耐寒，耐旱，怕强光照，生长适温，春、夏为16℃～22℃，秋、冬10℃～16℃；

冬季室温低于5℃，叶片易受冻害。

【繁殖方法】 分株繁殖，不分季节。分割球茎，分栽都能成为一新株。球茎上有许多芽眼，也可将球茎分割成小块，埋于潮沙中，生根长叶后移栽。也可用种子繁殖，在15℃～20℃条件下，10天左右发芽。

【栽培管理】 砂壤土种植。半个月施液肥1次，盛夏适当遮荫，但光线过暗，叶色变淡，叶柄细长影响观赏。冬季室内光照处养护，叶色鲜艳夺目。紫叶酢浆草叶丛生长迅速，盆满时应及时分盆，并随时除去老叶，使叶片保持鲜艳。

四、兰　花

中国兰花 (Cymbidium)

兰科兰属植物，在我国又称国兰。主要产于我国及日本、朝鲜半岛。

【形态特征】 常绿草本花卉，每株有叶通常3～7片，着生于假鳞茎上，假鳞茎为圆形、柱形、高球形或卵圆形的短茎，每节着生叶1片，是贮存养分与水分的器官；假鳞茎上的叶一次长出，仅长1次，新叶要从新形成的假鳞茎上长出，老假鳞茎不能长出新叶。根肉质，长可达30厘米，不分枝。大部分国兰的叶呈线形，簇生于假鳞茎上，少数种类的叶，如兔耳兰等的叶近椭圆形或披针形，较宽阔，有叶柄。花分内外两轮，外轮为花萼，3枚，已瓣化形似花瓣；内轮为花瓣，3枚，中央的一枚为唇瓣，形似唇状，与其他花瓣明显不同。花的颜色多种，有的极香，如春兰(彩图135)。瓣化的花萼其形状有竹叶瓣、梅瓣、荷瓣、水仙瓣之分。常见栽培的国兰主要有春兰、春剑、蕙兰、建兰、墨兰、寒兰等几大类(彩图136)。

【生长习性】 喜温暖、湿润、半阴环境，微酸性疏松土壤，较耐寒，忌强光与干燥，冬天可耐0℃～5℃低温，夏季以不超过28℃为宜。

【繁殖方法】 分株繁殖，育种时才用种子繁殖。

【栽培管理】 盆土要求疏松、肥沃、微酸性的土壤，可用产兰地区的山泥、碎塘泥，也可用腐叶土加少量河沙或用陶粒、火山石、碎砖、木炭等配制。配制原则是要通气好，排水性能好，有机肥料可同时混入盆土中，栽培场地应为通风、遮荫、较潮湿的地方。平时浇水最好用无污染的河水、雨水，用自来水则需晾晒3天以上。盆土应常保持湿润，水大会造成烂根。兰花也有一定的抗旱能力，表土稍干，下部土稍潮时即可浇水。秋末天转凉，生长减缓，可减少浇水。追肥可用稀释的有机腐熟肥或0.1%的复合化肥，生长季节可半个月浇施1次。秋凉正是花芽生长发育的时节，在较低的温度下（5℃左右）才能发育良好，约需1个月的时间。应在冷凉的环境下任其生长，不必急于搬置暖房，温度突升，反而不利于花的发育，影响开花。建兰、寒兰、墨兰越冬温度比春兰、蕙兰要求稍高，可置10℃左右环境下越冬。

中国兰花，历来以高雅著称。为历代诗人歌颂，画家们留下不少名作，也为我国广大人民所喜爱。

卡特兰（Cattleya）

兰科卡特兰属植物。原产于南美热带林中，生产于哥伦比亚和巴西。

【形态特征】 多年生常绿附生草本花卉。假鳞茎纺缍形至长圆棒形，端生1叶或2叶。叶片革质，长椭圆形，质厚，茎和叶都是贮存水分和贮存营养的器官。花1至数朵着生于假鳞茎上端，每年春季从横生的根状茎上长出新的假鳞茎，更新植株(彩图137)。原生种65个，按鳞茎端生叶片数分单叶种群和双叶种群两大类群，现在种植的园艺品种都属杂交种。常以花色分为红花、黄花、黄花红唇、白花红唇、斑点花等品种。根初生时绿色，之后变成白色；气生根较粗长，起支持和吸收营养作用。各品种花期各异，一年四季都有开花品种，花极美丽，单花期多在半个月以上，基本上每株1年开花1次，偶有2次。

【生长习性】 喜温暖、潮湿、半光照环境。生长适温20℃～30℃，越冬温度以15℃以上为宜，5℃叶片会变黄，1℃～2℃叶片会脱落，空气相对湿度应不低于80%。

【繁殖方法】 分株繁殖，现在大量繁殖都用克隆技术。

【栽培管理】 盆栽容器需透气性强，常用盆底及四周多孔的瓦盆或塑料盆。栽培基质多用水苔，或椰壳、树皮、蕨根、木炭等基料，用前先用水浸泡1天，用时去掉水分，加入一些发酵过的固体肥料。生长期每10天施1次液体复合肥，也可叶面喷施。液肥以0.1%浓度为宜，施肥量宁少勿多，花期可增施磷肥。应通风，春末到秋初应遮光约50%。2～3年的盆株，植株与根系都显拥挤，盆栽基质也多腐朽，应及时分株，换盆，更新基质。分株时期以新芽刚长出时为宜。换盆以基质腐朽情况和植株拥挤情况而定。水苔基质约2年换1次，蕨根、树皮、椰壳则可维持3～4年。

卡特兰花形优美，属洋兰中的名花，高档花卉。

蝴蝶兰 (Phalaenopsis)

兰科蝴蝶兰属植物。主要产于亚洲热带地区，其中印度、菲律宾、马来西亚最多。

【形态特征】 多年生常绿附生花卉。主要附生于林中树干或岩石上，以发达的根系固着。茎极短也无假鳞茎，植株甚矮。叶片长椭圆形，革质宽厚，叶背紫色；1株通常有叶3～6片，每年可生新叶2～3片，老叶逐渐黄化干枯。根从节部长出气生根，长而稍粗，肉质，有时绿色，可进行光合作用，并具吸收、贮藏水分和养分功能，通常可存活2年，后为新根所代替。通常从叶腋抽出1枝花莛，高达30厘米以上，端生花数朵至10余朵，每朵花可开放近1个月，1株开花时间可达2个月。原生种有40余个，市场供应的都是杂交种。花似蝴蝶状，以花色分白花、白花红唇、红花、黄花、斑点花、线条花（各色花瓣上分布有红色脉纹）及珍奇类花等(彩图138)。

【生长习性】 喜温暖、弱光照、空气相对湿度70%～80%环境，不耐干燥与低温，5℃以下即会受寒害死亡，最适生长温度白天25℃～28℃，夜间18℃～20℃。

【繁殖方法】 目前大量生产用克隆技术繁殖，家庭可用花枝上产生的带根芽切下种植。

【栽培管理】 栽培基质及花盆使用可参照卡特兰。目前商品生产多用底部多孔的塑料花盆，栽培基质多用水苔。根喜透气、干燥，忌积水。水多易引起根腐烂，因此在基质稍干时才能浇水，生长期应常喷雾，全年空气相对湿度保持在70%～80%为宜。需光较弱，防强光灼伤叶片，夏季可遮光70%，春、秋遮光50%，冬季不必遮光。室温32℃以上植株进入半休眠状态，白天室温保持25℃～28℃为好，花芽分化时需在18℃以下，分化后可升温至20℃～25℃，15℃以下停止生长，越冬温度应在10℃以上。施肥应薄肥勤施，盆栽基质中可混入一些迟效性肥料，生长期宜用复合肥，苗期氮肥稍多，成株时提高磷、钾肥含量，花期应停止施肥。生长期可施用氮：磷：钾=3：1：1的复合肥，稀释1000～2000倍液，每周1次。市场上有兰花专用肥，少量种植可购买专用肥。

石 斛 (Dendrobium)

石斛属植物是兰科中最大的一个属，约有1600个种，主要分布于亚洲的热带地区及太平洋岛屿，我国秦岭以南也产，主要产于云南、广西、贵州、台湾等省、自治区，原生种约有60个。

【形态特征】 石斛具假鳞茎与根状茎。假鳞茎是生长季节从根状茎上长出的芽向上生长形成的长细条状茎状物，其上各节生有披针形肥厚的叶片，叶互生。有些种类天冷凉时叶脱落，称落叶石斛；有些种类叶一年四季常绿，称常绿石斛；假鳞茎具贮藏水分和养料功能，高多在30～100厘米。石斛为附生兰，在野生状态下，发达的根系固着于树干，呈圆柱状线形，长30～50厘米，遇光可变绿，可进行光合作用。花由3枚萼片与3枚花瓣组成；花序生于假鳞茎上部的节上或端部。花多生于许多茎节上的花序上，每个花序具花2～3朵，又称节生花石斛，这类石斛都是春天开花，花后老茎皱缩，从假鳞茎基部再长出新芽，形成新的具叶假鳞茎，天冷时叶脱落，翌年再开花。这一类天冷落叶的石斛都是春天开花。另一类花序较大，花序生于茎顶及附近的节上，又称为顶生花石斛，每个花序可开花数朵至几十朵，叶四季常绿，有时一个假鳞茎可连续数年开花，这类石斛有些种类春天开花，有些种类主要秋季开花。在园艺上，依据花期不同，将石斛分为春石斛与秋石斛(彩图139)。秋石斛主要秋季开花，由于杂交新品种的育成，许多品种在条件适宜情况下，也可于其他季节开花，其中切花品种都可四季开花，有时一个假鳞茎上可开多枝花，并连续开花数年。

【生长习性】 喜温暖、较高空气相对湿度（不低于70%）、弱光照环境。有一定耐旱能力，不耐寒。生长适温15℃～30℃，即便落叶类石斛天冷时也不应低于8℃。

【繁殖方法】 大规模生产用克隆技术，家庭种植用分株繁殖或扦插繁殖。扦插可将假鳞茎切段，每段2～3节，插于水苔中，置半阴、湿润、温度较高的环境中。

【栽培管理】 栽培用盆及基质同卡特兰。光照要求半阴而较明亮，夏季可遮光50%；冬、春、秋季光弱，可不遮光。落叶类石斛即使秋凉干旱落叶，温度也不应低于8℃，常绿类石斛则不应低于15℃；石斛对温度敏感，昼夜温差应不低于10℃，温差大有利于生长。落叶石斛，短时低温（10℃左右）有利花芽分化，一般需15～20天的低温期。低温期过后应缓慢升温，突然升至20℃以上，会影响花芽生长。春石斛生长温度白天以20℃～25℃，夜间以15℃为宜。秋石斛生长适温为20℃～30℃，不应低于15℃。

春石斛即使天冷落叶，盆中基质也不能太干，室内湿度也不能太低。常绿类石斛，室温低时，可少浇水；但盆栽基质仍应保持湿润，全年空气相对湿度应不低于70%，幼苗期宜施用含氮较高的肥料，每周1次；生长期应施全元素复合肥，浓度为0.1%；落叶类石斛休眠期应停止施肥，常绿类石斛冬天室温较高时，仍在正常生长，可正常施肥。一般栽培2年以上，植株拥挤，根系也已布满全盆，盆中基质（特别是水苔）也已腐烂，应及时分株更换基质，剪去腐根，3~5枝假鳞茎为一组重新种植。

兜　兰 (paphiopedilum)

兰科兜兰属植物，因花形似拖鞋，又名拖鞋兰。主要分布于我国西南部、喜马拉雅山延至亚洲西部及印度尼西亚至新几内亚的广大地区。

【形态特征】　多年生常绿草本花卉。多为地生种，生于林下腐殖质丰富的疏松土层，也有一些附生种。叶数枚，基生，2裂，绿色带形或具大理石状花纹的长椭圆形。茎极短。根纤细，较少，因而对环境气候变化适应力较差。花莛自植株中央抽出，高10~30厘米，多1莛1花，也有2~3花的；花形奇特，上萼较大，花纹变化多样，侧萼小而不明显。唇瓣特别膨大；袋状，似倒置的拖鞋，两侧花瓣有的形如花瓣，有的长如飘带；花不华丽，但庄重而雅致，瓣质较厚，花期多为1个月至1个半月，多于春季开花。并且一年四季都有开花的品种；花色有紫红色、红褐色、粉红色、黄色、浅绿色多种(彩图140)。

【生长习性】　喜温暖、湿润、半阴环境；要求土壤疏松肥沃。由于产地不同，对温度要求不同，但在10℃ ~30℃下一般都能生长良好。一般原产热带的，最低温度不应低于10℃，而原产亚热带的越冬温度也不应低于5℃，通常在10℃以上较好。

【繁殖方法】　多为分株繁殖，也可克隆繁殖。

【栽培管理】　盆栽宜用多孔的瓦盆或塑料盆。地生兜兰盆栽基质用腐叶土及泥炭土等混合；附生性强的兜兰要用排水透气性好的水苔、树皮块或蕨根等，盆底放一些木炭块、碎砖块、瓦片以利于排水、透气。天冷时应保持10℃以上，夏天不高于30℃。冬季温度保持在10℃～15℃，可生长良好，早春开花。热带兜兰冬季最好保持在15℃以上。空气相对湿度一般保持70%～80%，干旱时可在盆周围常喷水。兜兰较喜阴，原产地多在阴暗凉爽的树林下，全年都在弱光下生长。在温室中栽培，夏季应遮光50%，冬季可不遮光，夏天应保持弱光、夜间凉爽的通风环境。施肥应施稀薄肥，无机复合肥浓度控制在0.1%～0.3%，最好用市售兰花肥，生长季可半个月施肥1次，冬季温度低，可不施肥，分株应在花后进行，2～3芽为一新株，由于兜兰根少且短小，分株时应避免任何损伤，但应除去腐根并更换新的栽培基质。

万带兰 (Vanda)

兰科万带兰属植物。主要分布于东南亚地区及澳大利亚、新几内亚、菲律宾、所罗门群岛等太平洋岛屿，我国主要产于云南高温湿润地区。

【形态特征】 无假鳞茎，属单轴茎的热带兰。茎长可达1米左右，较少分枝，野生状态下常缠绕在树上或岩石上生长。叶生于茎两侧，具3种形态，扁平叶，叶背呈龙骨状，圆柱形或半圆柱形，叶面有一纵槽，叶面角质层较厚，故抗旱能力较强，也较耐光照。气生根粗壮，有吸收水分、养分和支撑功能；新根于春天长出，白色，端部根冠绿色，若根冠折断，根停止生长。花序从叶腋长出，具花10～20朵，每朵花开放20天，每花序可开花1个月左右；花较大，色彩鲜艳，有紫红色、粉红色、黄白色、天蓝色、茶竭色等。原种约60个种，我国有10余个种，目前栽培观赏的都是杂交种(彩图141)。

【生长习性】 喜高温、高湿，较其他洋兰更耐光照，温度在20℃～25℃时，生长较好，10℃～15℃时进入休眠。环境空气相对湿度应保持70%～80%，夏天可遮光30%～40%，冬季则不遮光。

【繁殖方法】 将植株切段，每段都需有2～3条气生根，扦插繁殖。

【栽培管理】 盆栽用多孔盆，栽培基质多用椰壳块、树皮、蕨根等透水透气性的基质。温度、光照、湿度适宜可全年生长不断，可用0.1%的复合肥浇施，每周1次；也可用发酵稀释的有机肥，但肥要稀；或用颗粒复合肥，撒于盆面，缓慢溶解吸收。与其他洋兰相比，要求稍强的光照，光弱常开花稀少，或不开花。高温、高湿与充足的光照是万代兰生长的重要条件。

文心兰 (Oncidium)

兰科文心兰属植物，多附生，又名跳舞兰、瘤瓣兰、金蝶兰。主要分布于中南美洲、巴西、哥伦比亚、厄瓜多尔和秘鲁。

【形态特征】 种类多，形态变化大，绝大多数为附生兰。假鳞茎扁卵圆形，较肥大，也有些种类无假鳞茎。叶1～3片，顶生，长卵形至条形，按叶质厚薄园艺上分剑叶种、薄叶种、厚叶种3类。剑叶种株型较小；薄叶种叶较薄，稍革质，多数植株生长强健，适于中温温室种植；厚叶种耐旱力强，冬季几十天不浇水也不会干旱死亡。通常每个假鳞茎只长出1枝花梗，有的花梗短小，仅开1～2朵花，有的花梗长而多分枝，可开花数百朵；花瓣边缘多皱波状，顶萼及侧萼同形较小，侧萼片退化，唇瓣大呈提琴状并有多变的花纹、基部有鸡冠状的瘤状凸起；花形似跳舞的女郎；花色以黄色为主，也有其他颜色；花期因品种而异，花期可达1～2个月，全属有750余种(彩图142)。

【生长习性】 分原产热带的热带品种和原产于暖温带的喜冷凉的品种，因此对生长温度要求不同。热带种越冬温度应在15℃以上，大部分种类可在10℃以上越冬，生长适温20℃～30℃，对光照要求同万带兰，夏季可遮光50%，春、秋只需遮光20%，环境空气相对湿度应在60%以上，通风条件好。

【繁殖方法】 分株或克隆技术繁殖。

【栽培管理】 盆栽用盆及栽培基质参见其他洋兰，生产上多用水苔。生长期施稀薄液肥。10～15天施1500倍的复合肥液1次，也可在生长期开始时施1次固体肥料。剑叶种多原产于热带，附生于树，需高温多湿；厚叶种茎叶肥厚，耐旱力强，冬季休眠期应少量浇水；薄叶种生长期需水量大，花后一般有4～8周休眠期，应控制肥水。盆株拥挤时或3～4年应换盆分株1次，换盆和分株时间应在春季或新芽出现之前。在生长过程中保持环境湿度，避免光直照。

大花蕙兰 (Cymbidium)

兰科兰属植物，大花蕙兰包括一部分兰属中的大花附生种及它们的杂交种，又名虎头兰、西姆比兰。市上见到的都为大花杂交种。主要分布于我国西南部及印度、缅甸、泰国、越南一带。

【形态特征】 假鳞茎大，大小随品种而异，大的如成人拳头，球形或卵形。叶从茎部生出，生长期可达2年。新芽及花芽从茎的基部长出。根粗壮，生命期2年。花梗粗壮高大，一般具花10～20朵，花大，花径可超过10厘米，花瓣质厚；花色多种；1个花序开花时间可达2个月左右(彩图143)。夏季花芽开始分化，花芽从8月份开始陆续抽出，冬、春开花。

【生长习性】 喜温暖，也较耐低温，生长适温10℃～25℃，最高温度不能超过30℃，最低温度不应低于3℃，喜较大的温差，空气相对湿度应不低于60%，较喜光，但不能在阳光下直晒。

【繁殖方法】 分株或克隆技术繁殖。

【栽培管理】 盆栽用盆及栽培基质参见其他洋兰，多用水苔作盆栽基质。植株虽大，但用盆应小，迫使假鳞茎拥挤在一起；减少新芽营养生长，并通过抹除营养芽促进花芽生长。大花蕙兰茎基常产生一些叶芽，生长季节应随时抹去，促使假鳞茎长大，通常每月抹芽1次。生长季每半个月用1000倍的复合肥液浇施1次，也可半个月浇施1次稀液体有机肥；或于春季将发酵好的固体有机肥撒于盆面，供植株缓慢吸收，1年施用2次，换盆分株应在花后进行，大花蕙兰根系粗壮，换盆时容易断伤，务必小心处理。分株时可将2～3茎作为一新株换盆种植，除去老叶，将新栽植株置半阴、温度高的地方；不必浇水，需经常喷水，成活后再浇水施肥，进行正常管理。花芽形成后应置于10℃左右地方，低温有益于花芽的正常分化及花茎的生长，在2～3月份可开花。超过15℃，花序可迅速生长，可提早至1～2月份开花。大花蕙兰较其他洋兰更喜光照，在洋兰中属喜光的一类，夏天遮光20%～30%即可，光照充足有利于叶片生长、鳞茎发育及花芽的形成。

五、水生花卉

荷　花 (Nelumbo nucifera)

睡莲科莲属植物，又名莲花。原产于我国、亚洲热带及大洋洲。

【形态特征】　多年生宿根水生草本植物。水下泥中有横生根状茎，肥大圆柱状，名“藕”；藕分节明显，节部生须根及叶和花；无地上茎，地下根状茎生的叶和花挺出水面。叶柄长可达1米左右，叶片大，盾状圆形；叶面绿色，具蜡质，不湿水，故能见叶面常有滚动的水珠，叶背淡绿色。花莛挺出水面，花蕾单生于花梗顶端，花大，花径可达15厘米以上，单瓣、复瓣或重瓣，多红色、粉红、白色，黄色较少(彩图144)。花后，花托形成“莲蓬”内有蜂窝状孔多个，每个孔洞内着生1枚莲子。按食用价值分藕莲、子莲与观赏莲（又名花莲）3大类。观赏莲品种甚多，为重要的水生观赏花卉。藕莲、子莲以食用为主，花色为红色。

【生长习性】　喜光不耐阴，强光下生长好；喜热而不喜冷，生长适温20℃～30℃，15℃停止生长。盆栽种藕，气温降至0℃时易受冻。对土壤的要求不严，但以富含有机质的肥沃土壤为宜。

【繁殖方法】 分藕繁殖，种子繁殖多用于育种。

【栽培管理】 荷花用于庭院种植，常作盆栽。一般选用口径50厘米左右，深35厘米左右的盆养植。盆底铺3厘米左右的培养土，上铺一层迟效性有机肥，如马蹄片、骨粉、鸡粪等，粪上再铺一层塘泥或培养土至盆深的1/2处，根据盆的大小，顺盆边栽入种藕2～3根，让它们头尾相接，栽时把种藕先端顶芽斜插土中，尾部露出土面，最后再覆盖一层3～5厘米厚的大粒河沙，封住泥土，以保持盆水洁净。栽完后灌水5厘米左右深，水浅有利于提高土温。待荷叶长出后不断加深水位，使水面距盆缘5厘米左右。盆栽荷花应摆放于光照下，每日光照不足5小时者常只长叶，难以开花。通常春暖种植，夏天开花，从种至开花需3个月左右。如盆土肥沃，可不必追肥。天冷后可将荷花盆置放于不结冰的低温温室中，以不超过5℃为宜，需长期保持盆土水湿，不能干裂。

荷花是我国名花，有1000多年的栽培史，深受国人的喜爱，历代名人墨客曾留下不少名诗名画，并有“出污泥而不染”的美誉。

王 莲 (Victoria ezuziana)

睡莲科王莲属植物。原产于南美热带，我国有引种，多见于公园。

【形态特征】 多年生浮叶型水生植物。茎短，棱形，叶着生其上。叶柄粗长，有刺，端生叶片漂浮水面；叶巨大，圆形，叶缘直立，似一个巨大的浅水盘，叶直径可达1米多，能承受20～35千克的重量；夏季开花，花单生，生于长花柄上挺出水面，两性；花径25～30厘米，初开白色，翌日变粉红，单花期2天(彩图145)。果圆球形。内含种子多粒，形如豌豆。北京地区开花期8～9月份。本属另一种用于观赏的植物为亚马逊王莲，叶比克鲁兹王莲大，叶缘则稍低，花初开白色，衰败前为深紫色。

【生长习性】 要求高温、高湿，光照充足，生长适温18℃～32℃，低于15℃停止生长。亚马逊王莲生长适温24℃～32℃，低于20℃停止生长。

【繁殖方法】 种子繁殖。早春育苗，水温25℃以上，将种子种于小盆中，放入水，半个月发芽，亚马逊王莲20天后发芽。幼苗期需每日有12小时光照，光照不足时需补光，幼叶矛状，继而戟状，椭圆形，长出10片叶后，叶开始变成圆形，可移出室外水池种植。

【栽培管理】 移入水池的王莲，种植花盆应大，保证生长期有充分的养料供应。天暖后，水温达到适生温度时，方可移植于水池中。夏季生长旺期半个月追肥1次，以氮肥为主，花期可增施磷、钾肥，肥料可用带孔的塑料小袋装，沿盆壁施入盆中，秋收的种子应在水中贮藏，5℃以上保存，常换水，供翌年春播种。

王莲是一种很引人入趣的观赏植物，花、叶均美，由于植株大，种植池也应大。

睡　莲 (Nymphaea tetragona)

睡莲科睡莲属植物，又名子午莲。主要产于温带和亚寒带地区，如东亚地区、印度、墨西哥及欧洲、非洲等地。

【形态特征】 多年生水生草本植物。地下具直立生长的块茎或横生的根茎。叶片圆形至心形，全缘，叶面光亮，漂浮水面；叶柄肉质，长而柔软，浸于水中。花单生于花梗顶端，多漂浮于水面，也有的品种，花挺出水面；花瓣8～15枚，三角状阔披针形，外轮花瓣大，内层渐小。花色有红色、粉色、黄色、白色、浅蓝色等，单花期5天左右，从夏至秋开花不断(彩图146)。另一类热带睡莲，叶缘多具粗锯齿，花多挺出水面，花大而美。种植需较热天气，在我国开花期较短。

【生长习性】 喜光照、温暖、通风、水面平静、水质清洁，要求土壤肥沃，耐肥力强。

【繁殖方法】 分割地下块茎或播种繁殖。多用地下块茎种植；播种繁殖的播种至开花需3年时间，一般不用。

【栽培管理】　大花盆种植。盆底铺土3厘米，上施迟效有机肥一层，如马掌片，鸡鸭粪或饼肥。肥上再铺一层培养土，至盆深1/2处。将地下茎切成数段，每段必须有1芽，栽于盆中；芽部分露出土面，灌水，初期浅水，随植株生长，不断加深水层，可摆放露地，也可沉入池中。每天必须有充足光照，阴处常只长叶而不开花。夏季应保持盆中有充足而洁净的水层，天冷将花盆置于低温温室，不结冰即可。但热带睡莲冬天需置10℃以上的温室中。

睡莲花、叶俱美，在我国已有2 000多年的栽培史，花期长，易管理，是水池常用花卉。

芡　实 (Euryale ferox)

睡莲科芡属植物，又名鸡头米、鸡头莲等。原产地分布广泛，包括我国、东南亚、印度、俄罗斯、日本及朝鲜半岛。

【形态特征】　一年生水生草本花卉。叶大型，浮生水面；叶圆形，直径可达2米，叶面皱缩，叶脉明显突起，叶柄长而多刺。花紫色；花瓣多枚，花不大，萼片4枚，密被刺，长于花瓣；花伸出水面或不出水面。浆果球形，直径10厘米左右，密披刺；种子多数可食，夏季开花，秋天结果，以观叶为主(彩图147)。

【生长习性】　喜温暖、水湿、光照；要求土壤肥沃，适生温度20℃～30℃，低于15℃生长缓慢。

【繁殖方法】　种子繁殖。晚冬至清明取出水藏的种子，小盆播种，置20℃～25℃水中发芽，经常换水、换盆，至天热时定植池塘种植槽中。

【栽培管理】　植株大型，种植槽应大，大致长、宽、高各1米，槽中土壤应肥沃。移栽苗时，将育苗盆的苗及泥一并取出，种入槽中，但生长点需露出泥面，叶漂浮于水面，以后随苗生长不断加水。随着气温的升高，植株生长加快，为促进植株多开花结果，可在盛夏花开时节，追施速效磷肥，常用磷酸二氢钾20克，分装于几个有小孔的塑料薄膜小袋中，埋入种植槽内10厘米以下；花期可依此法追施磷酸二氢钾3次。花后果实沉入水中，约50余天成熟，可于果熟前用纱布套住果实，果熟时连袋一起收获。种子经清洗，水藏，水温保持0℃～5℃，常换水，供翌年播种用。

千屈菜 (Lythrum Salicaria)

千屈菜科千屈菜属植物，又名水柳。原产于欧洲、亚洲的温带地区。我国南北都有种植。

【形态特征】 多年生挺水草本花卉。株高40～150厘米，茎直立。叶披针形，对生或轮生，叶全缘无柄。地下具根状茎。花序总状，30～60厘米不等，着生许多紫红或玫红色的筒状小花(彩图148)。6～9月份开花。

【生长习性】 喜温暖、光照、水湿土壤，对土壤要求不严。耐寒，在我国北方可露地越冬。

【繁殖方法】 多用分株繁殖，也可播种或扦插繁殖。分株多于早春进行，当年种植，当年开花，春天播种，20～30天发芽。扦插可于春季前取10厘米的枝条，湿沙扦插，约10天生根。

【栽培管理】 可种植于水池旁，也可盆栽。等苗大时，将盆沉入池中，盆土应用肥沃土壤，常保持潮湿或浅水。属粗放管理型水生花卉。

千屈菜花色艳丽，观赏期长，适宜水边或池中种植。常和荷花组成一景，是池塘的重要观赏花卉。

花叶芦竹 (Arundo donox cv.Versicolor)

禾本科芦竹属植物，又名彩叶芦竹、斑叶芦竹，是芦竹的变种。原产于欧洲，我国各地有种植。

【形态特征】 多年生挺水宿根草本观叶花卉。地上茎通直，高2米左右。叶互生，长披针形，长45厘米左右，具白色或黄绿色条纹(彩图149)。圆锥花序顶生。地下具强壮的根状茎。

【生长习性】 喜温也耐寒，喜湿也稍耐干旱，喜光，生长适温20℃～30℃，10℃以下停止生长。

【繁殖方法】 分株繁殖。于早春挖出地下根茎，切离，分栽。

【栽培管理】 可盆栽，也可露地种植。对土壤无特殊要求，但肥沃更好。盆栽土壤应保持潮湿或有水层，露地栽常种于池边潮湿的地方，生长势强，易管理。

花叶芦竹茎高大挺拔，形若竹，叶色随季节而有变化，春季黄白条纹明显，初夏绿色条纹增加，盛夏可变成绿叶，仅顶部叶片仍保留黄的条纹，是良好的水景植物。

凤眼莲 (Eichhornia crassipes)

雨久花科凤眼莲属植物，又名水葫芦、水浮莲。原产于南美洲，我国各地水池常有种植。

【形态特征】 多年生水生草本花卉。漂浮于水面或根生于泥中，株高30～50厘米，茎短。叶莲座状，叶片卵形至肾形，光亮，全缘；叶柄中下部膨大为葫芦状气囊。根发达，悬垂于水中。具匍匐茎，繁殖新株。花莛单生，高30～50厘米不等，上端着花6～12朵；花被蓝紫色，6裂，花被中央有鲜黄色斑点；7～9月份开花(彩图150)。

【生长习性】 喜温暖、光照。水生，生长适温20℃～30℃，10℃停止生长。冬季可置有光照的室内，温度应在5℃以上。

【繁殖方法】 分株繁殖，也可用种子繁殖，但一般不用。

【栽培管理】 春暖气温达15℃时即可将温室冬存的植株取出放于水池放养，无需任何管理，但在较大水面应围拦以防外移，造成危害，庭院小水池不必围拦。秋后天冷前应取出置5℃以上温室内水池保存过冬。

凤眼莲叶色翠绿光亮，叶柄奇特，花鲜艳俏丽，是水池的良好浮生绿化材料。

雨久花 (Monochoria korsakowii)

雨久花科雨久花属植物，又名蓝鸟花。原产于我国、东亚至澳大利亚。

【形态特征】 多年生挺水花卉。具粗壮的根状茎，茎秆直立，高40～90厘米。叶基生，广卵圆状心形，全缘，具多数弧形脉；茎生叶叶柄基部稍扩大，呈鞘抱茎。总状花序或圆锥花序，具花10余朵，花蓝色，直径约2厘米，花被6片，椭圆形，夏季开花(彩图151)。

【生长习性】 喜水湿环境，喜光照，也耐半阴，生长适温15℃～30℃，对土壤要求不严，耐瘠薄。

【繁殖方法】 种子繁殖。种子掉落土壤，翌年可萌发。

【栽培管理】 管理粗放，浅水中种植生长。土质肥沃生长良好，瘠薄土壤也可正常生长。盆栽沉水布置景观，可将盆面置水面下10～15厘米。

雨久花叶色翠绿光亮，花色素雅，常与其他水生植物搭配布置水面。

香　蒲 (Typha Latifolia)

香蒲科香蒲属植物，又名蒲棒。广布于北温带地区，我国各地多有栽培。

【形态特征】 多年生宿根挺水草本花卉。株高1.5米左右，根状茎粗壮。叶片稍硬，扁平带状，长近1米，具叶鞘。花序生于花茎上端。棒形穗状花序，雄花位于花序上部，雌花位于花序下部，中间相隔1厘米左右，花序长1.5厘米左右，褐色(彩图152)。

【生长习性】 喜温暖、光照、湿润环境，生长适温20℃～30℃，10℃停止生长，5℃开始休眠；土壤以肥沃、淤泥深厚的壤土为佳，常生于沼泽、浅水池中。

【繁殖方法】 分株繁殖。

【栽培管理】 盆栽或池塘栽培均可，土壤应肥沃，盆栽应常补水，不可干旱，生长期施肥2～3次。盆栽株大时可将盆移入水池中。

香蒲是常见的水池植物，与荷花配植，形成一片美丽的水景。也常盆栽，与盆栽荷花在陆地上组成一片美丽的景观。

菱 (Trapa Lispinosa)

菱科菱属植物，又名菱角。在我国、俄罗斯、日本等国有广泛分布。

【形态特征】 一年生浮叶型水生草本花卉。茎细长，长度和水深有关，可从水底长至水面；当茎蔓长出水面时，叶节缩短，集中茎端，形成盘状称菱盘，直径20～40厘米不等。叶三角形，具叶柄(彩图153)。花生于叶腋，每隔几片叶生1朵花，白色。果为坚果，革质，褐色或红色、绿色；果多为弓形2角，也有4角菱及无角菱。茎可随水漂动，茎上各节生有叶状根，每节对生2条，绿色，有光合作用和吸收水中养分功能，泥土中生有须根，吸收营养。夏、秋开花结果。

【生长习性】 喜暖热、光照，不耐寒，生长初期适宜温度15℃～20℃，旺盛生长期适宜温度20℃～30℃，水温超过35℃，光照太强，常只开花不结实。

【繁殖方法】 种子繁殖。种子为平时泛指的菱角，实为果实。

【栽培管理】 水盆育苗，当种子出芽后可放于水池易于成活。从种子发芽至第一批果实成熟，约需半年时间。

菱叶密集形成美丽的水面绿色菱盘，用于水面绿化，果实可食。

慈　菇 (Sagittaria sagittifolia)

泽泻科慈菇属植物。主要产于东半球温带地区、欧洲及北美地区。

【形态特征】 多年生挺水草本花卉。高50厘米左右。叶基生，具长柄，叶通常呈三角状箭形，全缘。花茎挺水而出，常倾斜，端生总状花序；花白色，单性，雄雌同株，上部为雄花，下部为雌花，夏季开花(彩图154)。地下有细匍匐枝，端生球茎。

【生长习性】 喜温暖、光照、水湿、土质肥沃。

【繁殖方法】 球茎繁殖。也可种子繁殖，但少用。

【栽培管理】 可直接种植于池塘，也可盆栽。盆栽土壤，施足肥料，种植后保持盆面3～5厘米深的水；待苗长大后，把盆移入池塘。也可置于露地观赏。生性强健，无需多管，只要盆水不干即可。秋后可挖出球茎，晾干，湿沙中贮藏，也可将原盆保存于0℃～5℃的低温温室中。

慈菇叶光亮美观，常与其他水生植物组合成美丽的水景。也常盆栽，庭院中摆放观赏。

大　薸 (Pistia stratiotes)

天南星科大薸属植物。原产于我国长江流域，现在热带及亚热带地区有广泛种植。

【形态特征】 常绿草本，漂浮型水生花卉。叶无柄，聚生于极短的茎上，呈莲座状，具横走茎。须根着生于茎基部，细长而悬垂于水中。叶片倒卵状楔形，长5～15厘米，两面具短绒毛，叶面微具纵向隆起；叶形美观，排列如莲花宝座，是天南星科植物中形态较为独特的一种(彩图155)。属单种植物。

【生长习性】 喜高温高湿，不耐严寒，适于生长在水质肥沃的静水或缓流水面。生长适温20℃～35℃，低于14℃停止生长，低于5℃死亡。

【繁殖方法】 分株繁殖。种株的叶腋常生出匍匐茎，先端形成新株，以此不断增殖。

【栽培管理】 静水水池放养，当水温达18℃以上时，将种苗投放到池中任其漂浮生长。如水池水流动可在水面用竹竿扎成方框，将大薸围在框内，防止植株漂走。也可盆养观赏。水池或盆中养植，也便于施肥，可在生长期施2～3次以氮肥为主的复合肥。秋凉后可挑选一些健壮种株放于温室内过冬，备翌年池塘应用，水温保持5℃～10℃即可。

大薸叶色翠绿，株形呈莲座状，在园林中常用于池塘绿化，发达的根系也可吸收泥水中的有害物质，净化水质。

水　葱 (Scirpus tabernaemontani)

莎草科藨草属植物，又名管子草、冲天草等。产于我国、美洲、澳洲广大地区。

【形态特征】　茎秆直立，丛生，细圆柱形、中空、表皮光滑，高1～2米，端有聚伞花序，花不明显。茎下部有3～4个膜质管状叶鞘，鞘长可达40厘米。仅最上1叶鞘具细线形长2～11厘米的叶片(彩图156)。植株绿色，地下具粗壮根状茎。其变种花叶水葱更具观赏价值，茎黄绿相间，十分美丽。

【生长习性】　喜温暖湿润，自然界多生于沼泽湿地及浅水区。生长适温15℃～30℃，低于10℃停止生长。北方地区可露地越冬。盆栽植株需低温温室保存。

【繁殖方法】　多分株繁殖。早春将低温温室保存的苗取出分割，每丛保留5个以上茎秆，种于无泄水孔的盆中，盆中保持浅水，半个月左右可发芽。

【栽培管理】　庭院多先用盆栽，盆土需肥沃，选用30～40厘米口径的大盆种植。种后盆面保持浅水，待苗大时移入水池；移入水池前后可施1次肥，以后可不再施肥。冬前可剪除地上部分，将盆放入低温温室过冬。水葱株丛挺立，常用于水面绿化，池边点缀，极为美观。

水罂粟 (Hydrocleys nymphoides)

花蔺科水罂粟属植物。原产于中南美洲地区。

【形态特征】　多年生浮生型草本花卉。茎细，圆柱形，株高

10厘米以下。叶卵圆形，基部心形，全缘，叶长5厘米左右，宽4厘米左右，叶簇生于茎上部，叶柄长度随水深而变化。花瓣3枚，黄色；具长花柄，夏、秋开花(彩图157)。蒴果披针形，种子多数，细小。

【生长习性】 喜温暖、湿润、光照充足环境，生长适温25℃～30℃，越冬不应低于5℃。

【繁殖方法】 分株繁殖。常于春季分株。

【栽培管理】 春天可先在浅水中种植，随生长加大水深。种植场地应选择通风、光照处。基肥应充足，对肥需求较高，可半个月追肥1次。

水罂粟适应能力较强，易栽培管理，也少病虫害，花开季节，开花不断。

荇 菜 (Nymphoides peltata)

龙胆科荇菜属植物。广泛分布于我国各地及日本、俄罗斯等国。

【形态特征】 多年生浮水草本花卉。茎细长。叶互生，心形或椭圆形，长约15厘米。花黄色，花瓣5枚，瓣缘流苏状(彩图158)。夏、秋开花结果。

【生长习性】 生于静水或缓流水中，生长适温15℃～30℃。对土壤要求不严。低于10℃停止生长，耐低温而不耐严寒，冬季易冻死。

【繁殖方法】 种子繁殖或无性繁殖。秋季种子成熟落水，翌年可自行萌发生长。也可将带根的茎分割繁殖。

【栽培管理】 浅水盆中种植。如沿水种植，盆面可低于水面20厘米。常清除水面杂草，天冷时可将盆栽植株移至0℃～5℃室中，翌年春再移至水中。如池塘较深，根茎也可在冰下水底越冬。

荇菜管理简便，常作水面绿化材料，作水景观赏。

六、多年生常绿草本花卉

银脉凤尾蕨 (pteris ensiformis cv. Argyraea)

凤尾蕨科凤尾蕨属植物，原产于马来西亚及我国华南、西南地区。

【形态特征】 多年生常绿草本花卉。株高多在30厘米左右，叶丛生，根状茎斜生。叶一、二回羽状复叶，小叶羽状披针形；叶缘有细齿，叶绿色；叶脉银白色(彩图159)。叶2型，能育叶叶长10～25厘米，宽5～15厘米；孢子束群沿叶缘分布；不育叶较小，常见栽培有白凤尾蕨等。

【生长习性】 喜温暖、湿润、半阴环境。生长适温20℃～30℃，空气相对湿度60%～80%的环境。

【繁殖方法】 分株或孢子繁殖。

【栽培管理】 盆栽基质要求疏松、通气、排水良好。可用泥炭土、腐叶土、河沙、园土以1∶2∶2∶4配制。也可用泥炭土或腐叶土混入少量砂壤土配制，以疏松肥沃为原则。生长期盆土必须经常保持湿润，夏季常向叶面及周围喷水，提高环境湿度，半个月施稀肥1次。

凤尾蕨类植物品种很多。特点是植株美观，叶姿别致，叶色美丽，似传说中的凤尾。适于室内盆栽，是优良的盆栽蕨类植物，但要求环境湿度较高。

鹿角蕨 (platycerium bifurcatum)

鹿角蕨科鹿角蕨属植物，又名蝙蝠蕨。原产于亚洲及美洲热带地区的林中树上及潮湿的岩石上。

【形态特征】 多年生常绿草本附生花卉。根状茎短粗肥壮，贴附于树干。全株灰绿色，叶分2型，一种为裸叶，也称外套叶，扁平圆盾状，中部凸起，叶缘浅波状裂，革质，覆瓦状紧附生于树干，内部有发达的贮水组织；另一种为实叶，丛生，悬垂，前端分叉，呈鹿角状，长40～90厘米，前端裂片背面可产生竭色的孢子束群(彩图160)，叶面具蜡质，防止水分散失。

【生长习性】 喜温暖、高湿。生长适温15℃～26℃，空气相对湿度80%左右。冬季最好保持10℃以上，但可短期耐0℃低温。

【繁殖方法】 分株或孢子繁殖。植株基部可长出一些小植株，可切下单种。孢子繁殖需用高温消毒过的泥炭土作基质，将成熟孢子撒上，在温度25℃～26℃下，经2个月孢子体可长出新叶。

【栽培管理】 吊篮种植。常用泥炭土与苔藓等量配制，保持微酸性，也可用腐叶土种植。也可绑在树蕨干上或蛇木板上，但3～5天应将植株取下水浸1～2次，或常喷水保持树蕨干或蛇木板潮湿。环境要湿润、明亮。通常夏天置于遮阳棚下，冬季置于室内光照处，常喷水保持较高的空气湿度极其重要。生长期，根部每半个月施稀饼肥或施以氮肥为主的稀复合肥1次。

鹿角蕨株形奇特，室内悬挂，充满热带风光，美观别致。

此外种植的尚有异叶鹿角蕨，叶片分叉多，为园艺杂交种；美洲鹿角蕨，叶偏白，分叉多；安哥拉鹿角蕨，孢子叶大，形如象耳。

肾　蕨 (Nephrolepis auriculata)

肾蕨科肾蕨属植物，又名蓖子草、蜈蚣草等。产于热带及亚热带地区，在我国产于长江以南。

【形态特征】 多年生常绿草本花卉。株高50厘米以下。叶簇生，长30～60厘米，一回羽状裂，羽片几十对，披针形。孢子束群生于叶背边缘，束群肾形。根状茎短而直立，向四周发出匍匐茎，匍匐茎的短枝上生出圆形块茎或在顶端长出小苗(彩图161)。国内常见栽培的有高大肾蕨。其园艺品种甚多，最为常见的是其突变体波士顿蕨、皱叶肾蕨等。

【生长习性】 喜温暖、高湿、半阴环境，忌干燥、强光，生长适宜温度15℃～25℃。

【繁殖方法】 常分株繁殖。也可孢子繁殖。

【栽培管理】 盆栽土壤常用泥炭土，也可用腐叶土、沙、蛭石等量混配，以疏松保湿为原则。环境空气相对湿度以60%为宜，明亮的散射光对生长有益。每月可浇施1次以氮为主的稀复合肥，浓度0.4%左右即可。夏季最好置于太阳光不能照到的潮湿地方。

肾蕨是较易种植的蕨类花卉，垂吊生长，美观，叶经常用于插花配料。

铁线蕨 (Adiantum capillus-veneris)

铁线蕨科铁线蕨属植物。广泛分布于热带、亚热带地区。我国主要分布于长江以南。

【形态特征】 多年生草本花卉。株高多在40厘米以下。根状茎横生。叶柄细长而坚挺，紫黑色，形如铁线；叶片卵状三角形，长10～30厘米，二至三回羽状复叶，小叶片斜扇形，绿色，孢子束群生于小叶片顶端(彩图162)。

【生长习性】 喜温暖、潮湿、半阴环境，生长适宜温度15℃～25℃。喜含钙质土壤，是钙质土壤的指示植物。

【繁殖方法】 多用分株繁殖。其孢子散落于温暖阴湿的地方，可生成新株，而后移植盆栽。

【栽培管理】 盆栽土壤用含石灰质的砂壤土，也可用腐叶土和粗泥炭土、园田土、沙混配。土壤要常保持湿润，并保持较高的空气湿度。应给予明亮的散射光，半个月施稀液肥1次，严防土壤干旱或强光直照。

铁线蕨株型较小，叶浓绿秀丽，形态优美，栽培容易，常用于盆栽或山石盆景。

鸟巢蕨 (Neottopteris nidus)

铁角蕨科巢蕨属植物。又名巢蕨、王冠蕨、山苏花等。原产于我国两广、台湾和亚洲热带雨林中，附生于树上或林下潮湿的岩石上。

【形态特征】 多年生常绿草本花卉。为大型附生蕨类，株高60～100厘米。根状茎粗短而直立，密生海绵状须根，能大量吸收水分。叶簇生呈鸟巢状，中心可容纳枯枝落叶、飞禽粪便，为自己提供营养，也可为兰花及其他附生蕨提供定居条件；叶片长阔披针形，长者可达100厘米，亮绿，环生于短根状茎周围。孢子束群长条形，生于侧脉上侧(彩图163)。

【生长习性】 喜温暖、半阴、高湿环境，怕强光，不耐寒，冬季不能低于5℃，生长适温15℃～27℃。

【繁殖方法】 孢子繁殖或克隆技术育苗，家庭繁殖较难。

【栽培管理】 原为附生植物，栽培基质必须疏松，可用泥炭土与少许石灰，或蕨根、树皮块、苔藓等混合。容器用多孔的容器，透气要十分良好，基质要常保持湿润。定植时，盆底加缓效性肥料及腐熟的猪粪、牛粪等，每半个月薄施1次氮、磷、钾混合的复合肥；0.1%～0.2%的磷酸二氢钾溶液喷叶可使叶色亮丽，但炎夏及较冷的冬天应停止施肥。夏季应避免强光，多喷水，使盆土潮湿，环境湿润。

鸟巢蕨叶色碧绿，株形奇特，常悬挂于温室及室内小花园中，小型品种植株可布置会议室或明亮的客厅，富有热带风光。

吊　兰 (Chlorophytum capense)

百合科吊兰属植物。原产于非洲南部，我国各地普遍种植。

【形态特征】 多年生常绿草本花卉。叶条形，绿色；长15～35厘米不等，叶宽1.3厘米左右，从生于短茎。叶多而茎短，通常只见叶密，丛生，而不见茎；大株叶丛常抽生匍匐茎，下垂，端部及节部有小叶丛生，并常在丛生叶基部长出肉质气生根，并可在各叶节处开白色小花，植株地下具白色肉质根。常见栽培的有叶缘黄色的金边吊兰；叶中心黄色的金心吊兰；叶缘白色的银边吊兰与叶中心白色的银心吊兰(彩图164)。

【生长习性】 喜温暖、湿润、半阴环境，也耐干燥。

【繁殖方法】 剪取匍匐枝上带根的叶丛，栽入潮湿土中，不久即可形成一新株。

【栽培管理】 栽培土壤可用疏松肥沃的砂壤土。粗生易长，生性强键。置半阴处，土干时喷水；半个月至1个月施肥1次，也可更久施肥1次，一般都能良好生长。冬季置室内光照处，可保持叶色翠绿。干燥环境下，叶尖易干焦，应及时修剪，并常向叶面喷水，洗去灰尘，使植株保持优美的造型。

吊兰是室内常见的垂吊植物，叶色清秀，生长快，易栽培，对环境需求不严。常用于居室或走廊、厅堂布置，也是吸收室内有害气体，如甲醛、苯、一氧化碳、尼古丁等的优良室内净化空气植物，特别适于新装修的居室种植。

文　竹 (Asparagus plumosus)

百合科天门冬属植物，又名云片竹。原产于南非，现世界各国多有栽培。

【形态特征】 多年生常绿蔓生花卉。老枝可长达3米左右，缠绕其他物体生长。叶片退化，呈小鳞片状生于茎上，先端尖锐，长约5毫米，在老茎上呈淡黄色。通常称叶片的实为侧枝变态而成，每个侧枝呈三角形羽毛状水平展开，叶状枝纤细，簇生，长3～5毫米(彩图165)。花小，白色，两性，着生于叶状小枝上，通常夏、秋开花。小浆果球形，成熟后紫黑色，含黑色种子1～2个。根系稍肉质。常见栽培的有变种矮文竹，茎丛生而直立，叶状枝细密、较短，但不蔓生。

【生长习性】 喜温暖、湿润、半阴环境，忌阳光直射。冬季室温最好在10℃以上，低于5℃易受寒害。

【繁殖方法】 种子繁殖，也可分株繁殖，但分株繁殖，株形不美，一般不用。种子繁殖多在春天播种，20℃以上20~30天可出苗。

【栽培管理】 文竹对土壤要求不严，可用砂壤土混适量有机肥种植。幼苗5厘米高时可分栽上盆，每盆丛植3株。植株10~30厘米高时为最佳观赏期，叶片嫩绿如层层云片，最宜置室内桌案、窗台观赏。平时只需浇水，无需施肥，以控制生长，延长观赏期。仅在植株泛黄时，表明缺肥，可施肥，不久即可转绿。约3年后，植株开始生长蔓枝，由于蔓枝较长，易倾斜散乱生长，可设支架供其攀附。如欲结种子，可换大盆或温室地栽，加强肥水管理，促其生长；如不想让其结籽，可将蔓生的枝条，从基部全部剪除，更新发枝，新枝较矮，仍可置桌案观赏。从播种至开花约需5年时间。文竹可长期置室内光照处观赏，居室的光照处易引起植株干尖发黄，夏季最好置室外阴凉、通风、潮湿处。

文竹四季常绿，耐半阴，管理容易，株形优雅，叶片层叠如云，是十分优美的室内观赏植物。枝条也是切花瓶插的良好陪衬材料，瓶插持久。

镜面草 (pilea peperornioides)

荨麻科冷水花属植物，又名翠屏草。原产于我国云南。

【形态特征】 多年生常绿草本花卉。株高30厘米左右。茎短而粗壮，褐色。叶柄长，端生一叶片，圆形、肉质、光亮；叶片直径4~7厘米不等，形似一面圆镜(彩图166)。春季开花，穗状花序，以观叶为主，花不明显。

【生长习性】 喜凉爽、湿润、半阴环境。生长适温15℃~20℃，越冬不低于10℃。

【繁殖方法】 茎基部易产生分枝，可切取分枝扦插，生根后上盆；也常产生地下根状茎，萌发新芽，待新芽长出几片叶后，切断地下根状茎另栽。

【栽培管理】 栽培土壤可用排水良好的肥沃砂壤土。根据植株生长状况，酌情追施复合肥。叶片肥厚，日常喷水不易过勤过多，盆土常保持湿润即可。夏季高温期间生长缓慢，每天向叶面少量喷水。喷水过多，易导致植株腐烂。北方夏季炎热，气候干燥，最好置遮阳棚下或家中阴凉处。春、秋季适宜生长，可适当追肥。

冷水花 (pilea cadierei)

荨麻科冷水花属植物，又名白雪草、花叶荨麻。原产于越南及其他南亚各国。

【形态特征】 多年生常绿草本花卉。株高50厘米以下，盆栽株高一般30厘米左右，多分枝。叶对生，椭圆状卵形；叶缘上半部具疏锯齿，下半部全缘；3条主脉明显，脉间有银白色纵向条纹，条纹部分凸起，叶柄短，基部有小托叶，地下有横生根状茎(彩图167)。花序为聚伞花序，顶生，无观赏价值。本属常见栽培的有皱叶冷水花，又名蛤蟆草；月面冷水花，叶对生卵形，叶脉凹陷，脉间叶肉突起，叶面波皱，株高20～40厘米，生性强健，易繁殖管理；银脉蛤蟆草，植株直立，多分枝，叶卵状披针形，叶长4～5厘米，宽3厘米，叶面凹凸，叶片中部有一条较宽的银白色条斑，从叶基直达叶尖。

【生长习性】 喜温暖、湿润、半阴环境，稍耐寒，冬季不低于6℃不会受寒害，14℃以上开始生长，怕阳光暴晒。

【繁殖方法】 分株或扦插繁殖。丛生性强，易产生子株，可结合换盆分株。晚春扦插，剪取1年生健壮枝条，剪成3节1段，保留上部2片叶，并剪去1/3叶片，插入素沙土中，置室内荫蔽处，20天左右可生根。

【栽培管理】 可用砂壤土种植。春、夏、秋季可在疏阴环境下养护，冬季应充分见光；盆土浇水掌握见干见湿，可常向地面及植株喷水，增加湿度，也可使叶面嫩绿光洁。生长季可1个月施肥1次。肥大或过分荫蔽都易引起植株徒长。植株过高时，常发生倒伏，应短截，使下部腋芽生长，株丛稠密紧凑。

冷水花属小型观叶植物，易繁殖管理，颇受欢迎。常用于家庭装饰，也常用于宾馆、写字楼的室内绿化，在室内明亮处可常年摆放。

枪刀药 (Hypoestes phyllostachya)

爵床科枪刀药属植物，又名红点草。原产于非洲马达加斯加。

【形态特征】　多年生常绿草本花卉。茎基部常半木质化，呈亚灌木状。株高可达90厘米，盆栽通常在30厘米以下。叶对生，全缘，卵形；具叶柄，叶面绿色，常布满白色或红色斑点，有的园艺品种叶面粉红色至红色，上面布有深色斑点(彩图168)。花不具观赏价值。

【生长习性】　喜温暖、湿润、明亮光照环境。畏寒，忌高温与强光照。生长适温20℃～25℃，冬季不应低于10℃。

【繁殖方法】　播种或扦插繁殖。通常春播，在20℃～25℃下10天左右发芽，当年可盆栽观赏。扦插可随时进行，通常在初夏剪取3节长的长枝条，剪除下部叶片，留上部2～3片小叶，插入沙床，保温，在20℃～25℃下，半个月可生根。

【栽培管理】　盆栽土壤最好用疏松的微酸性砂壤土。每半个月施液肥1次，为保持较高的空气湿度，可常向叶面及地面喷水。盆土应常保持湿润，冬季应置于室内光照处。若光照不足，叶色暗淡，缺少光泽，要常修剪，促发侧枝保持株形美观。经过2年栽种，老株不甚美观，应更新植株。

枪刀药是美丽的观叶植物，适于中小盆种植，作室内布置或花坛布置。

五色苋 (Alternanthera bettzickiana)

苋科虾钳菜属植物，又名锦绣苋、红绿草、模样苋等。原产于南美巴西。

【形态特征】 多年生亚灌木，通常栽培呈草本状。植株低矮，一般高30厘米以下。茎分枝多，直立或斜出，密生。叶片长椭圆形至匙状披针形，全缘对生；叶绿色、红色、黄色或花叶(彩图169)。花序头、小、白色，腋生，不明显，夏、秋开花。

【生长习性】 喜温暖、湿润、光照。不耐寒，也不耐旱，怕高温多湿，生长适温春、夏20℃～24℃，冬、春15℃～18℃，低于10℃易受寒害。

【繁殖方法】 常用扦插繁殖。剪取4～5厘米长的茎段，具2个以上茎节，插入沙土，每天喷水数次，在25℃左右，5天即可生根。

【栽培管理】 五色苋常用作模纹花坛，制作各类平面及浮雕图案，因此种植前必须注意色彩纯正，分类种植，以免混乱，栽培土壤应用肥沃、排水良好的壤土，定植后注意喷水，保持土壤湿度均匀，使茎叶生长一致、整齐，半个月喷施稀液肥1次。天冷时将繁殖母株移入温室内，室温不低于12℃，控制水分，通风透光，备翌年春繁殖用。

五色苋叶色丰富，成形快，常用于制作图案、文字、自然形体等，也可用于花坛镶边，岩石园的点缀。制作图案、自然形体应提前20余天做准备，用蒲包或麻袋将栽培基质包好，把插条从蒲包或麻袋的缝隙中插入，喷水，保湿，生根后视植株高度修剪，修剪高度控制在10厘米左右，以充分表现设计效果。

花　烛 (Anthurium andraeanum)

天南星科花烛属植物，又名红掌、烛台花等。原产于南美热带雨林。

【形态特征】 多年生常绿草本花卉。株高30～50厘米，茎较短而不明显。叶片长心形，革质，绿而光亮；叶柄长。花序柄长度与株高接近，上端着生红色、白色或粉色的佛焰苞片，圆心形，最早引入我国的多为红色，故名红掌。佛焰苞上具黄色直立肉穗花序，有的为红色，小花极小。花烛花、叶皆美，为优良的室内观叶观花植物(彩图170)。单花期1个月左右，只要温度适宜，一年四季均可开花，本属常见种植的尚有火鹤花，又名红鹤芋、猪尾巴花，叶长圆状披针形，佛焰苞阔卵形，多红色，也有白色，肉穗花序橙红色，呈螺旋状弯曲，这是和花烛花序形状最大的区别(彩图171)。此外，还有用于观叶的水晶花烛，是花烛属中的著名观叶植物，心形叶翠绿，叶脉银白色，极为美观，耐阴性强，是观叶花卉中的珍品。

【生长习性】 喜温暖、湿润、明亮的散射光照环境，早晚可直接光照。生长适温20℃～25℃，冬季室温不应低于15℃。

【繁殖方法】 家庭种植可分株繁殖，大批量生产用克隆技术。

【栽培管理】 盆栽土壤用泥炭土或腐叶土加粗沙及有机肥配制。盆土应保持微酸性，潮湿，生长期每半个月追肥1次，2年换盆土1次。北方天气干旱，必须营造良好的空气湿度，干旱的环境下难以良好生长。

广东万年青 (Aglaonema modestum)

天南星科广东万年青属植物。原产于我国广东及东南亚一带。

【形态特征】 多年生常绿直立草本花卉。株高多在50厘米左右。叶互生，深绿色，长卵形，叶长15～25厘米。雌雄同株，花单性，佛焰苞花序，主要作观叶用，花不具观赏性。叶片光亮，四季翠绿，十分耐阴(彩图172)。

【生长习性】 喜高温、多湿及半阴环境，忌强光，不耐干旱，也不耐寒。

【繁殖方法】 分株或扦插繁殖。春季结合换盆，将丛株分离，晾干伤口后栽种，10天左右可恢复生长。也可于生长季节，选取

10～15厘米的嫩茎段，保留上部叶2～3片，扦入沙床或蛭石中保湿，置半阴处，20余天可生根；也可水泡，常换水，20天左右可生根，生根后可盆栽。

【栽培管理】 盆栽土壤易疏松保水，常用腐叶土或泥炭土加少量粗沙及有机肥配制。生长季节应保证肥水供应，宜置于半阴、通风、湿润处养植，冬季应控制浇水，盆土保持微潮，置室内光照处，室温应在10℃以上。

本属植物用于观叶的种类很多，如银后万年青、斜纹万年青等，常见的就有十几种，都是美丽的观叶植物，都具耐阴特点，适宜室内摆放。

白鹤芋 (Spathiphyllum connifolium)

天南星科白鹤芋属植物。原产于南美。

【形态特征】 多年生常绿草本花卉。茎极短，株高多在40厘米以下。叶宽披针形至长卵形，端尖，叶长20～30厘米；叶脉明显，叶柄长，茎部呈鞘状。花莛直立，高出叶面，端具白色船形佛焰苞，内具直立圆柱形肉穗花序。花、叶皆美(彩图173)。

【生长习性】 喜高温、多湿、明亮的散射光环境，生长适温20℃～30℃，冬季不应低于10℃。环境空气相对湿度不应低于50%，以70%～80%为宜。

【繁殖方法】 少量繁殖用分株法。结合换盆，将植株切成数丛，每丛叶片不少于3片，重栽后置半阴处恢复。大量繁殖用克隆技术。

【栽培管理】 栽培土壤应疏松、肥沃、透水、透气。常用泥炭土或腐叶土加少量小块木炭或珍珠岩及有机肥配制。盆土应常保持潮湿，生长季节每10～15天施肥1次。本属最为常见种植的是绿巨人白鹤芋，简称绿巨人，是一杂交种，株高叶大，高达100厘米，叶长50～70厘米，叶色墨绿，花序似白鹤芋，春末夏初开花，单花期1个月左右，以观叶为主，常用于宾馆、会议室摆放。

绿　萝 (Scindapsus aureus)

天南星科藤芋属植物，又名黄金葛。主要产于南亚一带。

【形态特征】　多年生大型常绿攀缘花卉，原产地可长达数十米。叶片长达60厘米；叶心形，叶面常具黄色条纹；由于叶面具较厚的角质层，虽原产于热带雨林，也具较强的耐旱性，在我国北方室内干燥的环境下也能正常生长。常于盆中心立棕柱，让其缠绕生长(彩图174)。常见种植的有其变种黄金藤，蔓生，节处有气生根，叶心形，较小，光照明亮处生长，叶片黄色，十分美丽；白金葛，又名白金藤、银葛，叶片上具许多白色斑纹；银点白金葛，又名星点藤，叶片肉质，宽椭圆形，叶尖较细长，暗绿色的叶面上散生着许多银白色斑点，叶背灰绿色。

【生长习性】　喜温暖、散射光照、湿润环境，也耐阴，适宜生长温度20℃～30℃，冬天不应低于10℃。虽较耐干旱，但环境空气相对湿度以不低于40%为宜。

【繁殖方法】　扦插繁殖。易生气生根，扦插也易生根。天暖季节将枝条剪成具3叶节的茎段进行扦插，保湿，易生根成活。也可水插生根。

【栽培管理】　盆土常用草炭土或腐叶土混沙配制。盆土常保持中等湿度，每半个月至1个月施肥1次。在室内最好置光照处，光暗易引起黄色斑块变浅，黄叶品种变绿，影响观赏价值。

绿萝为蔓生性植物，易造型，主枝缠绕生长或垂吊生长均可，老茎叶脱落时可重新扦插更新植株。

常用于家庭居室、宾馆、厅堂摆放。

合果芋　(Syngoniun podophyllum)

天南星科合果芋属植物。原产于南美及印度群岛的热带雨林。

【形态特征】　多年生蔓生草本花卉。节部常有气生根。叶戟形、绿色；叶柄细长；成年植株叶片可分裂成5～9枚裂片。春、夏季开花，佛焰苞不明显，浅绿色至淡黄色。现广为种植的是它的园艺品种，如白蝴蝶合果芋，叶黄白色，具绿色条纹或斑块，光照不足则呈绿色(彩图175)；爱玉合果芋；花叶翠玉合果芋，叶面具大小不规则的白色斑块，品种很多，是一种优美的观叶植物。

【生长习性】 喜温暖、湿润，生长适温16℃～28℃。对光照适应性强，全光照至较暗环境均可，但以明亮散射光为宜。

【繁殖方法】 扦插或分株繁殖。天气较暖时，将枝条剪成3～4节的茎段进行扦插，半个月左右可生根。

【栽培管理】 盆栽土壤可用肥沃的砂壤土，要求排水良好。春天至秋天每月施肥1次。对北方干旱天气也能适应，生长季节盆土不干即可。冬天室温最好保持10℃以上。

合果芋四季常绿，生性强健。既可室内盆栽观赏，也可作庭院美化。

喜林芋 (philodendron spp.)

天南星科喜林芋属植物。本属植物主要产于南美雨林，我国有6种，为近年来引入的著名观叶花卉。

【形态特征】 常绿蔓生或近直立性常绿花卉。茎可生气生根。叶形多种，有长心形、圆心形、羽状裂、掌状裂等；叶色有绿、红、黄等。佛焰苞花序，但不具观赏性，本属植物是著名观叶植物。

【生长习性】 喜温暖、高度湿润、半阴环境，生长适温20℃～30℃，冬季不应低于10℃，个别品种能耐2℃低温。

【繁殖方法】 攀缘性的种类多用扦插法，将蔓生茎剪成茎段，每段3节，斜插，15～20天生根；有些种也可水插繁殖。直立型植株多用分株法，也可摘心，促发侧枝，切取侧枝扦插。大规模生产用克隆技术。

【栽培管理】 盆栽土壤要求疏松、透气、保湿性强。常用草炭土或腐叶土与少量河沙及有机肥混合配制。生长季节每2周施1次以氮肥为主的液肥。盆土表面平时浇水，应常向叶面喷水，以增加环境湿度。室内种植于明亮光照处，夏季置于室外时需遮光50%以上，并常向地面喷水，增湿降温。攀缘性植株下部老叶脱落时，可重新扦插，更换植株。

本属植物是美丽的观叶植物，国内引入品种甚多。常见的有攀缘型的红宝石喜林芋，叶片长心形，叶柄紫红色，嫩叶的叶鞘红色；心叶喜林芋，叶心形，绿色；琴叶喜林芋，叶形如提琴状(彩图176)；直立型的绿帝王喜林芋，简称绿帝王，茎粗壮，直径可达2~4厘米，茎长达50厘米，节间较短，有气生根，叶片卵状、三角形或长心形，长30厘米，宽15厘米，外形优美，叶色碧绿(彩图177)；羽裂喜林芋，又名春羽、裂叶喜林芋，茎短，叶片从茎顶向四周散开，叶片大，宽心形，长可达100厘米，呈粗大的羽状深裂，耐阴，对北方室内外的干燥环境也有较强的适应性，茎基可萌生分蘖，长大生根时，可剪取另栽。

海　芋 (Alocasia macrorrhiza)

天南星科海芋属植物。原产于我国南部及西南部。

【形态特征】　多年生常绿草本花卉。株高在2.5米以下。地下具肉质根茎，地上茎粗壮。叶盾形，长30~90厘米不等；叶柄可长达1米(彩图178)。佛焰苞淡绿色，长15厘米左右，种子球形、红色。本属常见栽培的有斑叶海芋，叶片淡绿，有乳白斑；尖尾芋，叶片较小，端有长尖。

【生长习性】　喜温暖、湿润、半阴环境。怕强光、干旱，不耐寒。适宜生长温度25℃~30℃，冬季不能低于15℃。

【繁殖方法】　分株、扦插或播种繁殖。植株基部萌生的幼苗可挖出另栽。也可将茎切成10厘米左右的茎段，插于沙床，在25℃左右，月余可生根，发芽后可上盆。春天播种，在25℃左右，20余天可发芽。

【栽培管理】　栽培土壤可用肥沃的砂壤土。应常保持土壤湿润，半个月至1个月施肥1次。虽有一定的耐干旱能力，但湿润的环境下生长更好。夏季应避强光，可置于室外阳光不能直照的潮湿环境中。冬天置于室内光照处，但应常喷水，增加湿度。属易栽培管理植物。

海芋属大型植株，小棵海芋可用于点缀居室，大株适于大厅及温室摆放，由于叶大色绿，异常壮观，具浓郁的热带风光。

花叶万年青 (Dieffenbachia spp.)

天南星科花叶万年青属植物。主要分布于南美洲热带雨林中。

【形态特征】 多年生常绿草本花卉。株形直立，株高30～150厘米不等。茎粗壮，下部略木质化，常呈亚灌木状。叶簇生于茎端，长椭圆形或卵形，全缘，长30～50厘米，宽5～15厘米；叶片常具黄色或乳白色斑点或大面积斑块，十分美丽，佛焰苞多呈浅绿色，肉穗花序黄绿色，佛焰苞较小，且隐藏于叶丛中。本属植物是著名的观叶植物，常见种植的有玛丽安黛粉叶，叶片中具大片的乳黄色斑，仅叶缘为绿色，十分美观；夏雪万年青，叶中脉两侧分布着大面积的淡黄色花斑；玛雅之星黛粉叶，叶面上散布着许多黄色斑点，非常华丽(彩图179)。

【生长习性】 喜温暖、湿润、明亮的散射光环境，忌干旱和强光照。生长适温20℃～30℃，不应低于15℃。

【繁殖方法】 多用扦插繁殖。将茎截成具3节的茎段，可插入或横埋于土中，20天左右生根。也可分株繁殖。

【栽培管理】 对土壤要求不严，疏松、肥沃、排水良好即可。生长季节可1个月施肥1次。置于室内明亮处。浇水应见干见湿，春、秋季干燥，可常向叶面喷水，久不喷水，叶面粗糙，失去光泽。光照不足，叶色暗淡，降低观赏价植。

蟆叶秋海棠 (Begonia rex)

秋海棠科秋海棠属植物，又名毛叶秋海棠。原产于印度北部阿萨姆地区，现种植的都是人工培育的园艺品种。

【形态特征】 多年生常绿草本花卉。具粗壮肥大的根状茎。匍匐于土壤浅表层。节间短，叶和花莛均生于根状茎上。叶斜卵形，叶面有皱纹，并具有多种色斑及花纹，组成美丽的图案；叶背红色，叶柄及叶脉常密生茸毛，花小，淡红色。为著名的观叶植物(彩图 180)。

【生长习性】 喜温暖、湿润、半阴环境。畏强光，忌炎热，也不耐寒，生长适温20℃~25℃，冬季不应低于10℃，环境空气相对湿度以70%左右为宜。

【繁殖方法】 分株或扦插繁殖。结合换盆，将根状茎切离，晾干，分栽。也可叶插，将带叶柄的叶片，剪去叶片四周，扦插，20余天生根，3~4片叶时上盆。

【栽培管理】 盆栽土壤需疏松肥沃，多用泥炭土或腐叶土加沙及有机肥配制，土壤要常保持湿润，环境应保持较高的湿度。冬季置于室内光照处，光照不足，叶片难以出现诱人的色彩；夏天可置于遮阳棚下或居室北侧通风处。生长季节每半个月追肥1次。

在我国常见栽种的还有铁十字秋海棠，又名毛刺秋海棠，因叶面沿叶脉有红褐色条状斑块而得名，根茎粗壮，匍匐横生，叶卵圆形，皱褶并有刺毛；花小，淡绿色，原产于我国及东南亚地区，在我国栽培久远而普遍。繁殖方法及栽培管理可参照蟆叶秋海棠。

旱伞草 (Cyperus alternfolius)

莎草科莎草属植物，又名风车草、水棕竹伞草。原产于非洲，我国各地常见栽种。

【形态特征】 多年生草本花卉。株高1米左右，茎秆直立，丛生，无分枝。叶退化呈鞘状，深绿色，包裹茎基部。总苞片线形、叶状，着生于茎顶，20片左右，伞状；小花序穗状，夏、秋开花；花小，淡紫色，不明显(彩图 181)。地下具短粗的根状茎。还有花叶旱伞草，茎秆和叶片上具白色条纹；宽叶旱伞草，叶状苞片较宽，9～12片，呈三角状轮生。

【生长习性】 原野生于非洲热带河岸，喜温暖湿润，耐阴而不耐寒，生长适温20℃～30℃，冬季不低于5℃为宜。夏季应稍遮荫，冬季应有充足光照。

【繁殖方法】 分株或扦插繁殖。分株常结合换盆进行，将母株分成若干小丛，另行盆栽。扦插时，剪取茎顶部分，保留茎秆3厘米，剪短伞状苞片到5厘米，将茎部扦入沙床，保持湿润，10余天可生根，并从总苞片上生出许多小苗，然后分栽。也可播种，在20℃左右，10余天可出苗，等苗适当大小可分栽，但一般不用。

【栽培管理】 砂壤土种植。生性强壮，易栽培，盆土应常保持潮湿，夏季避强光照射；冬季盆土可稍干燥，根据株高需要进行施肥，如不需植株高大，可少施肥。

旱伞草翠绿清秀，株丛繁茂，可盆栽，也可配置假山奇石，制作盆景。南方暖冬地区，可露地种植，池畔、溪边、假山配制，都可增添野趣。

地涌金莲 (Ensete lasiocarpum)

芭蕉科象腿蕉属植物。产于我国云南中西部海拔1450～2500米的山间低坡处。

【形态特征】 多年生常绿草本花卉。地上部假茎1米高。叶片长椭圆形，长约50厘米。花序出于假茎顶，莲座状，由多片金黄色的苞片组成；苞片基部着生小花2列，每列花4～5朵，花序下部花为雌花，上部花为雄花。大型黄色苞片形成的花序是观赏对象(彩图182)。果被密毛，种子球形，黑褐色。

【生长习性】 喜温暖、湿润、光照。但忌强光，耐半阴。能耐短期0℃左右低温。要求疏松、肥沃、排水良好的砂壤土，应常保持湿润。

【繁殖方法】 分株或播种繁殖。分株繁殖，早春或秋季将假茎与相连的匍匐茎吸芽作为一个整体与其他部分切离另栽。播种繁殖时，20℃播种，约20天出苗。

【栽培管理】 栽培土壤应疏松肥沃，夏季避免强光照，应置于半阴处，并常向植株周围喷水，保持环境湿润及土壤湿润；花后假茎枯烂，应铲除假茎，促使新假茎生长。

常盆栽观赏或布置花坛中心。

蝎尾蕉 (Heliconia rostrata)

芭蕉科蝎尾蕉属植物。原产于南美阿根廷至秘鲁一带。

【形态特征】 多年生常绿大型草本花卉。高达2米。叶具长柄，叶片椭圆形。花梗自叶腋抽出后向下弯垂；花序长达60厘米以上，具鲜艳大苞片10多枚；苞片鲜艳，红色，边缘金黄色；花黄绿色，春末夏初开花(彩图183)。

【生长习性】 喜高温、光照、湿润环境，耐半阴，忌强光照。

【繁殖方法】 分株繁殖为主，也可播种繁殖。

【栽培管理】 栽培土壤用疏松、肥沃、排水良好的砂壤土。常向植株周围喷水，保持环境有较高湿度，土壤应常保持湿润，夏季应避强光照，置于遮阳棚下养护，冬季室温不应低于18℃，以25℃左右为宜。

花叶艳山姜 (Alpinia zerumbet cv. Variegata)

姜科山姜属植物。原产于我国及印度。

【形态特征】 多年生常绿草本花卉。株高1～2米。叶短圆状披针形，有短柄；叶长50厘米，宽10余厘米；叶面绿色，有羽状黄色斑纹。夏季开花。圆锥花序，下垂；花漏斗形，乳白色，顶端红色，唇瓣黄色有紫红色条纹(彩图184)。花叶艳山姜是艳山姜的园艺变种，艳山姜叶片绿色，也常用于观赏栽培。地下具根状茎。本属用于观赏栽培的尚有花叶山姜，植株矮小，叶1～3片，叶具不同色斑，花红色；斑叶山姜，株高1米，叶长25厘米，叶面有白色斑块；红花月桃，株高2～5米，叶绿色，圆锥花序，长30厘米，苞片红色，花白色。

【生长习性】 喜高温、多湿、光照，耐阴畏寒，适宜生长温度 20℃～30℃，冬季不低于 5℃。光照不足，叶色变淡。

【繁殖方法】 分株繁殖。春季挖出地下根茎，剪除地上茎叶，分割种植。半阴处养护，出苗后可正常管理。也可播种繁殖，采种后需及时播种，在 25℃～30℃条件下半个月可发芽。

【栽培管理】 地栽或盆栽。壤土种植。在我国南方冬暖的沿海地区，露地种植，四季常青。北方温室内地栽或盆栽。生长期 1 个月施肥 1 次，磷、钾肥为主，盆土应常保持湿润。盛夏应避强光，置半阴处，叶面斑纹会更明显。

花叶艳山姜，叶色秀丽，室外栽种可点缀庭院，盆栽可点缀厅堂及楼道走廊。

银脉单药花 (Aphelandra squarrosa cv. Dania)

爵床科单药花属植物，金脉单药花的变种。原种产于南美巴西。

【形态特征】 常绿亚灌木。常扦插盆栽，呈草本状。茎直立，少分枝。叶长椭圆形，叶脉及中肋白色；单叶对生，有光泽。花序生于茎顶；由金黄色的苞片组成，苞片内开黄色唇形花，开花时间不长，但鲜黄色的苞片可宿存较长时间，形似花朵，秋季开花(彩图 185)。尚有金脉单药花种植，叶脉淡黄色。

【生长习性】 喜温暖、湿润、明亮散射光照，土壤常保持湿润，越冬温度不低于 10℃。

【繁殖方法】 扦插繁殖。易生根。

【栽培管理】 要求土壤疏松肥沃，常用腐叶土或泥炭土加一些砂壤土及有机肥配制，土壤常保持潮湿。开花时应保证充足的水分供应。每月追施液肥 1～2 次。

紫背万年青 (Rhoeo discolor)

鸭跖草科紫背万年青属植物，又名蚌花。原产于墨西哥和西印度群岛。

【形态特征】 多年生常绿草本花卉。叶披针形，叶面绿色，叶背紫红色。茎叶稍多汁，叶腋处着生花序。白色小花着生于紫红色的两片蚌状大苞片内，苞片形似蚌壳，故名“蚌花”(彩图186)。

【生长习性】 喜温暖、湿润，但也耐干旱，畏寒，冬季室温不应低于10℃，要求半阴环境，避免强光直射。

【繁殖方法】 分株或用侧芽扦插繁殖。

【栽培管理】 栽培土壤用腐叶土或泥炭土加少量基肥配制而成。生长季节半月施液肥1次；盆土应常保持湿润。强光影响生长，可将花盆置于半阴环境。10℃以下停止生长，因此冬天最好置于10℃以上环境。老株下部叶片常脱落，失去观赏价值，可将上部有叶片的部分剪下，直接插入盆中，放较阴湿处，20天左右可生根。待新叶长出时，移置光线稍强处，正常管理。

豆瓣绿 (Peperomia obtusifolia)

胡椒科豆瓣绿属植物，又名圆叶椒草、椒草。原产于南美热带、亚热带地区的温暖、潮湿的地方，近年我国有许多品种引进。

【形态特征】 多年生常绿花卉。茎叶稍肉质，株高20～40厘米，叶片卵圆形，叶柄及茎红色。肉穗状花序细长(彩图187)。常见栽培的有花叶豆瓣绿，叶面上有乳白色斑块；金黄豆瓣绿，叶片几乎全是黄色。

【生长习性】 喜温暖、散射光光照，喜湿润也较耐稍干燥的环境。适宜生长温度20℃～30℃，越冬温度10℃以上。

【繁殖方法】 扦插繁殖。通常枝插，剪取带茎尖的枝条10厘米，直接插于种植土壤中，置半阴处，保持微潮，20℃～25℃条件下半个月生根。也可用带叶柄的叶片，将叶柄插于砂床，保湿

20余天可生根并在叶柄基部长芽，不需加盖塑料薄膜。

【栽培管理】 盆栽土壤通常用腐叶土或泥炭土加一些砂壤土及有机肥配制；生长季节每月施肥1次；茎叶肉质，能蓄水，较耐干旱，对水的要求不高，盆土保持潮湿即可，太湿反易引起根茎腐烂。

本属植物用于观叶的种类很多，按株型分有直立型、丛生型及蔓生型3类，最为常见并广为种植的有以下几种。

茎直立型：红边豆瓣绿，植株及叶形很像豆瓣绿，不同之处是叶片稍斜，叶缘紫红色，叶片也较大。轮叶椒草（又名条纹叶椒草），叶片披针形，每节有叶3~4片轮生，叶面有深绿与近白色的浅绿色条纹交替，十分美丽，株高多在10厘米左右，是一种非常适合桌面摆放的小型而又美丽的花卉。

叶丛生型：西瓜皮椒草，茎短，叶丛生，叶柄红褐色，叶面有绿白相间的花纹，颇似西瓜皮色(彩图188)。皱叶椒草，茎极短，叶丛生状，叶心形多皱，叶柄红褐色，叶绿色。也有红色的红皱叶椒草。

垂枝型：茎细弱，蔓生，下垂生长，更适合盆栽垂吊于空中。如垂枝豆瓣绿，叶心形，先端尖，枝下垂，长可达1米；花叶亮叶椒草，蔓生草本，叶卵形至椭圆形。

豆瓣绿属植物品种甚多，叶美而较易栽培，也较适应我国北方室内较干燥的环境。较耐阴，植株一般也较小，高多在20厘米以内，繁殖也较容易。特别适宜窗台及书桌摆放，因而受到人们的欢迎。

猪笼草 (Nepenthes mirabilis)

猪笼草科猪笼草属植物。主要产于东南亚及澳大利亚等热带地区，我国广东也有。

【形态特征】 多年生常绿草本或半木质化蔓性花卉。叶互生，长椭圆形，全缘；中脉粗而明显并延长为卷须，末端形成一小叶笼，瓶状，瓶口边缘加厚，上有小盖。瓶长大后，瓶盖张开，不能再闭合。笼色以绿色为主，有褐色或红色条纹或斑点，有的笼色以红色为主；大的叶笼容积可达350毫升，小的叶笼高仅3厘米，容积5毫升左右；笼内壁光滑，小虫一旦掉入，很难爬出，并被内壁分泌的消化液逐渐消化，作为营养吸收。雌雄异株，总状花序，但花并无观赏价值，叶笼是人们最感兴趣之处(彩图189)。

【生长习性】 喜高温、高湿、稍荫蔽环境。生长适温25℃～30℃，应不低于20℃。

【繁殖方法】 多扦插繁殖，也可压条繁殖，自然界中以种子繁衍后代。将枝条剪成含2～3节的小段用水苔包住下端，在高温高湿环境下约20天可生根。也可将生长的枝条叶腋下部环割一圈外皮，用水苔包扎，生根后切取。

【栽培管理】 盆栽基质常用水苔或泥炭土配肥料而成。花盆应用多孔花盆，以利于透气并防止水分过大。高湿环境是栽培中最重要的条件，同时也需要较高的温度，应不低于20℃，冬天室内可不遮光，夏天最好吊垂于遮阳棚下，这样既通风，光照也较适宜。盆栽用水最好用软水或低钙质水，在生长季节可追施含氮较多的稀复合肥，一般在0.3%左右为宜。

猪笼草原种有70种，我国广东产1种，目前作花卉栽培的都是些园艺品种，叶笼色彩艳丽，是一种观赏性与趣味性都很强的植物。

君子兰 (Clivia miniata)

石蒜科君子兰属植物。原产于南非山区林下，我国引种不到100年，但种植已相当普遍。

【形态特征】 多年生常绿草本花卉。叶基部紧密抱合而呈假鳞茎，具粗壮发达的肉质须根。盆栽株高多在50厘米以下。叶侧生于植株两侧；叶面光亮，具花纹，宽条带状至长椭圆形；叶长20～50厘米不等，叶宽5～10厘米。花莛自叶腋间抽生，高25～

50厘米；顶生伞形花序，着花10余朵，花漏斗形，花被6片；多橘红色，也有黄色花品种(彩图190)。浆果球形，成熟时紫红色内含球形种子3粒。冬、春或秋天开花。本属常见种植的有垂笑君子兰，株型大，叶片长而狭窄，叶质较薄，花下垂，橘黄色，花筒细长。

【生长习性】 喜温暖、湿润、半阴、通风良好环境；忌高温，怕强光。要求土壤疏松透气、保湿性好。

【繁殖方法】 播种繁殖为主，也可分株繁殖。

【栽培管理】 由于根系长而发达，要求花盆高深；栽培土壤最好用市售君子兰土（以泥炭土为主配制），也可用腐叶土加沙及饼肥配制。冬季可置于室内光照处，夏天应置于室外遮阳棚下或房屋北侧强光照不到的地方。浇水要掌握见干见湿的原则，常湿易烂根。夏季应喷水增湿降温。花盆应3~5天转动180°，使两侧叶片一字形排列，以免光照引起叶片散乱，影响株形美观。半个月至1个月施液肥1次。夏天天热，植株呈半休眠状态，应停止施肥，减少浇水，盆土保持微湿即可。

君子兰花大叶美，挂果期长，是人们喜爱的观叶、赏花、观果植物。我国有一大批君子兰爱好者，并培育出了不少优良品种。垂笑君子兰株型高大，丛生，株幅也大，多用于会场布置及庭院栽培。

肖竹芋 (Calathea spp.)

竹芋科肖竹芋属植物。原产于南美，由于叶片极具观赏性，近年我国引种多种。

【形态特征】 多年生草本花卉。植株多不高大，一般株高多在50~100厘米。地下具根茎，根出叶。叶单生，叶柄长，叶片光滑，具光泽和多种美丽的花斑；叶多椭圆形或宽箭形，新叶与老叶也常有不同的色彩变化。花序穗状或圆锥状，自叶丛中抽生。是一类深受人们喜爱、广为种植的观叶植物。

【生长习性】 喜温暖、湿润、明亮散射光照。盆土应疏松、肥沃、保水，生长适温16℃～28℃。

【繁殖方法】 分株繁殖。每株应具3～4片叶，有利于成活形成新株。

【栽培管理】 盆栽土壤常用泥炭土或腐叶土混合粗沙，及腐熟有机肥配制。植株应遮光40%～60%，忌强光直照。每1～2个月追肥1次；春、夏为生长旺季，要给予充足的水分；空气湿度高，生长旺盛。冬季呈半休眠状态，应控水并停止施肥。每1～2年盆株拥挤时于春季分株。

本属引种种类极多，常见的有以下几种。

孔雀竹芋，原产于巴西，叶卵状椭圆形，叶柄紫红色，叶主脉两侧分布着卵形或长椭圆形斑块，斜生，左右交互排列，极似孔雀开屏，叶背紫红色，也极为美观(彩图191)。

天鹅绒竹芋，原产于巴西，株高约50厘米，叶柄长40余厘米，叶面具天鹅绒状的深绿色或浅绿色斑块，叶背紫红色。

玫瑰竹芋，叶宽大，卵圆形，长15～25厘米，叶中部至叶脉有绿色与浅绿色相间的斜向条纹。近叶缘处有乳白色条纹，十分华丽。

金花竹芋，又名黄苞竹芋。叶浓绿，丛生状，高出叶丛的花序上端着生着耀眼的橙黄色苞片，形若一朵鲜花。苞片基部着生小花，花瓣橙红色，萼片玫瑰红色。苞片生存持久，形如久开不凋的一朵黄花(彩图192)。

圆叶竹芋，株高近50厘米，叶片圆形，叶面淡绿，沿羽状侧脉有6～10对银灰色条斑。

箭羽竹芋，株高40厘米，叶箭形，叶缘波状，叶中脉两侧沿侧脉处有圆形或长圆形褐色斑块，十分华丽。

女王竹芋，株高30厘米，叶长椭圆形，主脉两侧有华丽的白色散射状条纹。

银纹竹芋，又名银影竹芋、丽白竹芋等。叶宽椭圆形，长10～15厘米，宽5～10厘米，叶面中央为大片淡银灰色，几近白色，叶缘绿色，叶背褐红色。

黄斑竹芋，株高50厘米，叶片长椭圆形，叶面翠绿色，具淡黄至深黄大小不等的斑块，沿侧脉分布。

本类植物叶片华丽，近年引入国内约有几十种。

花叶竹芋 (Maranta bicolor)

竹芋科竹芋属植物，又名双色竹芋。原产于巴西。

【形态特征】 多年生常绿草本花卉。植株较矮，多在20厘米以下。叶也较小，长10～15厘米，宽6～10厘米；叶主脉两侧为浅绿色纹带，并具紫红色斑，为美丽的观叶植物(彩图193)。花小，白色，不显著，也不具观赏性。

【生长习性】 喜温暖、湿润和半阴的环境。在稍阴暗的环境也能摆放月余。生长适温20℃～30℃。

【繁殖方法】 分株或扦插繁殖。剪取成熟的枝条，剥去下部叶鞘，插于20℃～30℃环境中，保持较高的湿度，1个月可生根。

【栽培管理】 参见肖竹芋类植物。本属常见的另一种植物为红脉豹纹竹芋，又名红脉竹芋，植株高30厘米以下；叶椭圆形，长10～15厘米，侧叶脉红色，主叶脉两侧具黄绿色斑块，形成条形彩斑，十分华丽。

非洲紫罗兰 (Saintpaulia ionantha)

苦苣苔科非洲紫罗兰属植物，又名非洲堇。原产于非洲东部凉爽潮湿山区。

【形态特征】 茎极短而不明显，因此植株呈无茎多年生草本状。植株高多在10厘米左右，株幅约10～15厘米。叶基生，肉质，叶柄长；叶片圆形或长圆状卵形，叶背常带紫色，叶片具绒毛。花常数朵簇生于花莛，1株可同时抽出花莛2～3枝。花径4厘米左右，一朵花开花通常10天左右，如环境适宜，1年可开花3～4次，每次开花1～2个月，主要开花于冬、春，夏季炎热，很少开花(彩图194)。

【生长习性】 喜凉爽、湿润、半阴环境。

【繁殖方法】 分株或叶插繁殖，大批量繁殖用克隆技术。

【栽培管理】 根系非常细弱，因此盆土必须十分疏松、透气、常用草炭土、珍珠岩、蛭石等配制，或用腐叶土、珍珠岩与沙混配。非洲紫罗兰为室内花卉，应施复合肥，浓度以不超过0.3%为宜，10～15天浇施1次；花前可用含磷、钾多的复合肥，栽培环境应凉爽、湿润，明亮散射光照处最好，但也较耐稍暗环境。是室内优秀的小盆花品种，花、叶雅致，极适室内窗台、桌案摆放。

非洲凤仙花 (Impatiens hybrid)

凤仙花科凤仙花属植物。由几种非洲产的凤仙花杂交而成，现在各国有广泛种植。

【形态特征】 多年生草本花卉，常作一年生种植。株高20～40厘米不等。全株肉质，较脆易折，光滑无毛。叶互生，卵形，叶缘有细锯齿。花腋生，花径5厘米左右，多单瓣，也有重瓣品种，花有距。花极为丰满，常布满全株，花色多种；花期长，除夏季开花较少外，春、秋开花很盛，冬季室内温暖时也可开花(彩图195)。本杂交种由何氏凤仙、苏丹凤仙等杂交而成。

【生长习性】 喜温暖、湿润、散射光照环境；适宜生长温度15℃～25℃，要求土壤疏松肥沃，通常的砂壤土可用于种植。

【繁殖方法】 播种繁殖为主，也可扦插繁殖。种子较小，要求播种土壤细碎平整，20℃～25℃下10余天可发芽，通常3个月可开花，早花品种2个月即可开花。湿沙扦插或水泡，20℃左右，10余天可生根。

【栽培管理】 栽培土壤可用疏松肥沃的砂壤土及适量的有机肥配制；株高10厘米时可定植花盆，再大可定植于花坛。定植时可摘心，促侧芽萌发，多开花。多适宜于半阴环境下生长，但目前也有一些品系耐全光照，但对夏季烈日忍耐性仍较差。

多用于花坛种植或家庭盆栽种植。

本属常见种植的尚有新几内亚凤仙，是杂交品种，叶披针形，叶缘有齿，叶绿色或红铜色；花大而美，花色丰富。繁殖方法同非洲凤仙，但要求更为疏松的土壤和较高的环境湿度，更喜欢半阴的栽培环境。栽培基质以泥炭土为主，适量添加一些粗沙或珍珠岩，要求基质常保持湿润，耐光、耐旱性远不如非洲凤仙，但花极美，深受人们欢迎，多为家庭种植，温度保持20℃左右可全年开花不断，低于7℃易死亡。

非洲菊 (Gerbera jamesonii)

菊科非洲菊属植物，又名扶郎花。原产于南非，现各国多作盆花与切花种植。

【形态特征】 多年生常绿草本花卉。叶基生，长椭圆形、羽状浅裂或深裂。开花时叶丛中抽出花莛，盆栽花花莛多在30厘米以下，切花品种高可达50厘米。头状花序，花径10厘米左右，周边舌状花1至数枚，花瓣披针形，有红色、橙红色、黄色、粉色、白色等多种颜色(彩图196)。

【生长习性】 喜温暖、光照、通风良好的环境。要求疏松、肥沃、排水良好的微酸性沙质壤土。生长适温15℃～25℃。

【繁殖方法】 分株繁殖。种子繁殖易发生变异，通常用于育种。大批量生产用克隆技术。

【栽培管理】 栽培土壤应有30厘米深的土层，要求疏松、肥沃、基肥充足。盆栽土壤常用腐叶土或泥炭土混以砂壤土及有机肥配制。冬季室温15℃以上，夏季不超过26℃，可保持全年开花。稍具耐寒性，长江以南冬季适当遮盖可露地过冬。春、秋生长旺季应加强肥水管理，5～10天施肥1次，氮、磷、钾用量比例为15：8：25。

高型品种是世界著名的切花，单花寿命可维持7天左右；矮生品种用于盆花，家庭种植或花坛布置。

鹤望兰 (Strelitzia reginae)

旅人蕉科鹤望兰属植物，又名极乐鸟花、天堂鸟花等。原产于南非。

【形态特征】 多年生常绿草本花卉。株高1米左右。地下具肉质根系，茎不明显。叶基生，两侧对称，由地上茎盘长出；叶柄粗长，近1米，叶长椭圆形，长30余厘米。花茎从叶丛中生出，花序顶生，与上部叶片位置等高，花序水平生长；佛焰苞苞片绿色，边缘具黄色晕；花4～8朵露出苞片，从花序基部向端部依次开放，花的外3片橘黄色，内3片蓝色，花鲜艳夺目，似仙鹤引颈遥望。冬、春开花，可达2个月之久(彩图197)。原产地由小鸟传粉，在我国需人工授粉才可结种，约3个月种子成熟。

【生长习性】 喜光照，而不耐强光；喜冬暖夏凉的气候。要求环境湿润，土壤疏松、深厚、肥沃。不耐寒。

【繁殖方法】 播种或分株繁殖。种子成熟后应随采随播，25℃～30℃条件下半个月可出苗，约3年才能开花。

【栽培管理】 株型大，根深，盆栽应选用较大的盆。盆土需疏松，拌腐熟有机肥。夏季置阴凉处，或早、晚见光处，避开中午光照。环境应常喷水，降温增湿；生长季节，半个月施有机液肥1次。冬季应置于室内光照处，室温应在10℃以上，在20℃以上光照充足的环境下才能开花。

本属尚可见到白花鹤望兰，佛焰苞深紫色，花白色；大鹤望兰，佛焰苞褐红色，萼片白色，花瓣蓝色。这两种植株高大，可达8米，花色不及鹤望兰，常见于大型温室供观赏。

鹤望兰株形优美、花更引人注目，是极美丽的花卉，也是高档切花。适于厅堂及大型会议室、宾馆摆放，也可家庭盆栽。

观赏凤梨 (Bromeliaceae)

观赏凤梨，泛指用于观赏用的一类凤梨。它们分属许多属，但在栽培管理和形态上都有一些相似之处，为简便起见，一并介绍。它们多为附生性植物，附生于热带林中树枝上，有一些为地生类植物，如艳凤梨，为菠萝属植物凤梨的变种；还有一些气生类植物，悬挂于空气中，从空气中吸收水分和养分，如铁兰属的一些种。这些植物主要产于中南美，约有50属2 500种左右。常见观赏栽培的仅是其中的一小部分。它们多于20世纪90年代引入我国，在花卉市场占有重要位置。

【形态特征】 长条形的叶从茎上长出，叶长短、宽窄各异。茎高低有别，但幼苗期都是茎短、叶片呈辐射状向四周散开呈莲座状，只是开花前有的茎可快速生长，高出地面几十厘米，如果子曼属植物。有的茎仍很短，如五彩凤梨属，茎仅几厘米，并且为叶所包围，难以看见。附生类凤梨根系并不发达，根纤细而坚韧，根数也不多，主要起附着固定作用，很少吸收营养，它们的叶则有吸收营养的作用。地生类凤梨，根系发达，具重要的吸收水分及养分功能；花序为圆锥花序、穗状花序或头状花序，花生于苞片的腋中，多不明显，苞片为叶的变态，故又称苞叶，具有美丽的色彩，为主要观赏对象。花后植株死亡，不能二次开花，常于基部产生数个蘖芽。

【生长习性】 喜温暖、湿润、光照较弱的环境。大多数种类适宜生长温度为20℃～30℃，不应低于15℃。

【繁殖方法】 用长大的蘖芽扦插繁殖，大规模生产用克隆技术。

【栽培管理】 盆栽的观赏凤梨，栽培基质常用泥炭土并加入一些木炭粒和沙，使盆土通风透气，如泥炭土3份加木炭粒及沙各1份；也可用水苔、树皮、蕨根、松针或其他材料，但必须排水、透气性能良好。由于凤梨的根吸收作用很弱，不需要从盆中吸收大量养分，所以用盆要稍小些。观果凤梨，如艳凤梨属地生种类，可用一般培养土，也可用附生性凤梨用的栽培基质，但盆中需有充足的营养与水分供应。施肥以叶面喷施为主，叶片基部的叶面有鳞片，具吸收功能，生长季节可每周喷1次0.1%～0.2%的氮、磷、钾（1∶0.5∶1）复合肥，叶面喷肥是主要的施肥方式，根部施肥仅起补充作用。冬季可停止施肥，环境空气相对湿度最好为50%～75%，低于40%生长缓慢，叶片干涩。太潮湿则易徒长并产生病害，环境应通风。冬季室温不应低于15℃。水分以喷水为主，比浇水更重要，因其既可提高环境湿度，也可满足植物对水分的需要。盆中也需适当浇水，但水大会引起基质通透性不良，造成烂根。叶片中心常被叶围成筒形，花前叶筒也可浇些水供植物需要。弱光下种植，叶片柔软的观赏凤梨更喜欢半阴环境，光照强时需适当遮荫。有些叶片较硬，需稍强的光照，以保持叶色鲜艳。多数观赏凤梨最佳生长温度为20℃～25℃，夏季以25℃～30℃为宜，稍高一些也无妨。冬季不应低于10℃，当然能达15℃更好，更有利于过冬，昼夜温差10℃对生长有利。凤梨类植物生长缓慢，一般小型种从扦插至开花需1年左右，大型种需1年半或更长时间。实生苗从幼苗到开花则需3～5年，若要提早开花，常在植物生长到一定成熟程度时（随种类而异）喷乙烯利溶液或用乙炔液处理可使植株提前开花，如将0.5%～1%的5毫升乙炔液倒入叶筒，或100～300毫克/升乙烯利倒满果子蔓属或丽穗凤梨属植物的叶筒，都可促使植株提前开花；也可叶面喷施，喷湿即可，上午喷1次，1周后上午再喷1次，喷后2天内不浇水，也可获得良好的结果。喷后需照光，故不能晚上喷；且需要稍干的环境，所以喷后2天内不浇水。处理后植株开花时间随处理时植株大小、品种而异，也与温度有关，一般需要数周，长者需3～4个月，家庭种植少量植株，可将植株与两个熟苹果密封于塑料袋中一段时间，苹果烂熟过程中可产生乙烯，促进开花。

常见栽培的观赏凤梨如下。

美叶光萼荷，光萼荷属植物，又名蜻蜓凤梨。叶宽，被蜡质灰色鳞片，穗状花序阔圆锥状，苞片淡红或深红色，有小花上百朵，初开蓝色，后变红色，花序观赏期3～4个月。本属观赏植物还有许多，如玛雅光萼荷、金心光萼荷等。

艳凤梨，凤梨属植物，食用凤梨的一个花叶品种，叶心绿色，叶缘金黄色，果小而艳美，果顶常有冠芽。

果子蔓，果子蔓属植物，又名锦叶凤梨。叶缘无刺，花茎高出叶面30～70厘米不等。基部叶绿色，茎叶下部绿色，越向上端叶色越亮丽；上部带色的叶状苞片是观赏对象，花生于苞片基部。园艺品种很多，常将苞片红色的统称红星，黄色的称黄星。常见栽培的还有火炬，花序穗状，形如火炬；圆锥果子蔓，又名松球果子蔓，穗状花序圆锥形，形似松球状，植株大型，也较名贵。

彩苞凤梨，又名莺歌凤梨，丽穗凤梨(彩图198)。丽穗凤梨属，又名鹦（或莺）歌凤梨属植物。花序穗状，单枝或分枝，苞片艳丽，小花生于苞片内。花序形状多种，苞片多为红色或黄色，或基部红色，苞片边缘黄色，花序极美。如常见的红剑，花序单枝，长如剑。安妮莺歌，小型种，花茎鲜红色，复穗状花序，每个小花序基部1～2片苞片为红色，其余部分鲜黄。

三色彩叶凤梨，彩叶凤梨属植物(彩图199)。莲座状叶丛扁平，叶片宽，叶中央是黄色条纹，花序隐生于叶丛中，花小也不美，蓝紫色，但花前中心叶会变为红色，观赏期可达半年。本属常见的彩叶凤梨，叶为宽带状，绿色，花前叶丛中央叶片变为鲜红色。

紫花凤梨，铁兰属植物，是本属中著名的观花种(彩图200)。叶细窄，花序自叶丛中抽出，花序扁平，由粉红色苞片对生组成，花紫红色，由苞片内伸出，也有白花品种。

三色彩叶小凤梨，姬凤梨属植物，为本属中体型较大的品种，叶片长约20厘米，宽3厘米，叶中央有纵向绿色条斑，叶缘乳黄色，叶色鲜艳，十分美观。

水塔花，水塔花属植物，叶带形，绿色，紧密抱合成莲座状，中心明显成为杯状。小花多无梗，苞片大而明显，色彩鲜艳，惟观赏期较短。

七、藤本类花卉

龙吐珠 (Clerodendrum thomsonac)

马鞭草科赪桐属（大青属）植物，又名麒麟吐珠。原产于非洲。

【形态特征】 多年生常绿小型藤本花卉，盆栽常呈攀缘状灌木。茎长可达2~5米，幼茎4棱。叶对生，狭卵形至卵状长圆形，全缘。聚伞花序生于茎端或叶腋；花长5~6厘米，花萼白色，呈5棱形，顶端5裂；花冠深红色，从花萼中伸出，状如吐珠，花柱与雄蕊突出花冠外，十分美丽，春、夏开花(彩图201)。核果球形，淡蓝至紫红色，秋季成熟。盆栽常修剪成灌木状或绑扎成各式盆花。

【生长习性】 喜温暖、湿润、光照。不耐寒，也不耐强光照。冬天室内过冬，室温不应低于10℃。夏季应遮光50%，要求疏松肥沃的沙质壤土。

【繁殖方法】 分株或扦插繁殖，也可种子繁殖。老株根部常萌发蘖芽，生根后可分割分栽。春、秋两季可扦插，20℃左右保湿，20天左右生根。

【栽培管理】 肥沃疏松的砂壤土种植，土壤微酸性更好。每月追施肥水，注意保持环境有较高的湿度，可在地面及植株周围常喷水。夏季最好置于半阴处，生长季节应有充足的肥水。冬季应置室内光照处，盆土微潮不干即可。可修剪成灌木状，也可搭架引导攀缘。

龙吐珠花形奇特，雪白的花序上点缀着鲜红色小花冠，红白对比鲜明。

龟背竹 (Monstera deliciosa)

天南星科龟背竹属植物，又名电线兰。原产于中美洲热带雨林中。

【形态特征】 多年生常绿藤本花卉。茎粗壮，老株蔓长可达10多米，具深褐色气生根，如电线状。幼叶心形，无孔，长大后成广卵形，羽状深裂；叶具长柄，深绿色。佛焰苞花序，淡黄色(彩图202)。常见栽培的有变种花叶龟背竹,叶面具黄色斑纹；多孔龟背竹，又名迷你龟背竹，茎匍匐状，长30～50厘米，叶长卵形，叶缘与中脉间有孔数个。

【生长习性】 喜高温、湿润、半阴环境。不耐寒，忌强光和干燥。生长适温20℃～30℃。温度低于15℃，易受寒害。

【繁殖方法】 扦插繁殖。可剪取茎顶10～15厘米，带叶1～2片，直立插入沙床，保温25℃～30℃下，1个月可生根，中部茎段及下部茎段可带叶斜插，无叶者可平插。插前可光照1～2天，或涂草木灰后再插，以防伤口腐烂。如温度低至20℃，则需2个月生根。也可压条繁殖，立冬时，将茎端部分的气生根埋入另一盆中；在茎上切一深口，伤口深为茎粗的2/3，翌年春叶腋长出新芽后，从切口处割断，新株另栽。

【栽培管理】 盆栽土壤可用疏松砂壤土或泥炭土混沙，加适量腐熟有机肥。盆土常保持湿润，盛夏地面及叶面每日可喷水数次。生长季节，每半个月施肥1次。盆株夏季置放半阴处，避免强光直射。地栽植株应靠墙壁，让茎蔓沿墙壁向上生长。

龟背竹叶形奇特，株形优美，耐阴。常用于室内种植，装饰客厅、书房及大厅。

常春藤 (Hedera helix)

五加科长春藤属植物。原产于北非、欧洲、亚洲亚热带及温带地区。

【形态特征】 多年生常绿、蔓生花卉。蔓长可达数米，枝条常生有气生根。营养枝的叶片通常3～5裂，生殖枝的叶片多呈菱形；叶片绿色或具多种斑纹镶嵌(彩图203)。

【生长习性】 喜温暖、湿润、半阴环境。耐湿而不耐旱，能耐0℃低温，某些品种耐北方－10℃的寒冷。

【繁殖方法】 扦插繁殖。20天左右生根。

【栽培管理】 生性强健，对土壤要求不严，一般土壤都可种植，只要保持土壤湿润即可。绿叶品种耐光性较强，可作室外攀援植物或绿篱种植；花叶品种在明亮的散射光下叶色更美，更适宜室内小盆种植，在明亮光照下可长期摆放。肥水不必大，以防徒长，节间变长。

菱叶粉藤 (Cissus rhombifolia)

葡萄科白粉藤属植物，又名葡萄藤。原产于美洲南部。

【形态特征】 多年生常绿藤本花卉。叶由3小叶组成，小叶具叶柄，叶片菱形，具裂，叶光亮(彩图204)。本属常见栽培的有锦叶葡萄，原产于我国、印度及东南亚；藤本，单叶互生，长卵心形，叶柄和叶背红色，叶面绿色，具银白色至淡粉色斑块；沿中脉具较细的紫红色条斑。

【生长习性】 喜温暖、湿润、明亮的散射光，怕强光。生长适温15℃～20℃；冬季不低于10℃，低于10℃叶片易变黄，失去光泽，并受寒害。

【繁殖方法】 扦插繁殖。选当年嫩枝，长15～20厘米，插于插床或水中，在20℃～25℃下，半个月可生根。

【栽培管理】 砂壤土种植。耐旱性较差，生长季除正常浇水外，叶面应常喷水，保持较高的空气湿度。半个月施肥1次，盛夏应适当遮荫，冬季应放室内明亮光照处，可少浇水，多喷水。

常盆栽，悬挂观赏。

叶子花 (Bougainvillea spectabilis)

紫茉莉科叶子花属植物，又名三角花、三角梅、宝巾、九重葛。原产于巴西，我国各地都有种植。

【形态特征】 常绿攀缘藤木花卉。藤长可达10余米，盆栽常修剪成灌木状。单叶互生，卵形，先端渐尖，全缘。花生于新梢顶端，观赏的由有色的3枚叶状苞片组成，呈三角形排列；小花3个，分别着生于3枚叶状苞片内，花顶与苞片中脉合并，苞片卵状椭圆形，质薄如纸，色彩鲜艳，呈紫红色、红色、粉红色、橙黄色、黄色、白色等，小花黄绿色至近白色(彩图205)。开花期主要在冬、春，也可延至夏季，有的品种春、夏开花。经短日照处理(每天光照8小时) 50天左右可开花。国庆节布置花坛用花都是经短日照处理而开花。

【生长习性】 喜温暖、湿润、光照充足；喜肥水，不耐寒，对土壤要求不严，但在疏松、肥沃、排水良好的砂壤土中生长良好。

【繁殖方法】 扦插繁殖。剪取1～2年生枝条，沙插或泥插，在20℃～30℃下，1个月左右可生根。

【栽培管理】 栽培土壤最好用肥沃的沙质壤土，因喜欢强光照，即使夏天也可置露天光照之下；光照不足，新生枝细弱，也不利于以后开花。喜肥水，生长期可10天施稀肥1次，并应充分供水。生长较快，应常修剪整形，剪去过密的膛枝，以利于通风透光。冬暖地区，可室外地栽并搭棚设架，引导攀缘；冬冷地区多盆栽，修剪成灌木状，天冷后入温室，室温不应低于7℃，否则易引起落叶，如温度超过20℃，在冬季短日照的条件下可开花。冬季需水少，可控制喷水，防止水大烂根。

叶子花花色艳丽，花多，花期也长，是良好的庭院花卉，也常用于布置花坛，是我国国庆节的重要花坛花卉。

金银花 (Lonicera japonica)

忍冬科忍冬属植物，又名金银藤。原产于我国及朝鲜半岛、日本。

【形态特征】　常绿或半常绿藤本花卉。单叶对生，卵状椭圆形，长5厘米左右；幼叶两面有毛，后渐脱落。花初开白色， 2天后转黄；一棵植株，黄、白花共存，故名金银花；花冠筒细长，长3～4厘米，花冠二唇，下垂片大，有4裂(彩图206)。开花期4～6月份，花芳香，常用作药材，也有变种红金银花，花蕾粉红。

【生长习性】　喜光照也耐阴，耐寒，耐旱，对土壤要求不严。生性强健，适应性强，栽培于光照处，肥沃的砂壤土中种植更好。

【繁殖方法】　分株、压条或扦插繁殖。

【栽培管理】　粗放管理型庭院花卉。每年冬前于根际周围施有机肥1次，早春修剪掉枯残枝即可，无需多管理。

常用作篱墙栏杆绿化或作小型棚架，花开季节，黄白相映，清香宜人。

台尔曼忍冬 (Lonicera tellmanniana)

忍冬科忍冬属植物。为我国的盘叶忍冬与美国的一种盘叶忍冬杂交而成，1981年引入我国。

【形态特征】　落叶攀缘藤本花卉。单叶对生，长椭圆形，花序下的1～2对叶合生成盘状。花序由3～4枚花组成穗状花序，生于枝端；花冠2唇，花冠筒细长；5～6厘米，橙色，4～10月份开花不断，尤以春夏之交更盛，但不结籽(彩图207)。

【生长习性】　喜温暖、光照，稍耐寒，也耐旱，对土壤适应性强，碱性、酸性土壤均能生长。

【繁殖方法】　扦插或压条繁殖，易生根。

【栽培管理】　生长强健，栽培成活后土壤干时浇水，每年冬前施肥1次即可，早春修剪枝条。

台尔曼忍冬常用于攀援篱架，花多，花期长。

凌　霄 (Campsis grandiflora)

紫葳科凌霄花属植物，又名紫葳、中国凌霄。原产于我国中部。

【形态特征】　落叶藤本植物。具气生根，以气生根攀缘他物向上生长，藤长可达数十米。奇数羽状复叶，对生，小叶7或9枚，多者11枚，但多9枚；小叶长卵形，叶缘有粗齿，叶两面无毛。圆锥花序顶生，萼筒浅绿色；花冠钟状漏斗形，端5裂，橙红色，花冠6~8厘米，外面橙黄色，内面橙红色，开花期5~9月份(彩图208)。果豆荚状。本属常见种植的有美国凌霄，落叶藤本，长数十米；小叶7~13枚；萼筒棕红色，花冠筒长，花冠较凌霄稍小，冠径3~4厘米，花橙红色至深红色，开花期7~9月份，由于耐寒，在我国种植较广。原产于美洲，园艺品种也多。

【生长习性】　喜温暖、光照，也较耐阴，耐干旱，耐寒性稍差。在背风向阳的肥沃土壤中生长良好。

【繁殖方法】　多用扦插或压条繁殖，也可分株或播种繁殖。扦插，于早春剪取前一年枝条，易生根；在生长季节，将蔓生枝条节处压入土中，更易生根。

【栽培管理】　生性强健，易栽培管理。早春种植，坑中施基肥，栽种后浇足水，易成活。栽植后，牵引上架或爬山石均可，也可修剪成垂枝或灌木状。每年春季施肥1次，使之花繁叶茂。每年落叶后，应整枝修剪。

凌霄常用于美化棚架或攀缘假山、墙垣屋顶，花开季节红花绿叶，十分美观。

硬骨凌霄 (Tecomaria capensis)

紫葳科硬骨凌霄属植物，又名南非凌霄、四季凌霄。原产于南非。

【形态特征】 常绿半蔓性灌木。枝细长，高可达5米。叶对生，奇数羽状复叶，小叶5～9片，卵形，叶缘锯齿状，小叶柄极短近无。花序总状顶生，具花数朵；花橙红色，漏斗形，冠筒略弯曲，长5厘米左右，雄蕊及花柱伸出花外，夏、秋开花(彩图209)。

【生长习性】 喜温暖、湿润，不耐寒，喜光照也耐半阴，不耐干旱，忌水湿。

【繁殖方法】 扦插繁殖。在我国除西双版纳外，其他地方种植均不能结实，故一般都用扦插繁殖。春末至夏初用1年生枝条或夏季用半硬枝枝条扦插，遮荫，1个月左右可生根。也可压条繁殖。

【栽培管理】 肥沃砂壤土种植。除华南及西南冬暖地区可露地越冬外，其他地区多盆栽，冬季置5℃以上室内，如室温能保持10℃ 以上更好。生长季节应有充足的肥水，盆土表面干时即可浇水，喜较湿润的环境，干旱季节可常向叶面及植株四周喷水。北方多在秋天开花，冬季室温高，光照好也可开花。

硬骨凌霄花色鲜艳，除盆栽外，也常制作盆景，十分秀丽。

紫　藤 (Wisteria Sinensis)

豆科紫藤属植物，又名藤萝、朱藤。原产于我国，有广泛分布。

【形态特征】 大型落叶攀缘植物。主枝粗状，树皮灰白，奇数羽状复叶互生，小叶7～13枚，长椭圆形至卵状披针形，全缘；嫩叶有毛，老叶毛脱落，总状花序下垂生长，长15～30厘米，每1个花序可着花上百朵；蝶形花，紫色，芳香(彩图210)。果长15～30厘米，内含种子2～4粒，春季开花。也有白花品种，名银藤。

【生长习性】 喜光照，耐旱，耐寒，也稍耐水湿，耐瘠薄土壤。在我国大部分地区均能越冬。

【繁殖方法】 播种、扦插或压条繁殖，春天播种，播前温水浸种1～2天，约1个月出苗。扦插，可于晚秋将当年生健壮枝条埋入土中，春天挖出，截成20厘米长茎段，扦插保湿，2个月可生根。也可将枝条某处环割表皮，压入土中，生根后与母株分离另栽。

【栽培管理】 紫藤属大型攀缘植物，枝粗叶茂，定植前应根据园林设计，搭永久性棚架，常用混凝土柱做架。定植穴应施足基肥，促使苗木快速生长，早日遮盖棚架。紫藤生性强健，适应性强，易栽培管理，由于花芽多着生于枝条下部，因此可控制一些侧枝的生长，剪短一些新生侧枝，减少养分消耗，有利于这些新生侧枝在秋后分化花芽，翌年可多开花。

紫藤主要用于绿化大型棚架，为人们提供纳凉休息场所。春天紫花满架，甚为壮观，也可令其攀缘高大枯树，构成枯木逢春景观；也可修剪成半垂枝式灌木状，点缀花园。

猕猴桃 (Actinidia chinensis)

猕猴桃科猕猴桃属植物。原产于我国，后引入国外，育出了许多优良品种。

【形态特征】 落叶藤本花卉。幼枝密生黄褐色绒毛。叶互生，广卵形至广椭圆形，藤长10～15厘米。多雌雄异株，单花或聚伞花序腋生；花初开白色，后变黄，花径5厘米；春天开花，秋季果熟，浆果椭圆形，棕色并具绒毛，具种子多枚(彩图211)。

【生长习性】 喜温暖、湿润、光照、半阴环境，耐寒，成株可耐－25℃低温，幼苗耐寒性稍弱。华北冬季干旱， 大苗可在 －15℃以下安全过冬，一般都可在背风向阳处安全过冬。

【繁殖方法】 扦插繁殖，可保存品种性状。播种常用于育种。

【栽培管理】 植株大型，栽培土壤应土层深厚、肥沃，最好选背风向阳处种植。需立棚架，供攀缘。庭院种植常既想观花又想得果，由于雌雄异株，若种一株难得两全。若种的是雌株，可在植株上嫁接一枝雄株枝条，供开花传粉；若种的是雄株，可嫁接一枝雌株枝条，并让其充分生长，多结果实。每年冬前应施基肥，花后挂果，应不断追肥浇水，以满足结果对肥水的大量需求。应在冬季及生长季适当修剪。

猕猴桃是著名水果，既可观花又可观果，还可作庭院遮荫棚架。本种原产于我国，20世纪30年代新西兰从我国引种，培育了许多优良品种，并被多国引种，我国猕猴桃种质资源丰富，应加强新品种培育。由于猕猴桃是雌雄异株，庭院单植一株是难以结果的。

使君子 (Quisqualis indica)

使君子科使君子属植物。原产于我国南部及南亚一带。

【形态特征】 落叶藤本花卉。高可达8米。叶对生，长椭圆形，端尖。散房状穗状花序顶生，下垂；萼筒细管状，长达7厘米；花瓣5枚，椭圆形，初开白色，逐渐变红，花径2.5厘米，故一株植物常见红、白二色花(彩图212)。夏、秋开花。蒴果纺缍形，有5棱，内含种子1粒。

【生长习性】 喜温暖、湿润、光照，适宜生长温度15℃～30℃，宜微酸性沙质壤土种植。

【繁殖方法】 播种、扦插或压条繁殖。秋收种子沙藏，春天播种；可嫩枝扦插，也可挖取地下根状茎切段，埋于沙床，发根成苗。

【栽培管理】 肥沃砂壤土种植；及时浇水，管理粗放，北方盆栽，冬季应置5℃以上室内。

多用于垂直绿化，也是著名的中药材，种仁有驱蛔虫、蛲虫之功效，但量大可引起眩晕、呕吐、呃逆，常作绿篱、棚架植物，美化环境，花多而美。

爬山虎 (Parthenocissus tricuspidata)

葡萄科爬山虎属植物，又名爬墙虎、地锦。原产于我国、朝鲜半岛、日本。

【形态特征】 落叶藤本花卉。具分枝卷须，卷须端有吸盘，可爬上高大建筑。单叶互生，宽卵形，先端多3裂，基部心形，叶长10余厘米。6月份开花，花小。果小。秋天叶变红，也颇有观赏价值(彩图213)。

【生长习性】　耐寒，耐旱，阳处、阴处都能生长，对土壤及气候适应力强，在肥沃、水足的地方生长更好。

【繁殖方法】　扦插、压条或播种繁殖。春季扦插易生根，压条更易生根。

【栽培管理】　管理粗放，生长健壮。由于枝条攀缘，枝叶面积大，需消耗大量养分与水分，应常浇水、施肥，供枝叶生长所需。常见一些楼房边的植株，由于疏于浇水，尤其夏季，出现枝干叶枯现象，甚至死亡。

爬山虎茎蔓纵横，常种植于庭院墙壁、棚架、绿篱及公路桥头，具很好的绿化效果。绿化楼房墙壁，可降低室温。对二氧化硫等有害气体有较强抗性，也宜作厂矿绿化材料。爬山虎种类较多，各地都有一些地方品种，可选择使用。

八、灌木类花卉

乳　茄 (Solanum mammosum)

茄科茄属植物，又名五指茄。原产于美洲热带地区。

【形态特征】　小灌木，株高1米。茎上密生白色茸毛，散生倒钩刺。叶对生，阔卵形，叶缘浅裂；叶长10～15厘米。花单生或数朵聚成腋生聚伞花序，花紫色。果圆锥形，长5～10厘米，果基部有乳状突起4～5个。果黄色至橙色，果面光滑(彩图214)。

【生长习性】　喜暖热、湿润、光照充足，不耐寒。对土壤适应能力强，微酸性、中性、甚至微碱性土壤均能种植，也耐瘠薄。但以土层深厚、排水良好、肥沃的土壤为好。不耐干旱和水湿。

【繁殖方法】　播种繁殖。秋天果熟后，取出种子备春天播种。

【栽培原理】　春天播种，保持盆土湿润，在20℃～25℃条件下，10天左右发芽。苗2～3片叶时分植，10余厘米高时可定植于花盆或露地。半个月施肥1次，花开时增施磷、钾肥。天热干燥时，花粉不易散开，可辅以人工授粉。

果实形状奇特，金黄，耐贮，因而很受人们喜爱。冬天落叶后，果满枝头，是春节瓶插观果的佳品，也可碟装摆于桌上观赏。由于果形奇特，适于春节摆放，装饰居室，人们又给予了一些吉祥名字，如五世同堂，黄金万两等。

巴西茄 (Solanum capsicasprum)

茄科茄属植物。原产于非洲，可能由巴西引入而得名。

【形态特征】 原种为小灌木，在我国常作一年生种植。株高1米左右。单叶互生，椭圆形，叶缘有波状浅裂，全株有短毛。花小，白色。果为浆果，直径5厘米左右；秋季果实成熟，橙红色，表面有纵沟(彩图215)。

【生长习性】 喜温暖、光照，耐干燥，喜肥，光照不足对开花结果不利。适宜生长温度16℃～28℃。

【繁殖方法】 播种繁殖。春播，20℃条件下7～10天出苗。

【栽培原理】 肥沃的砂壤土种植。在充足的光照下半个月追肥1次，土干应及时浇水。植株秋天结果，为使植株直立，结果后可立支架。

果实美观，为观果植物。

牡　丹 (paeonia suffruticosa)

毛茛科芍药属植物。原产于我国西北部，全国各地多有栽培，以黄河流域与江淮流域各省尤多，国外也多从我国引种。

【形态特征】 落叶小灌木。高1～2米，肉质直根系向下生长，无横生侧根。叶互生，二回三出羽状复叶，具长柄；顶生小叶卵圆形至倒卵圆形，先端3～5裂，基部全缘；侧生小叶长卵圆形。花单生，两性，顶生，直径10～30厘米不等，原种花瓣5～6枚，现栽培种多为重瓣花；花色多种，有紫色，红色、粉色、黄色、白色、绿色等(彩图216)。花后结蓇葖果、密被短柔毛，内有种子10枚左右。春季开花。

【生长习性】 喜光照、温凉，较耐寒，不耐湿热，耐干燥，适宜中性砂壤土种植。适应性强，南至广东，北至黑龙江均有种植，能耐冬季－29.6℃低温与夏季40℃的高温。

【繁殖方法】 分株或嫁接繁殖。种子繁殖主要用于培育新品种与实生苗作砧木用。分株在黄河中下游以国庆节前后为宜，更晚难以生根，影响成活。南方可稍晚，而北部可稍早。嫁接可用芍药根或牡丹实生苗嫁接，黄河中下游地区多于9月上旬进行嫁接，成活率高。芍药根粗度应在2厘米以上，长度15～20厘米，牡丹实生苗应用2～3年生苗。芽接则用牡丹苗，5～9月份都可嫁接。

【栽培管理】 露地种植。盆栽催花多用于一次性观赏。地栽应选择地势高燥，排水良好的砂壤土种植，土壤应疏松肥沃。栽前应对根进行修剪，最好用0.1%的硫酸铜液或5%的石灰水浸泡半小时，进行消毒，然后用清水冲洗后种植，黄河中下游地区栽种时间以9月下旬至10月上中旬为宜，其他地区可适当调节种植时间，过晚不利于生根，降低成活率。春、秋季干旱可各浇水1次。早春发芽前结合浇水，施肥1次，称“花前肥”；花后施肥1次，冬前施肥1次，以使牡丹花大色艳。通常1株牡丹留主干3～5枝，春季常在根际萌生一些不定芽，应及时除去，秋后应剪去内向枝、交叉枝及病残枝，使植株生长平衡。常有叶斑病等病害，可于花前、后各半个月喷1次等量式波尔多液，喷数次。

牡丹常用于春节盆栽观花，可在春节前2个月上盆，置于温室，白天控制在20℃～25℃，夜间10℃～15℃，每天向植株喷水2～3次，地面洒水增加湿度，春节即可开花。

牡丹是我国名花，孤植、片植都可。各地常成片种植多个品种，形成春天一景。

山茶花 (Camellia japonica)

山茶科山茶属植物，泛称茶花。原产于我国南方及日本，现为多国引种。

【形态特征】 常绿灌木或小乔木。叶互生，椭圆形或卵形，长5～10厘米，先端渐尖，叶缘有锯齿；叶面光亮，叶柄短粗。花两性、常单朵或2～3朵着生于叶腋或枝顶；花径10厘米左右，单瓣或重瓣；花多红色、粉红色或白色，品种繁多，花姿极美，是深受我国人民喜爱的花卉。开花期冬初至春末，花期甚长(彩图217)。常见栽培的还有云南山茶，云南特产，云南露地种植，花大，花径可达8～16厘米，广州、上海等市多有引种，但多温室栽培，不耐寒，5℃～6℃便可受冻害；茶梅，常见于南方露地种植或盆栽。

【生长习性】 喜温暖、湿润、半阴环境；稍耐阴，忌强光照与干燥环境，生长适温18℃～25℃，喜疏松、肥沃、微酸性土壤，偏碱性土壤种植难以成活。

【繁殖方法】 扦插或嫁接繁殖。南方多在梅雨季节的6月份或初秋（8月下旬至9月上旬）扦插，扦插枝用当年生健壮的半硬枝条5～10厘米，留2个叶片扦插，遮荫保湿，月余可生根。嫁接多用山茶实生苗或油茶作砧木，劈接。

【栽培管理】 在南方常地栽或盆栽；北方只能盆栽，冬季温室过冬。一般品种能耐 -5℃低温，原始种的单瓣种可耐 -10℃低温。地栽种应选择排水良好的砂壤土种植，最好附近有树遮荫，施肥可于初春施追肥促进春梢生长和开花；第二次可于6月份追肥，促进夏梢生长，植株健壮；秋末冬初可再施肥1次，促进开花。修剪应轻修剪，只需修去弱枝、过密枝及病害枝即可，不能强度修剪。开花前常萌生大量花蕾，消耗大量养分，为防止营养消耗过度，应疏去花蕾，每枝留1～2朵花即可。盆栽茶花管理大致与地栽相同，雨季防盆中积水，旱季则需常浇水，并于早、晚喷水，夏、秋高温季节应遮荫降温，北方盆栽茶花夏、秋季节最好置遮阳棚下或建筑物北侧早晚见光、地也潮湿的地方。北方水质多不利于茶花生长，土壤偏碱性易引起植株死亡，应半个月施1次0.2%的硫酸亚铁溶液，或施矾肥水，改良土壤，使土壤保持微酸性。北方天气干旱，不利于茶花生长，应地上多喷水，创造一个湿润的环境条件。

茶花具很高的观赏价值，在南方或地栽或盆栽，美化庭院；北方盆栽，是人们十分喜爱的盆花。

杜鹃花 (Rhododendron spp.)

杜鹃花科杜鹃花属植物。在世界有广泛分布，我国是杜鹃花的分布大国，全世界有900余种，我国就产500余种，主要产于西南地区，有乔木，也有灌木，作为花卉种植的都是经杂交选育的小灌木。我国主要种植的为西鹃和毛鹃两类，此外，尚有来自日本的东鹃与夏天开花的夏鹃。

【形态特征】 西鹃，由荷兰、比利时育成，在我国花卉市场占最大份额，主要特征是植株矮小，株高多在20～50厘米，枝叶密集；叶长椭圆形，长3～5厘米；花大而多，花径7～10厘米，花形花色极为丰富(彩图218)。另一类为毛鹃，又称毛叶杜鹃或大叶杜鹃，植株高而健壮；叶长椭圆形，长10厘米左右，叶面，尤其是嫩叶有毛；花色主要为红、粉、白色，单瓣，花大而多(彩图219)。东鹃，花小而密集，花径仅2～4厘米，多单瓣花。前3类自然花期在4～5月份，夏鹃花期在5月下旬至6月份，晚1个月。春节花市的杜鹃开花都为催花所致。

【生长习性】 喜凉爽、湿润、通风、半阴环境，忌强光与高温，适宜生长温度15℃～25℃，可耐0℃低温，超过30℃生长转缓。

【繁殖方法】 扦插或嫁接繁殖。扦插多于夏初或早秋进行，以夏初较多。西鹃插后2个月生根。毛鹃约1个月可生根。常用毛鹃作砧木，嫁接西鹃，毛鹃生活力强，易成形，且一株毛鹃上可接多个品种西鹃，成为什锦杜鹃。

【栽培管理】 杜鹃花根纤细，喜酸性土壤；要求环境湿润，光照不强。因此，盆栽土壤必须疏松、通气、排水良好，并呈酸性。根据这一原则，盆土常用泥炭土、松针土（呈酸性）、腐叶土及粗沙配制并掺入适量有机肥，盆土应常保持湿润，土干易引起根系死亡，环境空气相对湿度最好维持在70%左右，至少不应低于50%。为此应常向植株周围喷水。北方土壤多呈中性或弱碱性，常发生缺铁症，表现为嫩叶发黄，可叶面喷0.2%的硫酸亚铁溶液，补充铁元素，也可于春、秋生长季节每半个月施1次稀矾肥水，可保持盆土呈弱酸性，保证铁元素的供应。天暖出室后，应搭遮阳棚或置房屋北侧仅早晚可见光的地方，以避免强光照射。常向盆花周围喷水，降温增湿。盆土表土干时即可浇水。花期不必施肥，等花期过后半个月可追施稀液肥。杜鹃多在8月份前后孕蕾，此时可增施磷、钾肥，促进花蕾的发育。天冷应停止施肥，只在盆土干时适量浇水。天冷时可置5℃左右低温有光照室内存放。如需开花，可移入20℃光照室内，20余日可开花。花后应修剪疏枝。

杜鹃花目前已成为我国冬季重要的节日花卉，深受人们喜爱。

月　季 (Rosa chinensis)

蔷薇科蔷薇属植物，由我国古老的月季花与欧洲的一些蔷薇杂交选育而成，与古老的月季花有很大差异，又称现代月季，简称月季。现世界各地，除热带与寒带外有广泛种植。

【形态特征】 常绿或落叶灌木。一般株高在2米以下，茎具刺。叶互生，奇数羽状复叶3～5片，叶缘有粗锯齿。花多顶生，单花或数朵簇生，单瓣或重瓣，作为园艺品种，多为重瓣种；花色多种，除黑色与蓝色外，几乎各种花色都有；凡生长季节都有花开。温带地区，花期多在5～10月份，花美而香，享有“花中皇后”美称。常见栽培的月季主要有杂种茶香月季、丰花月季、藤本月季、微型月季4类。杂种茶香月季，花大而美，芳香，品种最多，是人们最喜欢栽培的一类(彩图220)。如和平、红双喜、明星等都是人们喜欢的名种，切花用月季也都属这一类群；丰花月季，花繁而多，较小，花瓣质厚，勤开，一枝常具数朵花，抗晒性强，常见于路旁(彩图221)；藤本月季多用于绿篱、小棚架；微型月季花小而多，植株也小，常盆栽。

【生长习性】 喜温暖、光照、空气流通的环境。适宜生长温度15℃～30℃，能耐－15℃低温。某些品种可耐更低的温度。夏季高温常处于半休眠状态；喜疏松、肥沃、排水良好的中性沙质壤土。

【繁殖方法】 扦插或嫁接繁殖。扦插多于春天第一批花后，用半硬枝扦插或于10月份用当年生硬枝扦插，翌年春天移苗。嫁接常用白玉堂、七姐妹等蔷薇植物作砧木，多用芽接，也可切接或劈接。

【栽培管理】 定植通常于早春进行，可不带土团裸根定植；如果植株发芽，则必须带土团定植。定植前，穴坑应施足基肥。通常于早春萌芽时结合浇水，施有机肥或化肥1次，促进幼枝生长与花蕾的形成，春天月季花常开放2次，可于第一批花后再施肥浇水1次，促进第二批花开放。第二批花后进入夏季。夏季高温，月季处于半休眠状态，可轻修剪1次，不能施肥，以免产生伤害。秋天是月季开花的又一个盛季，可于花前1个月追肥1次，促进秋花盛开。冬前可于植株周围再施肥1次，并培土，以防月季在冬寒地区受害。花前还应做好剥蕾工作，某些大花杂种茶香月季品种，常一枝着生数个花蕾，为了得到大花，每枝只留1个花蕾，早期剥去侧蕾。

修剪是一项重要的日常工作，通常1株留主枝4～5个，均匀分布，距地面0.5米左右短截，每枝保留侧枝1～2个，侧枝短截，留芽2个。修剪应掌握强枝高剪（又称轻剪）、弱枝短剪（又名重剪）的原则。即修剪时，强壮枝适当留高一点，多留几个侧枝，分散生长势；弱枝多剪一些，仅留1～2个短侧枝或芽，使长势集中，新枝健壮，赶上其他枝条的生长，使植株有一个较圆整的外形。丰花月季与微型月季只做轻剪，仅剪去整株的1/3，适当多留枝条，使之保持花繁叶茂的性状；对于藤本月季，通常很少修剪，有时只需打顶，使各枝条按需要牵引生长，但对衰老枝条及根部发生的过多枝条，应适当修剪，使生长旺盛，开花繁多。

月季易患白粉病、黑斑病，并易受蚜虫、红蜘蛛为害，应随时注意防除。

月季是庭院中的重要花木，在美化环境中有重要作用，开花期长，深受人们欢迎。切花常用作家庭装饰及礼仪用花。

蔷　薇 (Rosa multiflora)

蔷薇科蔷薇属植物，又名野蔷薇、多花蔷薇。原产于我国，各地多有种植。

【形态特征】　落叶蔓性灌木，可成藤本状，也可修剪成灌木状株丛。株高多在2米以下，枝条长可达4～6米；枝条匍匐状，具刺，分枝力强。奇数羽状复叶，小叶7～9片，卵形至长圆形，边缘具细齿，似小型月季叶。花序常生有多花，圆锥形聚伞花序，单瓣或重瓣；花白色至粉色；每年春季开花1次。主要变种有白玉堂，花白色，重瓣(彩图222)；七姊妹,叶片较大，花常7～10朵簇生；荷花蔷薇,花重瓣，粉色，多花，似荷花状；粉团蔷薇，小叶5～13片，花径3厘米，单瓣粉红色，多花簇生。

【生长习性】　喜光照，耐寒，在我国北方大部分地区可露地越冬。对土壤要求不严,耐旱怕涝,在土层深厚肥沃土地生长良好。

【繁殖方法】　扦插、分株或压条繁殖。扦插易生根，春天硬枝扦插，春末夏初半硬枝扦插都易成活。枝条细长，匍匐在地上生长，稍用土压，即可生根，可分离另植。

【栽培管理】　生性强健，栽植穴施入基肥，成活以后可不再施肥，但春季应浇水，保证春天大量开花、萌发新枝的需要。

蔷薇常用作花篱、小型棚架，也可任其在地上匍匐生长。花开时节，花虽不大，但花多，十分壮观，有着强烈的美化效果。由于抗病性强，根系发达，易繁殖，常作砧木嫁接月季，嫁接苗生长快，植株强壮。

玫 瑰 (Rosa rugosa)

蔷薇科蔷薇属植物。原产于我国北方及朝鲜半岛、日本。

【形态特征】 落叶直立小灌木。株高多在2米以下，枝干多刺。奇数羽状复叶，小叶5～9片，矩圆形至椭圆倒卵形，先端略尖，表面多皱纹。叶缘具尖锯齿。花单生或数朵聚生；多为紫红色，也有白色变种；花单瓣或重瓣，花径6～8厘米，浓香，每年开花1次，5～7月份开花(彩图223)。果实扁球形。

【生长习性】 生性强健，喜光，耐寒耐旱，但不耐水淹，可忍耐−20℃低温，对土壤要求不严，但在疏松湿润的砂壤土生长良好。

【繁殖方法】 分蘖力强，因此常挖取分蘖苗另植。也可在早春进行硬枝扦插或生长季用嫩枝扦插。

【栽培管理】 多露地种植，每穴种植3～4根枝条，每年初冬施有机肥1次，并浇冻水，也可早春再施肥1次，促进枝条粗壮，开花繁盛。

玫瑰常用于庭院种植，孤植，点缀风景；也可组成花篱，因刺强硬，可起到美化环境与防护作用。

黄刺玫 (Rosa Xanthina)

蔷薇科蔷薇属植物。原产于我国北方，现全国各地广有种植。

【形态特征】 落叶灌木。株高2米左右，丛生；枝条褐红色，具皮刺。叶互生，奇数羽状复叶，小叶7～13片不等，小叶椭圆形，叶缘有锯齿。花黄色，单生于叶腋，单瓣或重瓣；开花期在春末夏初，北京地区多在5月初(彩图224)。果实近球形，直径仅1厘米，秋季红色，但很少结果。

【生长习性】 喜光照，稍耐阴，耐旱，耐瘠薄土壤，怕水涝，耐寒力强，在我国绝大部分地区可露地种植。

【繁殖方法】 分株或扦插繁殖。分株于早春将地上枝条剪去2/3，将植株挖出，分割种植。扦插，可在冬前冷床扦插或早春扦插，或夏季嫩枝扦插，都易生根。

【栽培管理】 定植时施基肥，浇水。成活后一般不必再施肥浇水。小苗期花后应对枝条短剪，促发新枝，多年生大株只需适当疏剪、造型。

黄刺玫是我国北方常见的花灌木，株丛大，可种植于光照充足的空旷地；因有一定耐阴性，也可种于建筑物旁，半天见光也可；也可栽植成篱垣，既可赏花，也有一定的防护作用。

贴梗海棠 (Chaenomeles lagenaria)

蔷薇科木瓜属植物，又名铁角海棠。原产于我国，南北各地多有种植，外国也多有引种。

【形态特征】 落叶灌木。高1～2米，小枝有刺。单叶互生，叶椭圆形，叶缘有锯齿，托叶大。花梗极短，3～5朵贴枝条而生，故得名贴梗海棠。花径3～4厘米，单瓣5枚；花色多红色、粉色、偶有白色，花开稍早于叶，或花、叶同时开放(彩图225)。果长卵形或球形，芳香，大小随品种而异。春天开花，秋天果熟。有的品种通常只开花，不结果。

常见的栽培变种有木瓜海棠，叶深绿色，光亮，花、肉红色，果黄色或红色；龙爪海棠，枝弯曲，呈龙爪状；芒刺海棠，又名木桃，叶刺有芒状锯齿，花淡黄色或白色，果微黄，略酸。本属见于栽培的尚有木瓜，主产于山东，落叶小乔木，花单生于有叶嫩枝上，淡红色或白色，果椭圆形，较大，金黄色，芳香，蒸熟糖渍可食，也可作药用。矮海棠，植株矮小，高不足50厘米，花簇生，红色；梨果球形，黄色。

【生长习性】 喜温暖、光照，耐寒，耐旱，也耐瘠薄，但以深厚、肥沃、疏松土壤为好，可耐－20℃低温。

【繁殖方法】　分株或扦插繁殖。早春分株，栽种时可剪去上半部枝条，利于成活。剪下的枝条可扦插，保湿，月余可发根成苗。也可用半硬枝条，5月份扦插，易生根。

【栽培管理】　栽培成活后，应于花后追肥1次，促进果实生长。6月下旬至7月上旬是花芽分化重要时期，可追肥促进花芽分化，以利于翌年开花。冬季应进行修剪，将隔年开过花的老枝短剪，留枝30厘米，促发花枝。对枯枝、交叉重叠枝、徒长枝都应剪除。生长季节常有蚜虫、红蜘蛛为害，应喷药防除。

贴梗海棠品种多，花繁色丰，是常见的春天观花植物，适于庭院、路边、草坪旁种植。冬天节日观花，可先移入花盆中，置冷凉处，然后移入15℃～20℃室内，仅25～30天可开花。也常制作盆景观赏。

榆叶梅 (prunus triloba)

蔷薇科梅属植物。原产于我国华北地区，现各地广有种植。

【形态特征】　落叶灌木，栽培中常整形成小乔木状。株高多在2～4米，枝干红褐色，树皮呈剥落状。单叶互生，阔椭圆形，先端渐尖，叶缘具锯齿。花单生或2朵并生，花径3厘米左右，粉红色，重瓣或半重瓣，春季开花。先花后叶或同时展放。叶似榆叶，花似梅花，故而得名(彩图226)。果小而不能食用。重瓣种多不结果。

【生长习性】　喜光，不耐阴，耐寒，耐旱，也耐瘠薄，怕涝。适宜中性土壤生长，也耐微碱性土，但不适于酸性土壤生长。

【繁殖方法】　嫁接繁殖。常用毛桃或山桃作砧木嫁接繁殖。早春切接，立秋前后芽接。

【栽培管理】　栽培土壤以肥沃的砂壤土为宜。早春移植，易成活，可裸根种植。定植穴应选在不易积水的地方，穴坑中施基肥。花后应对花枝适度短剪，可防止枝条过长，也可促发新枝，使翌年多开花。冬前应施有机肥1次并浇水。榆叶梅为粗放管理型木本花卉。在我国北方有广泛种植，为早春花木。盛花季节，繁花似锦，适合庭院、街心公园种植，孤植或片植都十分美观。

珍珠梅 (Sorbaria kirilowii)

蔷薇科珍珠梅属植物。原产于我国北方，各地多有种植。

【形态特征】 落叶灌木。高一般在2米左右，丛状生长。叶互生，奇数羽状复叶，小叶13～21片，阔披针形，叶缘有锯齿。圆锥花序顶生，较大，花小而密集，白色，夏季开花；花瓣5枚，略似梅花，白色花蕾似雪白的珍珠(彩图227)。

【生长习性】 喜光，也耐阴；耐旱，耐寒，也耐瘠薄。生性强健。在一般土壤中均能良好生长。

【繁殖方法】 分株繁殖或扦插繁殖。植株分蘖能力强，常于早春将植株基部的蘖苗挖出另植。

【栽培管理】 种植时施基肥。成活后不必再施肥，但春季干旱时应浇水。花后应及时剪去残花，冬季剪除老、弱、病、残枝，以利于枝条更新，花繁叶茂。

珍珠梅常见于庭院种植，有耐阴性，也可种植于建筑物的北侧。

棣棠花 (Kerria japonica)

蔷薇科棣棠花属植物，又名黄榆梅。原产于我国及日本，主产于我国华北南部及长江中下游地区。

【形态特征】 落叶丛生小灌木。株高1～1.5米，枝条细。单叶互生，叶片卵圆形至卵状披针形，先端渐尖，边缘有锯齿。花金黄色，花瓣5枚或重瓣；春天至秋天开花，以春天最盛，花径3厘米左右(彩图228)。

【生长习性】 喜温暖、光照，也较耐阴；稍耐寒，但不耐严寒；对土壤要求不严。

【繁殖方法】 多分株繁殖，也可扦插繁殖。硬枝、半硬枝扦插，保湿遮荫、均可生根。

【栽培管理】 露地种植，成活后无需特殊管理。长城以南地区均可种植。在北京地区空旷地上枝梢易受冻，庭院中生长良好。根蘖萌发力强，过几年枝条稠密时应剪除老枝，稀疏枝条才可使植株开花繁茂。

棣棠枝条较细，萌蘖力强，常成丛生长。春天满树皆花，金黄一片，在绿色草坪上种植尤其耀眼，也可作花篱种植。

紫叶矮樱 (Prunus x cistenna)

蔷薇科李属植物。杂交树木。

【形态特征】 落叶小灌木。株高2米左右，冠幅2米左右。单叶互生，叶长卵形或卵状长椭圆形，叶紫红色。花粉红色，单生，春季开花(彩图229)。

【生长习性】 喜温暖、光照，耐寒，耐旱，对土壤要求不高。

【繁殖方法】 嫁接或扦插繁殖。嫁接砧木用山桃、山杏、梅、李均可，以山杏较好。初夏或初秋宜芽接，春、秋可切接。扦插可选用15厘米左右嫩枝扦插，成活率可达80%左右，也可用硬枝于春天扦插。

【栽培管理】 春天种植，种植穴施基肥，成活后由于生活力很强，极易管理，很少有病虫害发生。怕涝，应种植于排水良好处。由于根系发达，吸收力强，因此在肥少、干旱地区也易生长。喜光照，也耐半阴环境。抗寒力强，长城以南地区可露地越冬，辽宁、吉林地区种植于向阳背风处也可安全过冬。分蘖力强，耐修剪，可根据需要造型。从春天发芽至秋天落叶，整株都呈紫红色，且枝叶密集，是良好的观叶树种。

平枝栒子 (Cotoneaster horizontaris)

蔷薇科栒子属植物，又名铺地蜈蚣。原产于我国，主产于北方地区及长江中上游地区。

【形态特征】 半常绿或落叶小灌木。高不足1米，枝条开展、几与地面平行。叶小、长1厘米，厚革质，倒卵形至圆形，全缘。花单生、小，以观果为主。果于秋天成熟，红色，果小而多，可挂果2个月(彩图230)。

【生长习性】 喜光照与温暖，也较耐阴、耐寒，耐瘠薄，适应性强。

【繁殖方法】 播种或扦插繁殖。果实成熟后，除去果皮随即秋播，翌年春季出苗。扦插仅50天左右生根。

【栽培管理】 属粗生易管型植物。栽培地址可选地势稍高处，防止雨季积水，如栽种于稍阴湿的坡地更好，枝条与坡地平行，铺散覆盖坡地，更显美观。栽种成活后无需修剪，可任其生长，如每年冬、春施肥1次，生长更好，不施肥也可。

植株低矮，铺散地面，姿态潇洒，秋、冬红果满枝，常种植于斜坡、草地、岩石园。

倒挂金钟 (Fuchsia hybrida)

柳叶菜科倒挂金钟属植物，又名吊钟海棠。原产于中南美洲的高山林下。现在栽培的多为园艺杂交种，原种栽培的已很少。

【形态特征】 常绿亚灌木。盆栽株高一般在100厘米以下，更多的在30～50厘米，老枝木质化明显。叶对生或轮生，卵形或卵状披针形。花生于枝上部叶腋，花梗细长，因而花下垂；花萼形如钟形，花萼下部连合成筒状，端4裂反卷；花瓣4枚，呈抱合状或微展开，花萼红色、橘红色或白色；花瓣有玫瑰紫色、红色、粉色、白色、不同颜色的花萼与花瓣组成美丽的花朵(彩图231)。同属植物100余种，目前栽培的多为园艺杂交种，尚可见到少数原种栽培，如短筒倒挂金钟，叶对生，花萼裂片长于下部联合的筒部，筒部常呈圆球状，绯红色，花瓣蓝紫色；长筒倒挂金钟，萼筒红色细长管状，萼裂片深绿，花瓣深红色。

【生长习性】 喜凉爽、湿润、半阴环境。适宜生长温度15℃～

25℃，夏季30℃时生长明显不良，35℃则易落叶死亡，冬季低于5℃易受寒害。夏忌酷暑、闷热、日晒、雨淋；冬喜光照、温暖湿润。

【繁殖方法】 扦插繁殖。一般于秋凉后的10月份或早春温室扦插。剪取当年生枝条，每枝3～4节，保留枝端2片小叶，其余去掉，插入素沙土中一节，置阴凉处，喷水保湿，在15℃～20℃条件下约15天可生根。

【栽培管理】 栽培土壤可用肥沃的砂壤土与腐叶土各半混合。小苗高5～10厘米时即可摘心，促使分枝，一般每株保留3～5个分枝即可；如欲养成高秆大株型，则可在苗高30厘米以上时再摘心，根据需要整形。小苗摘心后，1～2个月后新枝长大即可开花。在生长季节，可10天左右施液肥1次。天气转热时，植株进入半休眠甚至休眠状态，应将盆花放置棚下或房北侧，防日晒雨淋，控制浇水，盆土微潮即可，并应停止施肥。

安全度夏是养好倒挂金钟的关键。喜凉爽，忌高温，当气温超过30℃时，生长即处于停滞状态，这时易引起落叶，因此降温极为重要，可将花盆移入遮阳棚或北阳台，地面可洒水降温增湿，也可向叶面喷水，应少浇水，盆土微潮即可。由于天热植株休眠，应停止施肥浇水，否则极易烂根死亡，也应防雨淋，以防盆中积水。如果夏季落叶，可保持盆土微潮，秋天凉爽时，浇水，可逐渐发芽生长。老株抗热性不如幼株强，幼株夏天较少落叶，每年扦插培育幼苗也是一种养好倒挂金钟的措施。倒挂金钟的花常着生于新枝，适当摘心可促发新枝，有利于多开花。

倒挂金钟花美叶美，是优良的盆花，因此深受人们喜爱，冬季宜置室内摆设。在我国夏凉地区栽培更为广泛，也较宜管理。

一品红 (Euphorbia pulcherrima)

大戟科大戟属植物，又名圣诞花。原产于墨西哥及中美洲各国，现世界各地多有种植。

【形态特征】 多年生常绿灌木。盆栽株高多在1米以下。单叶互生，长卵形，端尖，叶缘浅裂。植株茎内有白色乳汁。开花时，枝顶节间缩短，簇生数枚叶状红色苞片，苞片中央有花，但花小而不显著，叶状苞片是观赏对象(彩图232)。短日照植物，因此自然条件下，冬季开花。苞片有红色、粉色、黄色、白色几种，因此又有一品粉、一品白等多种园艺品种，还有苞片数多，呈重瓣状，又称重瓣一品红的园艺品种。

【生长习性】 喜温暖、光照充足、湿润环境，微酸性土壤。

【繁殖方法】 扦插繁殖。春天将老株1年生硬枝剪成10厘米切段，不必带叶，蘸草木灰，防乳汁流出；插后1天浇水，室温20℃以上，30天可生根。也可于夏初剪取嫩枝，保留上部2片叶，并剪除2/3叶片，扦插遮荫保湿30多天可生根。

【栽培管理】 一品红主要用作盆栽，盆土常用带腐叶土的肥沃土壤种植。盆底可施基肥。夏季可在露地光照下种植，15天左右施液肥1次，及时打尖，促发侧枝3~4枝，使株形丰满，肥水大或光照不足易徒长，可用生长抑制剂控制植株生长，使株形紧凑。一品红属短日照植物，进入秋季，光照逐日变短，入冬开花，上部苞片变红。为国庆节用一品红布置花坛或上市也可提前2个月，每日光照9小时，其他时间黑暗处理，节前上部苞叶可变红。也可用扦插成活不久的小株一品红，短日照处理，可形成小株一品红或称掌上一品红，更适合桌上摆放。

一品红是冬季的重要观赏花卉，也是国庆节期间用的重要花卉，观赏期长，一般可观赏2~3个月，常用于居室摆放，花坛及会场布置。

虎刺梅 (Euphorbia milii)

大戟科大戟属植物，又名麒麟花、铁海棠。原产于非洲马达加斯加岛。

【形态特征】 多刺小灌木。枝较细，常向四周半弯曲生长，大株需适当绑架造型。叶倒卵形。花由2片苞片组成，苞片红色或白色，两苞片间具1朵不显眼的小花。这种花卉由于枝条细，花小，现种植逐年减少。更受欢迎、种植逐年增加的为大基督虎刺梅，是一种间杂交种，花大而艳丽，常见有深红色、粉色、黄色、白色等，非常美丽，除炎夏外全年开花，以冬、春最盛(彩图233)。

【生长习性】 喜温暖、光照，耐旱，怕水湿，低温落叶，休眠。

【繁殖方法】 切取茎上部枝条晾干扦插。生长季节均可扦插。

【栽培管理】 肥沃砂壤土种植，耐旱力强，盆土浇水应干透浇透。天暖时置室外种植，天冷时置室内光照处。在20℃左右环境下可全年开花不断，每半个月至1个月施肥1次。

变叶木 (Codiaeum variegatum)

大戟科变叶木属植物。原产于东南亚及太平洋诸岛，现广泛种植的都是一些杂交园艺品种。

【形态特征】 常绿灌木。高1～2米。单叶互生，叶形叶色多种，叶形有卵圆形、戟形、狭线形、条状螺旋形等；叶色也有多种，绿色、粉红色、橙色、黄色、或杂有其他色的斑块或斑点；叶形叶色变化甚大，是著名的观叶树种之一，在世界各地广有种植，栽培品种数百个，花序总状腋生，长15～25厘米，但花小而无观赏价值(彩图234)。

【生长习性】 喜光照、高温、湿润环境。光照不足影响叶色变化。喜黏性肥沃土壤，但砂壤土种植也生长良好。

【繁殖方法】 扦插繁殖。春暖时，取顶部壮枝10厘米，洗去切口白浆，插入沙中保湿，1个月左右生根。

【栽培管理】 生长季节注意保持充分的光照，叶色才能鲜艳。每半个月追肥1次，常喷水保持环境湿润，冬季室温应保持10℃以上。下部叶片脱落光秃时，可重剪，让其重新发枝，更新株形。

变叶木在我国华南地区可露地种植，但在其他地区多盆栽，天冷入温室。由于叶形多姿，叶色变化多端，是布置厅堂、宾馆、会场的优良观叶植物。

红　桑 (Acalypha wilkesiana)

大戟科铁苋菜属植物。原产于斐济群岛，现广泛种植于热带地区 ，我国华南地区也有种植，北方用于盆栽。

【形态特征】　常绿灌木。株高可达3米，盆栽常在0.5米左右。叶互生，卵形，端尖，似桑叶，叶平展或皱旋；叶绿色或古铜色，杂有红色或紫色斑块，叶缘有齿。园艺品种甚多，有金边红桑，叶缘淡黄色；银边红桑，叶缘白色；条纹红桑，叶片古桐色，具红色条纹；斑叶红桑，叶片具红色斑块；彩叶红桑，叶面具红、绿、褐等色斑。叶色和品种与光照强弱有关，在阳光直照下，叶色为深暗红色；弱光下则泛绿色，色斑较淡(彩图235)。雌雄同株，穗状花序。

【生长习性】　喜温暖、光照、较高湿度环境；但夏季应避免强光照。生长适温20℃～30℃，空气相对湿度60%以上，冬天室温以不低于15℃为宜。也耐半阴。

【繁殖方法】　扦插繁殖。初夏剪取当年生健壮枝条。长10厘米左右，剪去下部叶片，扦插于粗沙或蛭石中保湿，20余天生根。

【栽培管理】　盆栽土壤以疏松、肥沃、排水良好的砂壤土为宜。生长季节半个月施液肥1次。对水分反应敏感，不耐湿，也不耐干，土壤应常保持潮湿。干旱季节，可常向地面及叶面喷水，增加空气湿度；夏季强光照时，可适当遮荫，避免强光暴晒，或置花于阴凉处。冬季停止施肥，减少浇水，置室内光照处。

红桑生长较快，耐修剪，如植株偏高，可重剪，压低株高，使植株保持适当大小。红桑叶片密集，叶色娇艳，在南方冬暖地区可作庭院或公园的观叶灌木；北方盆栽，可用于阳台或走廊观赏。

紫锦木 (Euphorbia cotinifolia)

大戟科大戟属植物，又名俏黄栌。原产于墨西哥及其以南的南美地区，我国多用于盆栽观赏。

【形态特征】 灌木或小乔木。株高多在5米以下，盆栽多在1.5米以下。叶红色，卵圆形，长8厘米左右；叶柄长，3叶轮生(彩图236)。花聚集，小，白色。

【生长习性】 喜光照、温暖、湿润环境，畏寒，耐干旱，也耐土壤瘠薄。生长适温15℃～25℃，冬季室温不低于10℃，低于10℃易引起落叶。

【繁殖方法】 扦插繁殖。春末至夏初剪取健壮枝条10～15厘米，待切口流出的白色乳液干燥后插入沙床，在20℃～25℃条件下，20余天生根。也可播种繁殖，但种子成熟后应立即播种，因种子易失去发芽力，在25℃～30℃下，播后20余天出苗。

【栽培管理】 盆栽土壤用富含腐殖质的腐叶土或泥炭土混壤土及粗沙。夏季强光照时适当遮荫或置放于半阴处，生长期浇水不宜过多，冬季应控制浇水，半个月至1个月施肥1次。夏季枝条生长较快，可修剪促发侧枝，压低株高，增加新枝，使植株丰满。

紫锦木植株优美，叶片全年红色，布置花坛或点缀庭院都十分幽雅，也是很好的室内观叶植物。

天竺葵 (Pelargonium hortorum)

牻牛儿苗科天竺葵属植物，又名洋绣球、洋蝴蝶。原产于南非，现各国多有栽培。

【形态特征】 常绿亚灌木。幼株草本状，老株主茎半木质化；盆栽株高通常在30～50厘米，植株具有特殊气味。单叶互生，圆形至肾脏形，基部心形，叶缘浅裂并有波状钝齿；叶面粗糙并常具一圈褐色晕环，嫩枝叶面疏生柔毛。花序伞形顶生，具长花序总梗，挺出叶丛之上；花有总苞，苞内有花数朵至10余朵，每花自有小花梗，花单瓣或重瓣；花色多种，有红色、紫红色、粉色、白色等，尚未见到黄色品种；花期极长，自春到秋花开不断，以春末夏初开花最盛，炎夏开花较少(彩图 237)。种子螺旋状。

【生长习性】 喜温暖、光照，不耐寒，也不耐暑热。喜肥沃、排水良好的土壤。

【繁殖方法】 扦插或播种繁殖。春天选 1 年生壮枝，切段 10 厘米，顶端保留叶 1～2 片，晾干半天插入潮沙中，保湿，25℃时 1 个月左右生根。种子在 21℃～25℃时 7～10 天发芽。

【栽培管理】 天竺葵生长较快，因此要求土壤肥沃，春插苗一般可于秋天开花，播种苗通常经 4～5 个月的精心种植，也能开花。扦插苗与播种苗，苗高 15 厘米左右应摘心，促发新枝。每年早春应翻盆换土 1 次，剪除老根。新枝长出后，每 10 天施液肥 1 次，劳动节可大量开花。夏季炎热，生长变缓，可移至阴凉处，并常喷水防暑增湿降温。秋凉恢复生长，9 月份可进入一个新的盛花期。天冷可移入室内，室温高于 15℃时仍可开花，在低温温室内，温度应在 5℃以上，并进行强修剪，植株因温度低而进入半休眠状态，但应充分光照，少浇水，原则是不干透不浇，浇水只是少量浇水，不能大量浇水。天竺葵耐旱而不耐大水，夏季雨天应防积水，冬天低温下应防浇水多。春天开花后应剪去残花枝及过多枝条，8 月份应整形修剪，入冬则应强修剪，促发春枝健壮、花多。

天竺葵花期长，易栽培，是花坛及家庭种植的优良花卉，花序大如彩球，故名绣球，花色又多，颇受人们喜爱。

本属常见栽培的尚有：洋蝴蝶，又名大花天竺葵，花大，花瓣上有 2 枚明显的斑块，似蝴蝶状，花红色、淡红色、白色，春季开花；蔓性天竹竺，又名盾叶天竺葵，枝条细弱，蔓状，常下垂，叶片盾形，常作悬垂生长，花稍小(彩图 238)；马蹄纹天竺葵，叶中央有一圈明显的褐色蹄纹，以观叶为主，花较小，品种多，叶色美丽，叶色常受光照影响；香叶天竺葵，又称摸摸香，触之叶即散香，花小，淡紫色，叶 5～7 深裂，叶缘有羽状裂，叶片细碎而皱，密被柔毛。

栀子花 (Gardenia jasminoides)

茜草科栀子花属植物。原产于我国长江流域，现我国南北都有种植。

【形态特征】 常绿灌木。株高1～2米。单叶对生，卵形或阔披针形，长10厘米左右，革质；叶面光亮，全缘。花白色，高脚碟状，生于枝顶或叶腋；花萼裂片呈倒卵形至倒披针形，花瓣白色6裂，香味浓郁，春、夏开花。常见栽培的有：大花栀子，花大叶大，花重瓣，叶卵状椭圆形(彩图239)；狭叶栀子，叶披针形，较狭，花重瓣，较小。

【生长习性】 喜温暖、湿润、光照环境和酸性土壤，不耐寒，忌强光照射。

【繁殖方法】 扦插繁殖。易生根，切花水泡时也能长出新根。南方多在梅雨季节嫩枝扦插或夏季水插；北方多在春天或秋天扦插，遮阳棚下，常喷水，月余可生根。

【栽培管理】 栽培土壤应疏松肥沃、酸性。南方常露地或盆栽；北方需盆栽，冬季置温室养护。北方天气干燥，应常向植株喷水，炎夏置疏阴处，植株四周常喷水，增加环境湿度。每半个月追施酸性有机肥（如矾肥水）1次或喷施500倍的硫酸亚铁溶液1次，使土壤保持酸性。掌握见干见湿的浇水原则。每1～2年翻盆换土1次。

栀子花在我国南北方多作盆栽，在南方也用作花篱种植，花美又极香，深受人们喜爱。

龙船花 (Ixora chinensis)

茜草科龙船花属植物，又名英丹花。原产于我国南方及南亚一带。

【形态特征】 常绿小灌木。高1米左右，盆栽多在50厘米以下，单叶对生，叶倒卵形至矩圆状的披针形，长6～13厘米，叶柄极短。伞房花序顶生，密生许多小花呈半球形；小花高脚碟状，花冠筒细长，裂片4，花红色或橙红色；环境适宜可全年开花，但6～8月份开花最盛(彩图240)。

【生长习性】 喜温暖、光照，也稍耐半阴，不耐寒。在长江流域及以北需盆栽，5℃以上过冬，华南和冬暖地区可露地种植。

【繁殖方法】 播种或扦插繁殖。扦插生根较难，常用生根剂处理。

【栽培管理】 土壤应用疏松、肥沃的酸性土壤。生长期应常保持土壤潮湿，周围常喷水，增加环境湿度，夏天应稍遮荫，避免强光照。北方种植应用矾肥水追肥，增加土壤酸度，土壤偏碱及干旱环境植株难以成活。

龙船花花期长，花色艳丽，适宜庭院及盆栽观赏。

扶　桑 (Hibiscus rosa-sinensis)

锦葵科木槿属植物，又名朱槿牡丹。原产于我国及印度，现世界各国广有种植。

【形态特征】 常绿灌木。地栽株高可达5米，但通常在2～3米间；盆栽株高多为0.5～1米。茎直立，多分枝。叶互生，卵形，先端尖；叶缘有粗锯齿，形似桑叶。花大，单瓣或重瓣，花径10～15厘米，单生于叶腋；花色多种，常见的有红色、粉色、橙黄色、黄色、白色等；单花期1～2天，但开花盛期花开不断，冬季室温20℃以上，光照充足仍可开花，炎热的夏天是扶桑的盛花期(彩图241)。

【生长习性】 喜温暖、光照、肥水，排水良好的沙质壤土；不耐寒。

【繁殖方法】 扦插繁殖。剪取10～15厘米长的半硬枝沙土中扦插，枝端留嫩叶3片左右，保湿，半个月可生根。

【栽培管理】 栽培土壤应用肥沃的砂壤土，生长季节，半个月施液肥1次，天热需水量大，应常浇水。喜光，应置光照处；冬天室温低于10℃，易引起落叶。扶桑花期长久，为重要的盆栽花卉和庭院花卉。

金铃花 (Abutilon striatum)

锦葵科苘麻属植物，又名灯笼花、网花苘麻。原产于南美巴西，危地马拉。

【形态特征】 常绿灌木。单叶互生，5～7深裂。花单生于叶腋，花梗细长，钟形花下垂，花呈半开状，橘黄色；花瓣背腹两面具红紫色条纹，雌蕊外伸。5～10月份开花，冬季在温室也能开花(彩图242)。

【生长习性】 喜温暖、湿润、光照，不耐寒。冬季室温不应低于10℃。

【繁殖方法】 扦插繁殖。春天选1年生枝条，秋天选当年半木质化枝条。插条10厘米，保留叶片1～2片，扦插保湿，1个月左右生根。

【栽培管理】 疏松、肥沃、排水良好的土壤种植。幼株应打尖促发侧枝，使植株丰满，多开花。

杂种苘麻，叶形、花色变化大，花有紫色、红色、粉红色、黄色、白色等多种色彩，花呈钟形，也有全部展开者，更具观赏价值，但目前引入尚不多。

金铃花适于盆栽或花坛布置。

木　槿 (Hibiscus syriacus)

锦葵科木槿属植物。原产于我国、印度、叙利亚等国。

【形态特征】 落叶灌木，也可长成小乔木状。株高多在5米以下。单叶互生，卵形，前端3裂，具叶柄。花单生于叶腋，具短梗；花冠近钟形，单瓣或重瓣；花径5～7厘米，多紫红色、红色或白色，晨开暮落；自夏秋开花(彩图243)。

【生长习性】　生性强健，喜光照，也耐半阴；耐寒，也较耐干旱。对土壤要求不严。

【繁殖方法】　扦插繁殖，易生根。

【栽培管理】　露地栽种宜深栽，多生根。成活后无需特别管理，但干旱时应浇水，瘠薄土壤1年应施1次肥，促使植株生长。适当修剪，及时除去枯老枝，使株形美观。

木槿植株较高，树冠冠幅也大，单植于房前、草坪、路边，常年开花不断。对有害气体抗性强，也适合空气污染区种植，是优良的环保树木。

金边瑞香 (Daphne odora var. morginata)

瑞香科瑞香属植物。原产于我国南方，我国各地常见盆栽。

【形态特征】　常绿小灌木。原种瑞香叶绿色，金边瑞香是瑞香的芽变品种。叶互生，多集聚枝顶，长椭圆形；全缘，叶缘淡黄色。花成簇密生枝顶，淡紫色，花瓣4裂，内侧粉白色，极香，花径1厘米，自然花期春季。市售金边瑞香，入冬后置温暖处，多在春节前后开花(彩图244)。

【生长习性】　喜温暖、湿润、半阴环境。生长适温18℃～25℃，高于30℃停止生长。也较耐寒，可耐0℃低温，喜疏松肥沃的酸性土壤。

【繁殖方法】　扦插或嫁接繁殖。夏末取顶端长10厘米枝条，带踵插于沙中，遮荫保湿，约1个半月生根。

【栽培管理】　盆土应为疏松、肥沃、透气良好的微酸性土壤。根系浅，肉质根，忌水湿，盆土过湿易烂根。浇水应见干见湿；忌浓肥，可半个月施稀液肥1次，孕蕾期可增施磷酸二氢钾，促使花多色艳。夏季盆花置半阴处，防阳光直射；冬季置室内光照处。

金边瑞香枝条密生，易于造型，叶美花香；又开花于冬、春，是人们喜爱的上品盆栽花卉。

本属见于栽培的还有橙黄瑞香，产于云南，花芳香，橙黄色，

5～6月份开花；白瑞香，花期6～7月份，花白色，芳香，产于我国南方。

八仙花 (Hydrangea macrophylla)

虎耳草科八仙花属植物，又名绣球花、斗球。原产于我国南方及日本。

【形态特征】 常绿或落叶小灌木。株高可达3米，盆栽株高多在50厘米左右，易分枝。叶对生，卵形，端尖；叶缘有粗锯齿，叶长10～20厘米。顶生大型伞房花序，扁球形，直径20～30厘米，着小花百余朵，小花密集，均为不孕花；花萼4片；呈花瓣状，初时淡绿色，以后依品种逐渐变为不同颜色，如蓝色、红色、粉色、白色等；自然开花期在夏、秋(彩图245)。常通过人工栽培，冬季开花，供市场所需。

【生长习性】 喜温暖、湿润气候，怕干旱和阳光直射，要求疏松肥沃的酸性土壤。天气转冷时会落叶，如及时入高温温室可继续生长，保持常绿。

【繁殖方法】 扦插繁殖。用嫩枝插入湿沙中，遮荫，常喷水，20余天可生根。

【栽培管理】 盆土要疏松肥沃。北方夏季需在遮阳棚下或早晚见光处养护，半个月追肥1次，保持盆土湿润，每天向植株四周喷水，增湿降温，花后及时剪掉残花。秋天入温室，翻盆换土，重剪枝条，在高温温室中培养，加强肥水管理，春节前即可开花。

八仙花花期长，花序大，花色多，又耐阴，在冬暖地区常作园林或庭院花卉，也是北方重要的冬季室内盆花。

圆锥八仙花 (Hydrangea paniculata)

虎耳草科八仙花属植物。产于我国长江流域及其以南，日本也有，现我国北方也有种植。

【形态特征】 落叶灌木。高约1米。单叶对生，叶椭圆形至矩圆形，叶缘有细锯齿。圆锥花序球形，由许多不孕花组成，白色，后变粉紫红色；夏季开花，花期月余，可在华北地区露地过冬(彩图246)。露地常见栽培的还有大圆锥八仙花，为圆锥八仙花的变种，花序更大，长可达30厘米，花序横径可达20厘米，耐寒性强，在沈阳及呼和浩特都可越冬；雪山八仙花，花序圆柱形，白色不孕花可达300余朵，花序直径10～30厘米不等，耐寒性稍差，在南方可露地越冬，在北方寒冬地区（如北京），冬天地上部枯死，翌年重新从地面发芽，成宿根性植物。

【生长习性】 喜温暖、湿润、光照环境，也耐半阴，耐寒，对土壤要求不严，但以排水良好、湿润、肥沃的土壤最好。

【繁殖方法】 半硬枝扦插或压条繁殖。均以夏季进行为宜，一般1个月可生根。

【栽培管理】 移植前应对土壤施肥，移植成活后管理简单，土壤干旱时及时浇水，花后剪除残花序，并将长枝条剪短，促发新枝；新枝长到10厘米长时及时打梢，使芽充实，以便翌年新枝条充实，花开繁茂，本种花序大而洁白，适于花坛种植。

金苞花 (Pachystachys lutea)

爵床科厚穗爵床属植物，又名黄虾花。原产于中南美洲。

【形态特征】 多年生常绿亚灌木。盆栽多呈草本状，株高多在50厘米以下。叶对生，长卵形，端尖，长10厘米左右，叶脉明显。穗状花序顶生，由金黄色苞片组成，苞片心形；花白色，唇形，长5厘米；夏、秋开花，温室中冬季也可开花，花从花序下部向上依次开放。花开放时间短，但金黄色的花序可保持较久，也是主要观赏对象(彩图247)。

【生长习性】 喜光照、温暖环境和疏松、肥沃土壤，夏季应避强光暴晒，冬季室温应在10℃以上。

【繁殖方法】 扦插繁殖。初夏温暖时扦插易生根。

【栽培管理】 金苞花生性比较强壮，土壤肥沃，及时保证肥水供应，夏季避开强光直射，一般都可良好生长。冬季置室内光照处，如室温超过 20℃也可开花。

金苞花花期长，花色鲜艳，是优良的盆栽花卉，可室内布置，也可花坛种植。

蜡　梅 (Chimonanthus praecox)

蜡梅科蜡梅属植物，又名腊梅。原产于我国，为我国特有的珍贵花木。

【形态特征】　落叶灌木。高可达 5 米。根颈部发达，呈块状，江南称“蜡盘”。叶对生，长椭圆形，叶面粗糙。花单生于 1 年生枝条节部；花被多数，外层萼片形似花瓣，黄色，有光泽，似蜡质，内层瓣小，有紫红色条纹；早春开花，先花后叶(彩图 248)。常见的有罄口蜡梅，花较大，外花被黄色，内花被有浓红紫色条纹；素心蜡梅，花朵较大，黄色，香味浓；另有小花蜡梅及狗牙蜡梅，因花小，观赏价值不高，栽种者少，常作砧木使用。

【生长习性】　喜光照，也稍耐阴，怕风，稍耐寒，在北京地区可在房屋南侧庭院种植，耐旱力强。

【繁殖方法】　分株或嫁接繁殖。根蘖苗可挖出另植，也可用狗牙蜡梅作砧木，早春嫁接繁殖。

【栽培管理】　蜡梅种植成活后，管理简单，病虫害很少，每年只需秋天施肥 1 次，促进花芽分化，冬前浇水 1 次。注意修剪，维持一个较好的树形，通常幼苗生长 1 年后，保留基部树干 30 厘米左右作主干，剪去上部，促发侧枝，这种株形枝条多，花枝也多，但占地面积较大。单干型植株树干占地面积小，树姿优美，通风透光好，但开花较少。蜡梅怕风吹，应种植于背风处。

蜡梅开花早，清香四溢。在南方可冬季开花，故又称腊梅。寿命长，可达百年以上，甚至更长，是我国的传统园林花木。

紫　薇 (Lagerstroemia indica)

千屈菜科紫薇属植物。原产于我国南方及河南、山东。

【形态特征】　落叶灌木，也可修剪成小乔木状。高多在5米以下，老树皮呈片状剥落。单叶对生或上部近互生，椭圆形至倒卵形。花序顶生于当年生枝端，长20厘米左右，常呈圆锥形；花萼半球形，绿色；花瓣近圆形，紫红色，基部细，呈皱缩状，边缘有不规则缺刻(彩图249)；夏季开花。花白色者，又名银薇；花红色者为红薇。

【生长习性】　喜温暖、光照，稍耐半阴，有一定耐寒、耐旱、耐水湿能力。适生于肥沃砂壤土或石灰质土壤。

【繁殖方法】　扦插或压条繁殖，也可播种繁殖。扦插多于春季硬枝扦插或夏季半硬枝扦插，20余天可生根。春季播种，肥水充足，当年即可开花。根也有萌芽能力，也可埋根育苗。

【栽培管理】　早春种植，施基肥，生长季节保持土壤湿润，冬前浇足冻水，并施有机肥，早春适当疏剪，使枝条分布匀称。一般枝条可剪去1/3～1/2，促发新生枝条，多开花。夏季第一次花后，应剪去残花枝，促生新枝条，二次开花。幼苗抗寒力弱，冬寒地区应注意防寒。

紫薇花期长，生性强健，易管理，幼树开花也早，花多，是近年庭院大力发展的灌木花卉。对有害气体有较强抗性，并能吸收有害气体，净化环境。

紫　荆 (Cercis chinensis)

豆科紫荆属植物，又名满条红、芳芳花。原产于我国。

【形态特征】　落叶灌木。高通常2～3米，丛生状。树皮灰色。单叶互生，叶心形至近圆形，光亮。花数朵簇生于1年生枝条茎部或2年生老枝上；花小，蝶形，紫红色；先花后叶，春天开花。荚果扁平，长5～12厘米；果荚成熟时褐色(彩图250)。也有白花品种，但少见。

【生长习性】　喜温暖、光照，耐寒性稍差，北京地区应置于背风向阳处。耐瘠薄，肥沃土壤更好。

【繁殖方法】　分株或播种繁殖。春季萌芽前可分株种植。播种于春季进行，播前温水浸泡1～2天易出苗，播后约1个月出苗。

【栽培管理】　栽植前种植穴内应施基肥，栽后浇水，春天常保持土壤湿润，冬前应浇1次冻水，并施有机肥。每年春天应剪除枯、老枝，使株形美观。

紫荆是早春花木，花密密层层，满树嫣红，常丛植赏花。

茉　莉 (Jasminum sambac)

木犀科茉莉属植物。原产于印度、巴基斯坦、伊朗、阿拉伯半岛一带，我国栽培久远且普遍。

【形态特征】　常绿小灌木。枝细长较软，大株常略呈藤状生长，盆栽株高多在50厘米以内。单叶对生，卵圆形至椭圆形，叶光亮，全缘。聚生花序顶生，3～7朵不等，花洁白芳香，单瓣或重瓣。常见种植的有毛茉莉，株、叶极似茉莉，但幼嫩的枝条、花梗均被绒毛，花单瓣，宽披针形，白色，极香(彩图251)。本属常见种植的尚有素馨花、多花素馨、素方花等，都是十分芳香的植物。

【生长习性】　喜温暖、光照，生长适温20℃～30℃；要求疏松、肥沃、湿润、排水良好的土壤，较耐肥。

【繁殖方法】　扦插或分株繁殖。平时主要用扦插繁殖，天暖扦插易生根；老株分蘖力强，可分株。

【栽培管理】　南方冬暖地区可露地种植，大量生产鲜花，用于熏制茶叶。北方只能盆栽，冬季室内过冬。盆土要疏松肥沃，种前混入有机肥，光照下养护，平时常保持土壤湿润，1个月可追施1～2次有机液肥或在土表埋入一些粉状有机肥，花后及时剪去开过花的小枝，可促发新枝，继续开花。茉莉喜微酸性土壤，但在中性土壤中也能良好生长，如出现新叶发黄，可用0.2%的硫酸亚铁溶液浇施或喷叶。冬季室温20℃以上仍可开花。

茉莉花是群众非常喜爱种植的盆花，傍晚开放，四处溢香。

紫丁香 (Syringa oblata)

木犀科丁香属植物。原产于我国北方，朝鲜半岛也有分布。现各地多有栽培。

【形态特征】 落叶灌木或小乔木状。株高3～5米。单叶对生，椭圆形至肾形，先端尖，基部心形，全缘。圆锥花序顶生，花序长达15厘米，有的可由几个花序组成一个更大的花序，长达30厘米，宽10余厘米，密生许多紫红色小花；花冠筒细，长约1厘米，端4裂；花浓香，春季开花(彩图252)。主要变种为白丁香。本属常见栽培的有10余种，分布于全国各地，以北方为主。花色有紫红色、蓝紫色、粉红色及白色。

【生长习性】 喜阳，稍耐阴；喜温暖，耐寒耐旱，忌水涝。适生于肥沃土壤。但对土壤要求不严。

【繁殖方法】 多用播种或扦插繁殖。秋收种子，冷藏或沙藏，春天播种，20天左右出苗。扦插常于花后1个月进行，用半硬枝扦插，用500毫克/升吲哚丁酸快速处理插穗基部，成活率更高，可达80%。也可用本属实生苗，早春枝接，7月份芽接。

【栽培管理】 定植地点应选向阳、排水良好的砂壤土种植，忌大肥，定植穴内可不施肥，肥多枝条旺盛而不易形成花芽，可2～3年施肥1次。老龄树开花部位越来越高，下部光秃，可重剪老干，促发长出新枝，使花位降低，开花繁多。

丁香是我国的特产树种，现世界各国多有引种，为春季重要观花树木，广泛种植于我国庭院及路边，花开季节，香气四散。

迎春花 (Jasminum nudiflorum)

木犀科迎春花属植物。原产于我国中部、北方各省及西南各地，现我国各地多有栽种。

【形态特征】　落叶垂枝灌木。枝条细长，拱形弯垂，枝长可达3～4米；嫩枝4棱，绿色。三出复叶对生，小叶卵状椭圆形，全缘。花着生于上年枝条节部，黄色，花高脚碟状，花径2～3厘米，花冠5裂；早春开花，花先于叶开放(彩图253)。

【生长习性】　喜温暖，喜阳也耐阴，耐寒又耐旱，对土壤要求不严。喜高燥排水良好土壤，忌积水。

【繁殖方法】　多分株繁殖，也可扦插、压条繁殖。分株常于早春将母株挖出，分数丛另栽。扦插可于夏初进行，选当年生半木质化枝条15厘米左右扦插，保湿，1个月可生根。生根力强，可随时将枝条部分埋入土中，1月余可生根，翌年早春与母株分离另植。

【栽培管理】　栽培容易，选高燥向阳、不易积水处种植。种植时，穴坑内施有机肥，成活后每年冬、春各施1次有机肥即可良好生长。开花前后浇水1～2次。

冬季观花可于秋后上盆，保持土壤潮湿，搭架，春节即可开花。花后春天可移地种植。

迎春花早春开放，常用于庭院及岩石旁种植，美化环境。

连　翘 (Forsythia Suspensa)

木犀科连翘属植物，又名黄金条。原产于我国北方及朝鲜半岛。

【形态特征】　落叶灌木。枝条开展而斜垂，呈拱形生长；株高常在2.5米以内。单叶对生，有柄，卵形，叶缘有齿，但叶下半部全缘。花金黄色，先叶开放,1～3朵聚生，花冠4裂，瓣片长椭圆形(彩图254)。蒴果卵形，种子具翅。早春开花，全树一片金黄色，十分艳丽。

【生长习性】　喜光照、温暖，耐寒，耐瘠薄，也耐旱。

【繁殖方法】　分株、扦插或播种繁殖。分株多于早春植株萌动前进行，分栽后浇透水。扦插用硬枝、半硬枝都可。早春硬枝扦插，将前一年枝条剪成10余厘米长，扦插，也可于5月份剪取半硬枝条扦插，更易生根。可早春播种，半个月左右出苗。

【栽培管理】 栽培应选在向阳处，定植穴内施基肥，栽种成活后一般无需再施肥，只需每年春季浇水1次。冬季可适当修剪，保持较好的株形。

连翘是早春花木，开花时全树金黄，种植于绿色草地之中尤为耀眼，也适合宅旁、路边种植。

夹竹桃 (Nerium indicum)

夹竹桃科夹竹桃属植物。原产于印度、伊朗等地。我国各地多有种植。

【形态特征】 常绿灌木。株高4米，盆栽多在2米左右，茎直立。叶3叶轮生，披针形，革质，具短柄，长10余厘米；中脉明显，全缘，枝叶均有乳汁。聚伞花序顶生，花漏斗形，端5裂，半重瓣花，粉红色或深红色、白色；夏、秋开花，花期长达4～5个月(彩图255)。

【生长习性】 喜温暖、光照及湿润环境，但也较耐干燥及寒冷。黄河中下游地区可露地过冬，北京地区多在低温温室中过冬。耐干旱，也耐瘠薄土壤。

【繁殖方法】 扦插繁殖。春天可沙土扦插，也可剪取前一年生枝条，水泡基部，3天左右换水1次，等茎基微露根时扦插，遮荫保湿，不久可长根形成一新株。

【栽培管理】 生性强健。种植时需带土移植。生长期每月可追肥1次；苗大时，可修剪成单干式，上部分枝；也可修剪成3～4枝的丛株，形成大丛株，依环境条件而定。地栽株每年施基肥1次，盆栽株1年可施肥3～4次，并注意浇水。

夹竹桃开花季节长，易管理，对有害气体及粉尘都有较强的抗性，尤其适宜工矿区绿化，也是庭院常见的观花植物。

鸡蛋花 (Plumeria rubra)

夹竹桃科鸡蛋花属植物。原产于墨西哥及中美地区。现热带及亚热带诸国多引种作观赏植物种植，我国也多有种植，长江以北作温室花卉。

【形态特征】 茎枝光滑肉质。叶椭圆形，端尖，叶脉明显，长20～40厘米。花瓣5枚，稍旋转，上半部白色，下半部黄色，有香味。原产地株高达8米，盆栽通常2米以下。常见种植的还有红花鸡蛋花、白花鸡蛋花，黄花鸡蛋花较少见(彩图256)。鸡蛋花花期甚长，几近半年之久，春、夏、秋开花。

【生长习性】 喜光照、暖热、肥水，不耐寒冷。

【繁殖方法】 扦插繁殖。春、夏切取1～2年生枝条20厘米，切口晾干后，插入沙土。

【栽培管理】 盆栽土壤可用砂壤土加一些腐叶土及有机肥。生长季节应供应充足的肥水，天冷后常落叶，应控制浇水，盆土保持微潮湿即可。2～3年可于初春换土1次。

猬 实 (Kolkwitzia amabilis)

忍冬科猬实属植物。原产于我国中部地区，如河南、陕西、山西、湖北、四川等省，现在欧美也有大量引种。

【形态特征】 落叶灌木。高多在2～3米，枝条常呈拱形弯垂。单叶对生，阔卵形，端尖。伞房花序，花钟形，粉红色，喉部黄色，花瓣5裂。果实坚硬，密生毛刺，形若刺猬，故名(彩图257)。5月份开花，花开时节，繁花似锦，为我国的珍贵花木。

【生长习性】 喜温暖、光照，耐寒，耐旱，对土壤要求不严，肥沃而湿润的砂壤土种植更好。

【繁殖方法】 播种或扦插繁殖，也可分株繁殖。种子秋季成熟后，去掉果皮，种子晾干，湿沙层积越冬，春播。春季硬枝扦插或夏季半硬枝扦插都易生根。早春可分株繁殖。

【栽培管理】 早春种植，种植穴施基肥，种植成活后管理简单，每年早春浇水1~2次，冬前浇冻水1次，并施有机肥。早春可剪去干梢及过细枝条。

猬实树姿优美，花繁叶茂，花色艳丽，为庭院优雅花木。

金银木 (Lonicera maackii)

忍冬科忍冬属植物，又名金银忍冬。原产于我国、俄罗斯、朝鲜半岛及日本。

【形态特征】 落叶灌木。高3~4米，小枝中空。单叶对生，卵状椭圆形，端尖，叶柄短。花成对腋生，花具冠筒，2唇，花长约2厘米，先白后变黄，故称金银木(彩图258)。果径5毫米，浆果秋季红色，宿存一冬。4月下旬至5月中旬开花。

【生长习性】 喜光也耐阴，耐寒耐旱，适应性强，也耐瘠薄土壤。

【繁殖方法】 种子繁殖或扦插繁殖。秋季种子成熟，除去果肉，晾干沙藏，春天播种；也可于夏季扦插，6月份采半硬枝条扦插，保湿，易生根。

【栽培管理】 早春种植，种植坑中施基肥，浇水，成活后只需旱时与冬前浇水。由于有较强的萌芽与萌蘖能力，应以疏剪为主，2~3年除去过密枝条1次，并重剪老枝，促发新枝，恢复树势。

生长管理粗放，适宜庭院及路边种植。

锦带花 (Weigela florida)

忍冬科锦带花属植物。原产于我国、朝鲜半岛、日本、俄罗斯等国。

【形态特征】 落叶灌木。高多在3米以内，丛生。单叶对生，椭圆形，花常3~4朵簇生于叶腋或生于枝端。花紫红色至玫瑰红色，漏斗形花冠，长3~4厘米；春末至夏初开花，北京地区在4月中旬至5月中旬(彩图259)。常见种植的有海仙花，叶片与锦带花十分相似，只是稍宽大些，另一个主要区别是花初开白色至淡粉色，逐渐变为深粉红色(彩图260)。近年新选育出“繁花锦带”，4～8月份开花，花期长，花也多。

【生长习性】 喜光照，也稍耐阴；喜湿润，耐寒，怕涝，耐瘠薄，肥沃土壤生长良好。

【繁殖方法】 播种或扦插繁殖。春天播种，种子小，常盆播，盆土洇透水后均匀撒于盆面，覆盖细土，保湿，半个月可出苗，种苗3年可开花。扦插多在6月份进行，半硬枝扦插，保湿，用生根剂处理成活率更高。

【栽培管理】 早春移植，种植穴施基肥，成活后每年施有机肥1次。春天注意浇水防旱。花主要生于1～2年生枝条上，因此花开前，应于早春将老枝、枯枝及弱枝修剪，减少养分消耗。病虫害极少。

锦带花是春末夏初的优良观花小灌木，宜丛植，常配置于草坪、行道边。

欧洲绣球 (Viburnum opulus)

忍冬科荚蒾属植物。原产于欧洲及亚洲北部。

【形态特征】 大型落叶灌木。高达4米。叶卵形，先端3裂，叶长5～10厘米。花序复聚伞形，扁平，生于侧枝顶端，花序直径约10厘米，周边一圈花为白色不孕花，花瓣5枚，先于中心花开放，中部花为乳白色两性花(彩图261)。果球形。春天花开，秋天果红。本种栽培品种较多，其中雪球，花白色，组成一个大型球状花序，甚为美观，花不孕。

【生长习性】 喜光也耐阴；喜温暖，也抗寒；耐干旱，对土壤要求不严，微酸性或微碱性土壤均可生长，但肥沃的壤土种植更好。

【繁殖方法】 播种、扦插或分株繁殖。由于种子的胚根需在高温条件下（25℃～30℃）萌动，而胚芽需在低温（4℃左右）下萌动，所以最好初秋播种，度过一个高温期，以后经过冬季的低温，可于春天萌发。人工处理，也可将干净的种子用45℃温水浸种1天，再用5%的高锰酸钾液消毒2～3小时，然后将种子与湿沙混合，装入塑料袋中封口，置25℃条件下1个月，再放入0℃～5℃条件下2个月，于春天温室播种，可顺利出苗。也可于春天采用分株繁殖或初夏剪取半硬枝条扦插，也不难生根。

【栽培管理】 在壤土中可良好生长，春天裸棵种植，种前施有机肥，种后浇水，易成活。每年冬前适当修剪，结合浇水施有机肥，生长会更好。

欧洲绣球树形优美，春季开花，秋季果红，可挂果一冬，适宜庭院种植观赏。由于耐阴，也可种于建筑物的北侧及房屋东西两侧，以补耐阴树少的不足。

糯米条 (Abelia chinensis)

忍冬科六道木属植物。产于我国南方闽浙及两广、湖南、湖北、四川等省。

【形态特征】 落叶小灌木。高1～2米，枝条较细，常弯垂生长。单叶对生，卵形。圆锥状聚伞花序顶生或腋生；花小，白色，密集，芳香；花萼大，长5毫米，5裂；粉红色，秋季宿存变红，6～9月份开花(彩图262)。

【生长习性】 喜温暖、湿润，具一定耐寒性。长城以南可露地越冬。夏季喜凉爽，忌暴晒，但对酷热与强光也有一定忍耐力，对土壤要求不严。

【繁殖方法】 分株、播种或扦插繁殖。早春可分株种植或播种。也可于6月份用半硬枝枝条扦插，遮荫保湿，易生根。

【栽培管理】 种植穴坑施基肥，种后浇水，易成活，生长季节常保持土壤湿润。每年入冬或早春施肥1次。抗旱力稍差。早春可剪除干梢及老枝、枯枝，保持株形秀美。

糯米条株形优雅，盛花季节，花序密集，芳香，宜庭院种植。

石　榴 (Punica granatum)

石榴科石榴属植物，又名安石榴。原产于伊朗、阿富汗等国，我国各地多有种植。

【形态特征】　落叶灌木。叶对生，长椭圆形或长倒卵形，长3～5厘米。花1至数朵生于枝顶或叶腋，花萼钟形，肉革质，红色，顶端5～7裂；花瓣与萼片同数，红色。也有花萼与花瓣同色的白色花与重瓣花。花萼宿存，发育为果实的外皮(彩图263)。果实为球形浆果，内含种子多粒。石榴分以观花为主的花石榴和以食种子为主的果石榴两大类。花石榴开花期长，有的可长达4～5个月，果小而不宜食；果石榴多于夏初开花，花期1个月，秋季果熟可食。两类石榴都有观花、观果效果。

【生长习性】　喜光照、温暖，耐旱也稍耐寒，对土壤要求不严，微酸、微碱性土壤都可生长，以肥沃砂壤土为宜。北京地区应种植于背风向阳处。

【繁殖方法】　分株或扦插繁殖。石榴根际萌蘖力强，春天可挖取小株另植。也可于初夏选硬枝枝条扦插，易生根；或选取前1年生枝条于春暖扦插。某些花石榴，如月季石榴、墨石榴也可用种子繁殖。一般小型种，播种苗1～2年即可开花；大型种扦插苗通常4年左右开花结果。

【栽培管理】　种植土壤应用肥沃砂嚷土，光照通风处种植。冬前施有机肥并浇冻水；春天花前浇水并施有机肥或磷、钾肥1次，花后再施肥1次，结果后不必再施肥，干旱时浇水，果期可控制浇水，水多易造成果裂。常有蚜虫为害，应注意防治。

石榴是观花观果植物，不论观花类石榴或观果类石榴都很适宜庭院种植。对二氧化硫、氯气有较强抗性，也适合工厂、矿区、庭院美化。

无花果 (Ficus carica)

桑科榕树属植物。原产于地中海及中亚一带，我国黄河流域及以南多有种植，华北北部常盆栽。

【形态特征】 落叶灌木。高多在3米左右，枝粗壮。叶大型，倒卵形或近圆形，叶缘3～5裂，叶面粗糙，叶长10～15厘米。花序轴单枝腋生，膨大成圆形，上端中央部向下凹，形成中空的囊状体，内壁上生许多单性小花，或雌或雄，组成隐头花序，授粉后花序轴膨大而形成可食的果实。由于花在膨大的球形花序轴内，膨大而成果，所以不见花只见结果(彩图264)。成熟的果实呈红色，球形，浆果状，甜而多汁。

【生长习性】 喜温暖、光照。较耐干燥，稍耐寒。对土壤要求不严，在肥沃砂壤土中生长良好。

【繁殖方法】 扦插繁殖。早春硬枝扦插，或在生长季节剪取嫩枝扦插，都易生根。也可挖取根蘖苗种植。

【栽培管理】 地栽株常任其生长，为使多结果，每年冬前施1次有机肥并浇1次冻水，平时干旱时浇水，避免偏施氮肥，造成枝叶徒长，结果少，抗寒性减弱。盆栽株，由于盆土及营养有限，应每月追1次液肥，平时常浇水，防止盆土干旱。植株大时应及时换大盆，大株常用木桶种植。

无花果是良好的庭园树种，不仅可绿化环境，果实甜而富含维生素，对一些有害气体也有较强抗性，也适宜工矿区种植。在北京地区可在小庭院中栽培。

代 代 (Citrus aurantium var. amara)

芸香科柑橘属植物，酸橘的变种，又名回青橙、酸橙等。原产于我国浙江，我国各地多有种植，浙江地区尤多。

【形态特征】 常绿灌木或呈小乔木状。高2～4米，嫩枝有棱并疏生短刺。叶互生，革质，椭圆形或卵状椭圆形，长5～10厘米，叶柄具叶状翅，是其重要特征之一。花白色，单生或几朵簇生于枝端叶腋，花瓣5枚，肥厚，花极香；1年可开花数次，春季花最多，秋季也可少量开花。果实扁圆，橙黄色，浓香，冬季成熟。翌年夏季果可由橙黄色转变为绿色，冬季又变成橙黄色，如此变化，可在植株上生存2～3年而不脱落，老果新果并存，故名代代(彩图265)。果味酸苦。

【生长习性】 喜温暖、湿润、光照充足、通风良好环境，不耐严寒。在长江以南可露地过冬，长江以北冬季需置0℃～5℃室内，对土壤要求不严，以排水良好、疏松肥沃的微酸性沙质土壤为最适。

【繁殖方法】 嫁接或扦插繁殖。嫁接常在晚春或早秋用枸橘或其他柑橘类植物实生苗作砧木，通常嫁接3年后结果。扦插多在6～7月份用1～2年生壮枝扦插，遮荫保湿，约2个月可生根。也可用春天修剪下的壮枝扦插。

【栽培管理】 代代根系较发达，因而在肥沃的土壤中生长较快，盆栽株应每2年于春季翻土换盆1次，花蕾出现至花前施液肥2次，花后进行疏果，每果枝留果1～2个，待果实稍大时可留1个。以后每半个月追肥1次。北方春季气候干燥，应常向叶面及植株周围喷水，增加环境湿度。盛夏应将植株置疏阴环境下养护，防暑降温，秋天再移置光照下养护，天冷时移入室内光照处。北方土质一般为中性至微碱性，应1个月施1次矾肥水或500倍的硫酸亚铁溶液，使盆土保持微酸性，也可用500倍的硫酸亚铁溶液喷叶，以保证铁元素的供应。春季植株开始旺盛生长前应进行1次修剪，剪除病弱枝及重叠密枝，对一些徒长枝应进行短剪，使养分集中供应结果枝形成花芽。

代代花香，也是重要的庭院及盆栽观果植物，可以四季观果，冬季果橙黄色，更具观赏价值。

本属常见栽培并用于春节观果的有：四季橘，常绿灌木，盆栽株高多在1.5米以下，四季开花，以春至夏季为盛，花白色，芳香，果橙黄色，果较小，直径3厘米左右，重15~20克，果酸而不能食(彩图266)；朱砂橘，又名生红橘，盆栽株高多在1.5米以下，四季常绿，春季开花，黄白色，芳香，果扁圆，橘红色，顶端稍凹，果可食用，甜酸；柠檬，常绿灌木，叶椭圆形，春季开花，花极香，冬季果熟，橙黄色，果酸。

佛　手 (Citrus medica var. sarcodactylis)

芸香科柑橘属植物，枸橼的变种。主产于我国广东、广西、福建、台湾及亚洲热带地区，我国各地多有栽培。

【形态特征】　常绿灌木。通常高1米左右，高者可达3~4米，枝梢有棱，嫩枝还有短刺。叶互生，长圆形或卵状长圆形，长5~12厘米；叶先端圆或微凹，叶缘有波状锯齿，叶柄极短，无叶状翅。花簇生于叶腋，花瓣5枚，质厚，白色，边缘有紫色晕，芳香；花分单性花与两性花两种，单性花小而细长，不能结果；两性花粗短。1年开花3~4次，夏季最盛。果熟于冬季，果橙黄色，极芳香。果裂有2种，果端分裂如指的名“开佛手”，俗称佛手，最为常见，并广为种植(彩图267)；果端分裂如拳，似握拳状，裂开的部分不伸展，称“闭佛手”，俗称佛拳。果皮厚，几无果肉。

【生长习性】　喜温暖、湿润、光照环境，疏松、肥沃、排水良好的酸性土。除冬暖的华南、闽浙一带外，其他地区都为盆栽，秋季应置低温温室，夏季应适当遮光。

【繁殖方法】　扦插或嫁接繁殖。扦插可于春季新芽萌发前进行；嫁接常用酸橙或枸橼作砧木于春、秋进行。扦插苗根系不如嫁接苗发达，因而抗旱、抗寒性差，生长也较慢，寿命也短。

【栽培管理】　佛手喜肥，施肥不及时或量少，都会引起生长不良或落花落果。春天是抽发春梢生长期，可10天施稀肥1次；6月中旬至7月中旬是生长旺盛、开花结果期，可5天施肥1次，并增施磷、钾肥；果实生长期，施肥可减少，每10天1次，少施氮肥，多施钙、磷、钾肥，以免果熟期延迟或落果。生长旺盛期应充分满足水分的需要，尤其是炎热的高温期还应喷水，增加环境湿度。开花结果期应注意随时抹去主枝上的新芽，以免新芽生长与幼果争营养，引起落果。北方春季干旱，应常向叶面及盆株周围喷水，并15天至1个月浇矾肥水1次，使土壤保持微酸性。春、夏两季严禁暴晒，盛夏可适当遮荫。幼果长到葡萄大小时应疏果，摘除果枝上的茎尖并抹去侧芽保证果实生长的营养需要。果实不必多留，盆栽株一般保留3～5个即可。冬季可移入4℃以上的有光照低温温室内。高压繁殖常用于结果枝，生根后截取，自成一株，苗小果大，别有情趣，常用作盆栽。

金丝桃 (Hypericum chinense)

金丝桃科金丝桃属植物。原产于我国。

【形态特征】 常绿或落叶小灌木。高多在1米之内，小枝红褐色，老枝片状剥裂。单叶对生，长椭圆形，无柄。花单生或数朵排成聚伞花序顶生；花瓣5枚，黄色，花径5厘米，花丝金黄色，与花瓣等长或略长。开花期6～7月份。本属常见栽培的尚有金丝梅，小灌木，枝条拱曲，有棱，单叶对生，卵形，花丝短于花瓣，春、夏开花，原产于我国南方(彩图268)。

【生长习性】 喜温暖、湿润、光照环境，也耐半阴，不耐寒。要求湿润、肥沃的土壤。冬暖地区可露地栽搯，北方地区冬季需温室种植。

【繁殖方法】 播种、分株或扦插繁殖。种子细小，需精细播种，精心管理幼苗；分株多在早春；扦插常用硬枝于春季扦插，也可于花后嫩枝扦插。

【栽培管理】 肥沃砂壤土种植，管理较粗放。及时浇水施肥，冬季北方地区移入室内向阳处。本种花色花形美丽，花丝细长。南方常用于庭院种植，北方常盆栽。

醉鱼草 (Buddleja lindelyana)

马钱科醉鱼草属植物。主要产于我国南方。

【形态特征】 半常绿灌木，北方种植则为落叶灌木。高1米左右，枝条细，常呈拱形生长，小枝4棱。叶对生，卵形至卵状披针形，先端锐尖。穗状花序顶生常弯垂。花序长10～30厘米；小花筒状蓝紫色(彩图269)。花期夏初至秋初达数月之久。同属常见栽培的尚有白花醉鱼草，花白色，大叶；大叶醉鱼草，叶较大，花红色或白色；互叶醉鱼草，单叶互生，5～6月份开花；圆叶醉鱼草，花黄色，芳香。醉鱼草因叶、花揉碎投入水中可使鱼麻醉而得名。

【生长习性】 喜温暖、光照，也较耐寒，耐热，耐干旱，对土质要求不严。生长适温25℃～30℃，在北京地区可露地越冬。在肥沃、排水良好土地种植，枝叶繁茂，开花良好。

【繁殖方法】 分蘖力强，多用分株繁殖，也可扦插或播种繁殖。春天用硬枝，夏天用半硬枝都可扦插。

【栽培管理】 栽培宜选择向阳、排水良好、肥沃的土地种植，孤植或片植都可，定植时施入基肥，成活后可2～3年施肥1次，春季干旱应浇水2～3次，冬前浇水1次，对枝条可适当短剪，春天可促发新枝，多开花。幼苗期抗寒力弱，在冬冷地区应防寒过冬。花后应及时剪去残花，以利于翌年生长旺盛。

醉鱼草管理粗放，花期长，花开繁茂，是优良的庭院花灌木。

黄 槐 (Cassia suffruticosa)

苏木科铁刀木属植物。原产于西印度群岛，现世界热带地区多有引种，我国主要引种于冬暖的两广、江浙及贵州、云南、四川地区。

【形态特征】 常绿小乔木。高3米左右。叶奇数羽状复叶，小叶椭圆形。伞房状花序生于嫩枝的叶腋，随嫩枝生长，花序不断出现，花黄色(彩图 270)。荚果带状。4～12 月份开花，以 5～6 月份和 8～11 月份花最盛。

【生长习性】 喜高温高湿、光照，不耐寒。2℃～5℃易受冻害，在华南北部正常年份可越冬。对土壤要求不严，以砂壤土为最好，耐土壤干旱，也耐水湿，喜肥。

【繁殖方法】 种子繁殖，1 年生苗高可达 1 米，2 年生苗即可开花。

【栽培管理】 带土移植，移植时可施基肥，成活后无需特殊管理，修剪成小乔木状。每年可施肥 1～2 次。花期特长，开花时节，花色金黄，非常适宜作冬暖地区的庭院树及行道树。北方常在温室种植。

海州常山 (Clerodendrum trichotomum)

马鞭草科赪桐属植物，又名臭梧桐。产于我国中部及北方多省。

【形态特征】 落叶灌木。叶对生，宽卵形至椭圆形，长 8～15 厘米，全缘或具波状裂。花序聚伞形生于枝上部叶腋或枝顶。花萼紫红 5 裂，宿存；花白色，花冠筒细长，雄蕊及花柱伸出花外。核果球形，蓝紫色，花及果实美丽而鲜艳(彩图 271)。6～10 月份开花，9～10 月份果实陆续成熟，花、果常在一株上，甚至在一个花序上并存，十分美丽，从夏至秋花开不断。

【生长习性】 喜凉爽、光照，耐旱，耐寒，也耐半阴及盐碱土壤，适应性强。

【繁殖方法】 播种或分株繁殖。种子成熟后，晾干沙藏，春天播种。植株基部常生有根蘖苗，可挖取另植，常见树周围有自播繁衍苗。

【栽培管理】 肥沃砂壤土种植生长更好。冬初可结合浇冻水施 1 次有机肥，平时无需管理，可根据需要修剪成丛状灌木或小乔木。

海州常山夏、秋开花结果，株形开展，是庭院栽培的优良花木，管理粗放，宜孤植向阳处。

枸　骨 (Ilex cornuta)

冬青科冬青属植物，又名老虎刺。原产于我国长江中下游地区。

【形态特征】　常绿灌木或小乔木。高可达4米，树皮光滑灰白。叶硬革质，矩圆状长方形，先端具3个坚硬刺，两侧各有硬刺1~2个，叶面光亮深绿色。雌雄异株，聚伞花序，花黄绿色，簇生于2年生枝的叶腋；花期4~5月份(彩图272)。果球形，鲜红色，秋季成熟，挂果一冬。

【生长习性】　喜光照，也耐阴，不太耐寒，在气候湿润、排水良好的偏酸性肥沃土壤中生长良好。

【繁殖方法】　播种或扦插繁殖。以扦插繁殖为主。播种多于秋天采种后，脱去果皮，沙藏，春天播种，2~3年可出圃。扦插多于梅雨季节进行半硬枝扦插，易生根。

【栽培管理】　移栽需带土球，否则较难成活。种植前栽植坑需施基肥，早春移植。栽植深度不能超过根颈处。成活后管理简单，萌蘖力强，耐修剪，每年可修剪1~2次，使树形优美。由于不太耐寒，要求微酸性土壤，因此主要在南方庭院或花坛中心种植，北方只作盆栽，作冬季观果植物欣赏。每年冬前最好施1次有机肥，并浇冻水。

盆栽，可用2~3年生苗种植，土壤可用砂壤土，栽后放置室内半阴处缓苗，半个月后可移置室外半阴处，生长季节，每半个月施1次稀矾肥水，改良土壤呈微酸性。冬天可置低温室内光照处过冬。每3~5年换盆1次，修除老根，换新培养土种植。

米　兰 (Aglaia odorata)

楝科米仔兰属植物，又名树兰、米仔兰、鱼仔兰等，是大叶米兰的小叶变种。原产于我国南方及南亚诸国。

【形态特征】 常绿灌木。多用于盆栽，株高一般在2米以下，多分枝。奇数羽状复叶，小叶3～5枚，倒卵形，光亮。花序腋生，花小似米粒，黄色，极香；主要在夏、秋开花，其他季节，温度适宜，也能开花。主要在新梢开花(彩图273)。

【生长习性】 喜温暖、光照、湿润气候，也稍耐阴，但光照不足，开花较少。

【繁殖方法】 扦插繁殖。早春新枝未生长前，剪取1年生壮枝，剪成10厘米枝条，带叶扦插，塑料薄膜覆盖保湿，每日揭膜换气1次，喷水，保持床土湿润，约2个月生根。

【栽培管理】 盆栽需疏松肥沃的中性土壤。虽原产于南方，并不要求土壤酸性。生长季节每半个月追肥1次。幼苗喜阴，应防强光暴晒，成苗喜光照。冬天应置室内光照处，天暖可置阳台光照处。北方天气干燥，可向植株及周围常喷水。枝条少时，可修剪摘心，促使侧枝形成，使植株丰满。冬季室温应不低于10℃。

米兰花香浓郁，开花期长，用于盆栽观赏闻香。

孔雀木 (Aralia elegantissima)

五加科楤木属植物。原产于澳大利亚和太平洋群岛。

【形态特征】 常绿小乔木或灌木。原产地高可达8米，盆栽多在1米左右。掌状复叶互生，小叶7～11枚，长可达20余厘米，宽2～3厘米，先端渐尖，叶缘深裂，叶暗绿色(彩图274)。本属用于观赏栽培的尚有宽叶孔雀木，掌状复叶，小叶3～5枚，叶较宽；斑叶孔雀木，掌状复叶，深绿色的小叶有黄白色斑纹；狭窄孔雀木，灌木，叶窄长，灰绿色，小叶周边深红色，中肋粉红色；细叶孔雀木，小叶狭窄，中脉白色。

【生长习性】 喜温暖、湿润环境，不耐寒；喜光，但不耐强光。可耐秋、冬阳光，但不能忍耐夏季强光，需适当遮荫。生长适温20℃左右，冬天不应低于10℃，成年株稍耐寒，能耐5℃低温。

【繁殖方法】 通常扦插繁殖。春天选取10～15厘米长的嫩枝，插后保持20℃～25℃和较高的空气湿度，1个月可生根。原产地也用播种繁殖。

【栽培管理】 栽培土壤用疏松肥沃的沙质壤土，生长期常保持盆土湿润。盆土干燥、环境湿度不够，冬季湿度过低，都会引起落叶。春至秋天生长期每半个月施肥1次，冬季置室内10℃以上光照充足处。平时常向地面和叶面喷水，增加环境湿度。盆栽株高50厘米时，可摘心，促发侧枝，扩大树冠，形成美好的树形。孔雀木树形优美，叶形雅致，为名贵观叶树种，适合居室、厅堂布置，大株更适合庭院观赏。

羽叶福禄桐 (Polyscias fruticosa)

五加科福禄桐属植物，又名羽叶南洋森。原产于美洲热带及亚洲，太平洋一些热带岛屿。

【形态特征】 常绿灌木。多分枝，叶互生，二至三回羽状复叶，叶缘深羽裂，小叶窄而细(彩图275)。本属常见栽培的还有圆叶福禄桐，又名圆叶南洋参，叶为三出复叶，小叶阔圆肾形，直径10厘米左右(彩图276)；有银边品种，名为银边圆叶福禄桐，叶片较小，叶径5～8厘米，叶缘有不规则的乳白色斑块；南洋参，叶互生，一回羽状复叶，小叶3～4对，叶色嫩绿。因品种不同，叶形、叶色及叶上的斑纹有较大变化。

【生长习性】 喜温暖、湿润、明亮光照，怕干旱，不耐寒。生长适温15℃～30℃，冬季不低于10℃。

【繁殖方法】 多用扦插繁殖。春暖，剪取10～15厘米长的枝条，保留上部2片叶，下端用500毫克／升的吲哚丁酸处理10秒钟，插入沙床或蛭石，上盖塑料棚保湿，在25℃～30℃条件下，约1个月生根。

【栽培管理】 栽培土壤可用疏松肥沃的砂壤土，或腐叶土与粗沙混配。生长季节可每个月施1次稀饼肥水或0.3%左右的复合肥，其中氮素可多一些；秋天可增施一些磷、钾肥，增强植株的抗寒性；冬季如室温低于20℃，应停止施肥，并控制浇水。生长期需明亮光照，光照不足易造成茎叶徒长，但又忌强光；强光易引起叶色变黄。生产性栽培应置遮荫40%～60%环境中；家庭盆栽，可置房屋南侧通风良好并有遮荫的地方，或房屋北侧，冬季需置于室内光照充足处。福禄桐喜较湿润的土壤与较湿润的空气环境，生长季应有充足的水分供应，盆土表面变干后可浇水，但不能过多，以免积水烂根。盛夏除注意浇水外，每天应叶面喷水1次，地上常洒水，以提高环境湿度，洁净叶面；秋天气温降至15℃以下时，应控制浇水，冬季盆土保持微湿即可。

福禄桐是近年引入，也颇受人们欢迎的观叶树，以良好的形象展现人们眼前，常用于商厦、宾馆等较大的场所摆放，小型盆栽也常作室内绿化。

朱蕉 (Cordyline terminalis)

百合科朱蕉属植物。原产于热带及亚热带地区，如澳大利亚、东南亚，现在各国普遍种植。

【形态特征】 在原产地株高可达4米，国内主要用于盆栽，株高一般1～2米。茎干细长直立，丛生。单叶丛生茎顶，现在种植的主要是其园艺品种，叶形有长椭圆形、卵形、披针形至线形，全缘；多数品种叶片具有鲜艳的色彩，有红色、黄色、乳白色、紫褐色或2～3色相间的色彩；成株能开花，圆锥花序顶生；小花管状，白色或粉紫色(彩图277)。花后结红色小浆果。

【生长习性】 喜高温、湿润、明亮的散射光照，但也耐阴，耐旱。喜疏松肥沃的土壤种植。生长适温20℃～28℃。

【繁殖方法】 扦插繁殖。春、秋扦插，剪取茎顶或中部的茎干10～15厘米，去除下部叶片及叶鞘，上部叶片剪去部分，插入沙床，保湿，半遮光，月余可生根。

【栽培管理】 种植土壤可用泥炭土或腐叶土加少量普通培养

土及有机肥。半阴环境与湿润条件下生长最佳，春天至秋季每月施肥1～2次，生长旺季需水较多，盆土可常保持湿润，冬季减少喷水。室温应保持10℃以上，空气干燥时可向叶面喷水。植株高大时，老叶会脱落，茎光秃，应短截，促发侧枝，剪去的枝条可用于扦插。每2～3年可换盆1次。

朱蕉叶色艳美，品种多，是优美的观叶植物，也可用于花篮的切花配料。有些朱蕉属植物和龙血树属植物十分相似，难以区分。它们的区别是：龙血树属根多呈黄色或橙红色，子房3室，每室具种子1枚；而朱蕉属的根为白色，子房3室，每室具种子数十枚。

散尾葵 (Chrysalidocarpus lutesens)

棕榈科散尾葵属植物。原产于非洲马达加斯加岛。

【形态特征】 从生常绿灌木。在原产地高可达8米，在我国种植多在3米以下。基部多分蘖，茎分节光滑，竹节状。羽状复叶向四周扩散，长1～2米，羽片窄披针形，长20～40厘米，叶柄淡黄，上面有沟槽。圆锥花序，具分枝；花小成串，金黄色；5月份开花，8月份结果(彩图278)。

【生长习性】 喜温暖、湿润气候，耐阴，也喜不太强的光照，不耐寒，北方冬季室内种植，室温不应低于10℃，要求肥沃、排水良好的砂壤土。

【繁殖方法】 分株繁殖。也可播种繁殖，但少用。

【栽培管理】 盆栽土壤多用腐叶土加泥炭土及河沙或混一半砂壤土，以疏松肥沃为宜。土壤肥料充足，生长季节每1～2个月追肥1次即可。室内种植应在明亮光照处，室外种植最好置半日光照射处，能避开中午强光最好。注意及时浇水，防盆土干旱。

散尾葵株形优美，具竹的风韵，易栽揺，多用于宾馆、商厦的室内外种植。

袖珍椰子 (Chamaedorea elegans)

棕榈科袖珍椰子属植物。原产于墨西哥、危地马拉。

【形态特征】 多年生常绿小灌木。株高可达3米，茎干直立，不分枝。羽状复叶，小叶互生，狭披针形，长15～20厘米，20～40枚。肉穗花序直立，多分枝，花小球形；雌雄异株，春季开花(彩图279)。

【生长习性】 喜温暖、湿润、半阴环境；怕强光直晒，不耐寒，生长适温15℃～25℃。

【繁殖方法】 播种或分株繁殖。春天播种，24℃～30℃条件下约100天左右发芽，幼苗需置半阴环境下细心照顾。

【栽培管理】 盆栽土壤应用疏松、肥沃、排水良好的微酸性土壤，但对北方的中性土壤也能适应。春、夏、秋盆土常保持湿润，每半个月至1个月追肥1次，置半阴环境中养植，冬季盆土保持微潮即可。喜湿润环境，可常向叶面及植株周围喷水。

袖珍椰子株型较小，叶形秀丽、翠绿，耐阴，适合室内摆设及布置山水盆景。

软叶刺葵 (Phoenix roebelenii)

棕榈科刺葵属植物，又名美丽针葵。分布于东南亚一带，我国云南也产。

【形态特征】 常绿灌木，丛生，盆栽常单生。株高多在3米以下。叶簇生于茎上部，下部具三角状叶柄脱落的痕迹；羽状复叶长1～2米，羽片线形，柔软，对生，2列排列，羽片长20～30厘米，叶稍弯曲下垂。雌雄异株，肉穗花序生于叶腋，长30～50厘米(彩图280)。本属常见种植的有：长叶刺葵，又名槟榔竹，现热带地区广为种植，我国主要用于盆栽观赏，单干，羽状复叶密生，长可达4～6米，小叶近200对，窄而刚直，盆栽株高多在2米之内；刺葵，常绿灌木或小乔木，高2～5米，叶长1米左右，羽状裂，裂片线形，单生或2～3片聚生，产于我国台湾、海南岛及两广地区；海枣，又名伊拉克蜜枣，常绿乔木，原产地株高可达20余米，叶长可达6米，叶羽状全裂，雌雄异株，10年以上植株可结实，在我国用于盆栽，不能结实。

【生长习性】 喜光照、高温、多湿，也稍耐阴及干燥。

【繁殖方法】 播种繁殖。种子出芽时间长，本属种子通常需100余天发芽。

【栽培管理】 盆栽土壤用疏松肥沃的砂壤土即可。生长缓慢，生长季节施有机肥2～3次，平时注意浇水，见干见湿。夏天可置室外，天冷置温室。

本属植物在我国常作盆栽，用于花坛布置，由于植物较高，常置中心突出地方，更显热带风光。

棕　竹 (Rhapis excelsa)

棕榈科棕竹属植物，又名观音竹、筋头竹。原产于我国华南地区。

【形态特征】 常绿丛生小灌木。株高1～3米，茎干直立，不分枝，为褐色网状纤维叶鞘所包。叶柄细长，10～20厘米；叶片掌状深裂几达基部，裂片5～7枚，长15～25厘米、宽2～4厘米。雌雄异株，肉穗花序腋生(彩图281)。浆果球形，直径小于1厘米，含种子1粒。开花期3～8月份，果熟期9月份至翌年4月份。有花叶品种，即花叶棕竹，叶面有宽窄不等的黄色条纹，华丽而名贵。常见栽培观赏的还有细棕竹，叶扇形，深裂，裂片2～7枚，长椭圆状披针形，长15～20厘米，宽2～4厘米，产于广东、广西及海南一带；矮棕竹，又名细叶棕竹、小棕竹，株高多在3米以下，叶扇形、掌状深裂，13～20片，长25～30厘米，宽1～2.5厘米，产于广西、贵州，生于石灰岩地带，耐寒性较强；多裂棕竹，又名金山棕竹，株高1.5米，叶扇形，深裂，裂片25～35片，狭线形；粗棕竹，叶片4裂，披针形，较宽。

【生长习性】 喜温暖、湿润、半阴环境，生长适温16℃～25℃，忌强光直射。

【繁殖方法】 多用分株繁殖。常于早春结合换盆分株，每盆3茎。也可播种繁殖，约1个月出苗。

【栽培管理】 盆栽土壤可用疏松肥沃的砂壤土，多加一些腐叶土或泥炭土更好。4～10月份生长季节常保持土壤湿润及半阴环境，常向叶面喷水，每半个月至1个月施肥1次。冬季置室内光照处，盆土保持微潮即可，冬季室温以不低于7℃为宜。

露兜树 (Pandanus tectorius)

露兜树科露兜树属植物。原产于太平洋诸岛，近年我国引种作观叶植物种植。

【形态特征】 常绿灌木或小乔木。叶线状披针形，长50～90厘米，宽6厘米左右；叶缘具细锯齿；叶背中肋有斜刺，叶螺旋状排列，株形美丽。本种为本属中最为常见并最具代表性的盆栽观赏类植物(彩图282)。常见的另一种盆栽植物为红刺露兜树，叶质较硬，稍直立，叶宽披针形，长可达1米左右，叶下部较宽，叶缘具红色刺。本属植物雌雄异株，聚合果，但在我国难开花结果。

【生长习性】 生性强健。耐阴，耐旱，也耐湿。但喜温暖，盆栽宜置室内明亮处，也喜湿润环境。生长适温20℃～32℃。

【繁殖方法】 播种或分株繁殖。种子发芽适温24℃～28℃，宜于夏初播种。分株时可剪短叶片，易成活。

【栽培管理】 栽培土壤可用肥沃的砂壤土，土壤常保持湿润，每1～2个月追肥1次；全日照、半日照均可，但应避免北方的干热强日照。冬季应置10℃以上室内。

假叶树 (Ruscus aculeatus)

百合科假叶树属植物。分布于南欧及北非地区。

【形态特征】 常绿小灌木，株高1米左右。其叶退化成鳞片状，看到的“叶”，实为小枝扁化而成，卵圆状披针形，端尖，绿色(彩图283)。雌雄异株，雌花开花于假叶中的中下部，并能结红色浆果，花小，绿白色。地下具根状茎。叶片形状奇特，是科普教育的好材料。

【生长习性】 喜凉爽、光照，耐空气干燥。越冬室温不低于5℃，生长适温15℃～22℃。

【繁殖方法】 播种或分株繁殖。

【栽培管理】 栽培土壤用沙质壤土。日照需充足，天暖时可搬至室外阳光下。生长期要有充足水分，但忌积水，耐干旱能力也强。所以，不必增加空气湿度，每个月可追肥1次。

假叶树枝叶奇特，也是高级花材，可持久不凋；干后可作干燥花材。具一定耐阴性，可供宾馆光照处摆放或庭院美化。

红瑞木 (Cornus alba)

山茱萸科梾木属植物，又名红梗木。原产于我国长江以北地区及俄罗斯、朝鲜。

【形态特征】 落叶灌木。茎直立丛生，高多在2米以下；老茎暗红色，冬季所有枝条均呈红色(彩图284)。叶对生，卵形至椭圆形，端尖；叶面绿色，背面粉绿色，聚伞形花序顶生，花乳白色，较小，夏季开花。叶在秋末天冷时变红，鲜艳夺目。

【生长习性】 半阴性树种，但适应性强。强光或半阴环境下均能良好生长。耐旱，耐寒，也能适应江南湿热环境。

【繁殖方法】 多用扦插繁殖，也可播种或压条繁殖。扦插可于早春2月将1年生的枝条剪成20厘米长，沙藏1个月，然后斜插于土中，浇水，覆盖塑料薄膜，在20℃～25℃条件下半个月可生根；也可于夏季进行嫩枝扦插，剪取当年生半木质化枝条15厘米，顶尖留叶2～3片，插入沙土或蛭石中10厘米，保湿20天可生根，经2～3年养植可作定植树苗。种子繁殖，春天前一年秋天采集的种子，放入布袋中，泡水半天，取出，仍置于湿袋中，保潮湿，约7天左右，种子萌动即可播种。

【栽培管理】 一般砂壤土均可种植，定植时坑穴内施基肥，成活后可不再施肥；每年春天浇水1～2次，冬前浇水1次，管理十分简便。幼株可摘心，促发侧枝，多发枝条。

叶秋末变红，冬季枝条鲜红色，是观叶观茎树种。种植于草坪；在冬季草坪枯黄时，或雪后一片鲜红的枝条更显美观。

火炬树 (Rhus typhina)

漆树科漆树属植物。原产于北美，现世界多国都有引种，我国一些城市也把它列为重点发展树种之一。

【形态特征】 落叶小乔木或小灌木。高通常3～7米。奇数羽状复叶，小叶9～31片不等，小叶长卵状披针形，长可达12厘米，叶缘有齿。顶生圆锥花序，雌雄异株或杂性，花序满被绒毛；花小而密集。花后小果实发育使整个花序呈火炬状(彩图285)。5月份开花，6～7月份结果，晚秋叶红，10～11月份为观叶期。

【生长习性】 喜光照，耐旱，耐寒，耐盐碱，可在含盐量0.7%的盐碱土上生长。耐水涝。属粗生易管型植物。

【繁殖方法】 分株或播种繁殖。植株萌蘖力强，地下横生根易萌发幼苗，可挖取幼株栽种。也可播种，由于种皮具蜡层，吸水困难，干藏的种子用90℃以上的热水浸种催芽或冬季沙藏播种，都可有较高的发芽率。

【栽培管理】 粗生易长，生活力强。由于怕水淹，而耐干旱，种时应选择避水淹的地区；由于横生根发达，萌蘖力强，应避开名贵花木种植并控制萌蘖生长，防止侵害周边植物。

火炬树果穗如同火炬，秋天叶红色，有景观效果。

女　贞 (Ligustrum Lucidum)

木犀科女贞属植物，又名桢木、蜡树。原产于我国长江流域及以南地区，现北方地区也多有种植。

【形态特征】 常绿小乔木。叶对生，卵形或卵状椭圆形，全缘，叶面光亮(彩图286)。6~7月份开花，圆锥花序顶生；花小密集，白色。根多发达。萌蘖芽力强，耐修剪整形，常作小灌木种植。

【生长习性】 喜光照，也耐阴，对土壤要求不严，但在肥沃的微酸性土壤中生长最好，在北方的中性或微碱性土中也能良好生长。较耐寒。

【繁殖方法】 播种或扦插繁殖。种子成熟后，洗净阴干，湿沙层积，翌年春播种。

【栽培管理】 由于适应性强，极易种植。移植大苗需带土球；小苗近距离移植可不带土球。由于生长迅速，又耐修剪，常作绿篱种植。由于对二氧化硫及氯气有一定抗性，也适于厂矿区绿化。常见用于绿化种植的有金叶女贞，为金边广椭圆叶女贞与金叶欧女贞的杂交种，新叶黄色，叶老后转绿，常修剪，新叶不断出现，可保持美丽的金黄色数月之久。扦插繁殖。形态与生长习性同女贞。常用作绿篱种植，或修剪成球形，金黄色的球体在草坪上更显美丽。

紫叶小檗 (erberis thunbergii vaz. atropupurea)

小檗科小檗属植物，为小檗的栽培变种。原产于日本，我国各地多有种植。

【形态特征】 落叶小灌木。高1~2米。幼枝及叶紫红色，叶椭圆形或倒卵形，全缘，长1厘米。花小，常簇生，不明显。浆果球形，红色。开花期4~5月份，秋季果红，以观叶为主(彩图287)。

【生长习性】 喜光照，耐寒，耐旱，也耐贫瘠。

【繁殖方法】 播种或扦插繁殖。秋播或春播均可，扦插多于夏季剪取当年生半硬枝条扦插，遮荫保湿。

【栽培管理】 早春种植，易成活。光照下叶红，因此应种植于向阳处。种植时最好施基肥。成活后仅干旱时浇水，无需多加管理。萌蘖力强，耐修剪，可根据需要修剪。

常作花篱，路边丛植，或修剪成球形株丛点缀庭院、花坛。

南天竹 (Nandina domestica)

小檗科南天竹属植物，又名天竺。原产于我国及日本，主要分布于长江流域。

【形态特征】 常绿灌木。丛生，株高1～2米，茎直立，通常无分枝。叶为三出羽状复叶，小叶近无柄，椭圆状披针形，全缘。5～7月份开花，顶生大型圆锥花序；小花白色。浆果球形，秋季成熟时红色，可宿存于枝上。晚秋叶特红，果、叶甚美，观赏期长(彩图288)。

【生长习性】 喜温暖湿润，通风良好的半阴环境，疏松肥沃的微酸性土壤，较耐寒。在北京地区背风向阳的庭院中可安全过冬。

【繁殖方法】 播种或分株繁殖。春天播种，播后将盆置于阴凉处或室内，保持盆土湿润，2～3个月出苗，幼苗生长极慢，一年生苗高约5厘米左右，冬季可置温室内继续生长，苗高10厘米时可分盆种植。南天竹萌蘖力较强，常一丛多株，可于春天将植株挖出，用利刀将植株分割，每丛3个茎枝，分栽。分栽后可于室内缓苗20余天，再置室外半阴处，成活后可定植于庭院。也可扦插繁殖，由于生根极慢，少用。通常春天选健壮枝，含2～3个芽的枝条作插穗，插入沙中，置遮阳棚下保湿，7～8月份可生根。

【栽培管理】 栽培土壤应为肥沃疏松的沙质壤土，春天带宿土种植，土壤应经常保持湿润，环境应半阴，避免强光环境。生长季可追施稀有机液肥3～4次，入冬前浇封冻水。早春可剪去干果及残枝，5年左右的老枝也可从基部截去。分株繁殖的新株，若生长不良，也可将老枝从地面上10厘米处截去，促发新株。

常用于庭院绿化或盆景制作。

沙地柏 (Sabina vulgaris)

柏科圆柏(桧柏)属植物，又名叉子圆柏。原产于我国西北、内蒙古沙地及干旱的荒地。

【形态特征】 常绿匍匐小灌木。枝条呈 30°～45° 角斜向生长。叶 2 型，幼龄株常具刺形叶，交互对生或3叶轮生；壮龄株则多为鳞叶，交叉对生(彩图 289)。常见栽培的还有铺地柏，也为常绿匍匐小灌木，枝条贴地生长，叶小钻形，3叶交互轮生；原产于日本，近年引入我国，生长表现良好。

【生长习性】 喜光照，耐寒也耐热，耐干旱，也耐瘠薄，适应性极强。

【繁殖方法】 种子或扦插繁殖。种子成熟后立即沙藏，种子发芽缓慢，常需 1～2 年才能发芽。

【栽培管理】 对土地要求不严，但应选防涝的高地种植，成活后无需特殊管理，可任其生长，如为加快生长，可适当浇水施肥，也可适当修剪。

沙地柏是良好的常绿地被植物，用于美化环境。

冬青卫矛 (Euonymus japonicus)

卫矛科卫矛属植物，又名大叶黄杨。原产于日本，现我国各地多有种植。

【形态特征】 常绿小乔木或灌木。小枝稍呈 4 棱形。单叶十字交叉对生，叶倒卵形或狭长椭圆形，叶缘有锯齿；叶面光亮，叶长7厘米，宽4厘米(彩图 290)。花绿白色，5～12 朵组成小型聚伞形花序；初夏开花。蒴果扁球形，淡红色，秋天成熟。花果均小，无观赏价值。常见栽培的有金边冬青卫矛，叶边缘金黄色；银心冬青卫矛，叶缘及叶面均有白色斑块；金心冬青卫矛，叶面有黄色斑块。

【生长习性】 喜阳，也耐阴；喜温暖，也耐寒，对土壤要求不严，偏酸偏碱都能适应，也耐干旱瘠薄土壤。

【繁殖方法】 扦插繁殖为主，也可播种繁殖。春末至夏初剪取半硬枝条扦插，生根快，易成活，夏、秋也可扦插。

【栽培管理】 通常春天移植，小苗可裸根移植。生性强健，成活后按需要修剪，无需特殊管理。常作绿篱或修剪成球形等形状，美化环境。

黄　杨 (Buxus sinica)

黄杨科黄杨属植物，又名瓜子黄杨、小叶黄杨。原产于我国中部，各地多有种植。

【形态特征】 常绿灌木或小乔木。小枝4棱。叶对生，倒卵形或椭圆形，革质，先端微凹或圆，全缘；叶面深绿色，光亮；形如瓜子。叶长2.5厘米，宽1厘米。小花生于叶腋或枝端，黄绿色，春天开花(彩图291)。

【生长习性】 喜温暖、半阴环境，幼树尤其喜欢背阴处，光照下叶片易黄。对土壤要求不严，耐碱性较强，也耐瘠薄土壤。

【繁殖方法】 播种或扦插繁殖。

【栽培管理】 适应性强，属粗生易管型植物。春天移栽，成活后无需特殊管理，只需及时修剪造型。常作绿篱种植或丛生球状修剪，美化环境。对有害气体抗性强，并能净化空气，尤其适于厂矿绿化。

竹 (Bambusa spp.)

禾本科竹亚科的多年生常绿木本植物。在全世界有广泛分布，在我国主要产于长江以南，但黄河以北也多有种植，常见于公园与庭院。具有重要的经济价值与观赏价值。

【形态特征】 地上部分单茎丛生，茎圆柱状，表面光滑，绿色，中空；茎分节，节部膨大呈二环状；每节上常生有2个以上的细小分枝，小枝可再分枝，叶生于小枝端部，每个叶簇具叶片2～

6片，叶披针形；有的种类，植株粗壮高大，叶多分布于上部；有的竹类植株细矮，分枝自下而上布满全株，叶也布满全株，常用于观赏(彩图292)。花序总状，顶生或侧生，花序外面具苞片，或由一组叶鞘形成的佛焰苞所包被，小花序从佛焰苞的一侧外露；花通常由3枚鳞被(浆片)及雌雄蕊组成，花小。果通常为颖果，果皮紧贴种皮，构成种子。种子生命力明显低于一般禾草的种子，易丧失发芽率，在竹株中落地可发芽成苗。竹类的一生中，大部分时间为营养生长，每年从土壤中生出竹笋，长成新的植株，使竹林不断扩大，一旦开花，植株便死亡。竹林常成片死亡。地下茎根状，有的种类地下茎粗短，集中于地上茎基部附近，顶芽出土成竹，侧芽萌生成一新的地下茎，植株常呈丛生状，这类地下茎集中的又称合轴型；有的地下茎细长，向四周伸展，侧芽出土成竹，顶芽继续向四周扩散，形成新的地下茎(又称竹鞭)，这类地下茎长出的植株较分散，又称单轴型；还有一类兼具单轴型与合轴型的特点，称复轴型。刚出土的幼芽称竹笋，竹笋生长极快，有的1天可长高1米。

【生长习性】 喜温暖、光照、湿润环境，也较耐阴。耐寒性较差，故北方常种于背风处。要求疏松肥沃土壤，微酸性土中生长良好，不耐盐碱，较耐旱，怕水涝。

【繁殖方法】 分株或分割地下根状茎分段繁殖。分株繁殖多在早春新叶长出前挖出老株，重新种植。在挖掘、苗木运输、栽种过程中应避免须根变干，可用湿草包包裹，或带土移植。大量繁殖可于早春或秋分前把地下茎挖出分段，每段2~3节，平埋于地下10厘米处浇水覆土，翌年可出芽成苗，长成新的植株。

【栽培管理】 竹类属粗放管理类植物，种植时施足基肥，成活后无需特殊管理。每年冬前浇1次水，最好施1次肥，干旱季节应浇水防旱，雨季应注意防涝。

竹类株形优美，四季常青，常植于公园、庭院美化环境。一些小型竹类及花叶品种常盆栽或制成盆景陈设。用于栽培观赏的种类颇多，如常见的佛肚竹，茎节基部膨大，佛肚状(彩图293)；凤尾竹，茎秆矮细，多分枝，叶通常10多枚生于一小枝上，形似羽状复叶，常用作盆景或庭院种植观赏；紫竹，随茎秆老化，茎秆变紫，颇具观赏性；方竹，茎秆下部近方形，枝叶优美；罗汉竹又称人面竹，茎秆下部数节常畸形缩短，节间肿胀如人面。

许多竹都具很多经济价值，也多具观赏价值，茎秆常用于建筑材料、家庭用品及工艺品制作，竹笋可食，也常制成笋干及罐头。

九、乔木类花卉

刺　桐 (Erythrina variegata Var. Orientalis)

豆科刺桐属植物，又名象牙红。原产于印度、马来西亚等南亚热带国家，我国引种已久远。

【形态特征】　落叶乔木，高可达10余米。嫩枝有刺，树形似桐，故名(彩图294)。叶互生，小叶3枚，近菱形。花序生于枝端，长者可达60厘米，着花多朵；花红色，细弯月形，形似象牙，自下向上依次开放；在华南地区从12月份开花至翌年3月份，北方盆栽，小灌木状，春天开花。

【生长习性】　喜高温、光照、湿润气候，肥沃的酸性土壤。

【繁殖方法】　多用扦插繁殖，也可用种子繁殖。早春剪取1～2年生枝条，长10～20厘米插于沙床，生根后移植。种子通常9月份成熟，采后阴干，春天播种。

【栽培管理】　土壤应疏松肥沃呈酸性，南方露地种植，管理简单，主要是做好修剪工作。植株生长快，萌芽力强，耐修剪，可根据需要培育成乔木或修剪成灌木。北方盆栽，以观花为主，修剪成多枝条的灌木状，冬季置温室光照处，保持盆土湿润，天暖移置室外半光照处，常向植株四周喷水，增加环境湿度，5～8月份为生长季节，可半个月追肥1次。老龄植株可从地面以上15厘米处剪除老枝，使其重新发枝，按需要修剪成新的株形。刺桐生长较快，扦插枝翌年即可开花观赏，实生苗3～4年也可开花。

常用作庭院绿化及行道树。北方盆栽观赏。

红花羊蹄甲 (Bauhinia blabkeana)

豆科羊蹄甲属植物。原产地不明，可能是一个杂交种，热带树种，主要见于我国华南及香港一带。

【形态特征】 常绿小乔木，高5米左右。叶互生，革质，阔卵形，基部心形，先端开裂呈凹状，羊蹄形；叶面光滑深绿，叶背淡灰绿色。花紫红色，花径10～12厘米，花瓣5枚，倒卵形；花美而清香，几乎可一年四季开花不断(彩图295)。

【生长习性】 喜暖热、光照、湿润、酸性土壤。除华南地区露地生长外，其他地区均盆栽，冬季置温室观赏。

【繁殖方法】 花后不结实，通常嫁接繁殖，常用其他种羊蹄甲实生苗作砧木。也可扦插，但成活率较低。

【栽培管理】 种植土壤应为疏松、肥沃、湿润的酸性土壤，不耐干旱。生长较快，花期也长，可陆续开花数月，因而需肥较多，春天施肥1～2次，秋冬可不施肥，以免幼苗越冬受寒。抗性强，病虫害少，喜光照，能耐南方阳光暴晒，可修剪成小乔木或灌木状。北方天冷置温室光照处，室温不低于5℃，夏季应避免强光照，周围喷水保湿。

羊蹄甲是优良的观赏树种，可作行道树或作风景观赏树。常见种植的还有：白花羊蹄甲,灌木，花白而大，5～6月份开花；羊蹄甲，乔木，半落叶状，花桃红色，秋末至冬初开花；洋紫荆，乔木，花淡红杂以紫色，春季开花。

菜豆树 (Radermachera sinica)

紫葳科菜豆树属植物。产于我国台湾、广东、广西、云南一带。

【形态特征】 落叶乔木。产地可高达10米左右；盆栽常用幼株观赏，高通常在1米以下，株形优美，叶绿而光亮。叶对生，二至三回奇数羽状复叶；小叶卵圆形或椭圆形，端尖。成年株春、夏开花，圆锥花序顶生；花冠筒状，黄白色，5裂。蒴果圆柱形，似豇豆，长可达70厘米，直径0.7厘米。盆栽植株属幼树，不开花，仅作观叶用(彩图296)。

【生长习性】 喜高温多湿，明亮的光照，但应避免夏季中午的强光照。具一定耐阴性。越冬温度不低于10℃，生长适温20℃～28℃。

【繁殖方法】 扦插或播种繁殖。

【栽培管理】 盆栽可用壤土或沙质壤土，基肥充足，生长期每2～3个月施肥1次，盆土常保持湿润。

菜豆树，叶绿光亮，对干燥环境有较强的适应性，具一定耐阴性，是室内优良的观叶植物。

梅 花 (Prunus mume)

蔷薇科李属植物，原产于我国。

【形态特征】 落叶小乔木。树高通常在4米左右，树冠圆头形，树干褐紫色或灰褐色，嫩枝绿色。叶广卵形至卵形，先端渐尖或尾尖；叶缘具细锐锯齿；叶长可达10厘米。花每节1～2朵；多无梗或具短梗，花径2～3厘米，多红色、粉红色或白色；花瓣5枚或重瓣。观花品种常不结果，以赏花为主。食用品种可结果，核果近球形，径2～3厘米，黄色或绿黄色，味酸，6月份成熟。早春开花，先花后叶(彩图297)。赏花品种甚多，现栽培的多为梅花相互杂交选育的品种，也有一些是梅与杏的杂交种，称杏梅。形态介于杏、梅之间，品种不多，但花繁色艳，适应性与抗寒性均较强，更适宜长江以北种植。还有美人梅，由梅与红叶李杂交而成，花繁密，重瓣，具长花梗。

【生长习性】 喜温暖、湿润、光照、通风，具一定耐寒性，一般可耐－10℃低温，杏梅类可抗－20℃的严寒。对土壤要求不严，耐瘠薄。但以疏松、肥沃、微酸性土壤为好，耐旱而不耐涝。

【繁殖方法】 以嫁接繁殖为主，也可扦插繁殖。嫁接时砧木常用梅的实生苗或山杏、山桃的种苗。春天多用切接或劈接，6~9月份多用芽接。扦插常于春天用1年生枝进行，成活率与品种有关，有的可达80%，有的尚很困难。

【栽培管理】 种植梅花，通常用2~5年生的嫁接苗，主干高近1米，上留3个大主枝，形成自然开心形。一般进行轻度修剪，以疏剪为主，短截为辅。通常于入冬前施有机肥，早春花蕾形成前施速效肥催花，新梢停止生长后，约在6月底至7月初施一次磷、钾肥，以促进花芽分化。梅花虽具一定的耐寒性，但在北方露地难以越冬，尤其是风大地区；但选用耐寒品种种于庭院内则可安全越冬，如北京市的四合院可种耐寒品种梅花。

梅花是早春的重要花木，长江流域种植尤多。北方多盆栽，制作盆景。元旦欣赏梅花，可于11月下旬将梅花移入低温温室，保持4℃左右温度，12月中旬逐渐加温至15℃~25℃，置光照处，每日喷水1~2次，元旦即可开花。如春节赏花，可于节前10天移入15℃~25℃室内，同样处理即可。

桃 花 (prunus persica)

蔷微科李属植物。原产于我国，至今在华北、西北、西南等地山区仍有野生桃树。现世界各国都有种植。

【形态特征】 落叶小乔木。株高多在3~5米，小枝红褐色或绿色。叶披针形，先端渐尖；叶缘具粗锯齿。花单生，花梗极短，先开花后展叶，原种花瓣5枚；春季开花。根据食用与观赏价值分食用桃与花桃2大类。花桃花色花姿多种，但果小而无食用价值，多重瓣，也有单瓣品种。常见种植的如白桃，花白色，单瓣；白碧桃，花白色，复瓣或重瓣；红碧桃，花红色，重瓣；碧桃，花淡红，重瓣；撒金碧桃，花重瓣，一枝条上能开出2种颜色的花，甚至一朵花上或一个花瓣上有两种颜色，多为粉、白二色(彩图298)；紫叶桃，叶片红紫，春天新出叶尤为紫红，夏天变绿，花粉红色

(彩图 299)；寿星桃，植株矮小，节间短，花朵密集，花白色或红色；垂枝桃，枝条下垂，花有红、白等颜色。

【生长习性】 喜光照，耐寒耐旱不耐阴，也不耐水湿，喜排水良好而又肥沃的砂壤土和良好的通风环境，能耐 −20℃低温。

【繁殖方法】 常用嫁接繁殖。砧木多用山桃或毛桃的二年生实生苗，春天切接或早秋芽接。也可用杏苗作砧木嫁接，春天切接或早秋芽接，虽嫁接稍难，初期生长略慢，但寿命长，病虫害少。种子繁殖不能保留品种特性，故不用，但可作砧木用。

【栽培管理】 嫁接苗成活 1 年后可分植，并从地面以上 30～50 厘米处剪头，从而形成一段主干，在主干上留 3 个侧枝，均匀分布。冬前落叶后短截至 15～30 厘米，促发侧枝，通常第四年可开花，花后立即进行修剪，主枝保留，其他枝条可剪去 1／2 或更多。桃花的花芽产生于当年枝条，花后短剪枝条促发新枝，可使翌年花开密集。春季花后进行修剪，然后追肥水 1 次，5 月下旬对新枝再修剪 1 次，保留壮枝，剪去弱枝与重叠枝。6 月下旬再追肥 1 次，促进花芽分化。进入 8 月份后停止生长。如有旺长枝条可摘心，使其停止生长。冬前施有机肥并浇水 1 次。春季花开前浇水，供开花需要。桃花寿命约 30 年。

如欲冬季节日赏花，可提前 30～45 天上盆移入温室，在 15℃～20℃条件下催花，每天向植株喷水 2～3 次，以防落蕾，约 20 天可现花蕾。根据开花需要，提高或降低室温，可促使花提早或延迟开放。

桃花在我国有悠久的栽培史，品种甚多。大江南北多有种植，为春季重要花木，常见于街旁、山坡、河畔及庭院。早花品种与晚花品种搭配，观花期 1 个月左右。

樱　花 (Prunus Serrulata)

蔷薇科李属植物，又名山樱（花）。原产于我国长江流域、北方及日本。

【形态特征】　落叶乔木。株高可达20余米，树皮红褐色，光滑而有横纹。叶卵形至卵状椭圆形，先端尾状；叶缘具齿。花3～5朵聚生，白色至粉红色；4～5月份开花，先花后叶。变种及品种甚多，有单瓣、重瓣品种(彩图300)。近年我国引进一些日本樱花，主要有日本樱花，又称东京樱花，多单瓣，白色至淡粉色，在北京于4月上中旬开花；日本晚樱，落叶小乔木，株高可达10米；花大，重瓣，花下垂，粉红色至近白色，在北京于4月中下旬开花。

【生长习性】　喜光照、温暖、湿润，喜深厚而肥沃的土壤，要求排水良好，忌积水；对有些烟尘及气体抗力较弱，有一定的耐寒力。

【繁殖方法】　常用嫁接繁殖。多以山樱桃或樱桃的实生苗作砧木，于初春切接或7月中下旬芽接。

【栽培管理】　苗高2～3米可早春定植。定植穴施基肥，成活后因樱花根系分布较浅，要经常保持土壤疏松、湿润。每年根据需要进行修剪整形。剪去病弱枝、徒长枝。每年夏季应追肥1次。

樱花开放时，满树皆花，花大而艳丽，十分美丽壮观。为春季重要的观花植物。

海棠花 (Malus Spectabilis)

蔷薇科苹果属植物。原产于我国，现国外也多有种植。

【形态特征】　落叶小乔木。株高5～8米，树皮灰褐色、光滑，嫩枝有短柔毛。叶互生，长椭圆形，先端渐尖；叶缘有钝齿；叶柄细长。花4～7朵簇生，呈伞形总状花序；花多为半重瓣，具长花梗；花径约4厘米，花蕾红色，开后呈粉红色，早春与叶同时开放；梨果黄色，近球形，直径近1厘米(彩图301)。常见的栽培品种有重瓣红海棠，又称西府海棠，叶片与花瓣均较原种大，重瓣，花粉红色，花径5厘米；重瓣白海棠，花重瓣，白色，花径4厘米。

【生长习性】 喜阳不耐阴，耐寒，耐旱，不耐水湿，适宜土层深厚肥沃、中性至微酸性的土壤。

【繁殖方法】 常采用嫁接或分株繁殖。嫁接时多以山荆子或海棠的实生苗作砧木于早秋芽接或早春芽萌发前枝接。也可挖取母株周围的根蘖苗种植（分株繁殖）。种子繁殖易发生性状变异，故不用。

【栽培管理】 栽植穴应大些，以使根能自然伸展。并应施足基肥。栽后浇透水，成活后一般可不再追肥。海棠花对环境适应性强，无需多加管理，只需花后适当修剪，剪去散乱枝条，但要避免重剪，重剪易产生过多徒长枝，减少开花，每年早春应喷3～5波美度的石硫合剂1～2次，可大大减少病虫害的发生。

海棠花是我国的著名花木，有“国艳”、“花中神仙”的美称。18世纪传入欧美，已培育出大量的观赏新品种，常在公园或庭院中孤植，对二氧化硫抗性较强，也适于厂矿绿化。近年我国又从国外引进一些品种，多见于公园与街旁。

垂丝海棠 (Malus halliana)

蔷薇科苹果属植物。原产于我国西南地区，现全国各地均有种植，长江流域较多。

【形态特征】 落叶小乔木。株高多在5米以下，树冠扩散。叶卵形至椭圆形；叶缘具小锯齿；叶长6厘米左右。花常4～6朵簇生；花瓣5枚，红色；花萼紫红；花梗细长，因而花朵下垂(彩图302)。果紫红色，近梨形。春季开花，也有重瓣花品种。

【生长习性】 喜光照，不耐阴，要求温暖湿润，耐寒性差，北京地区可庭院种植，对土壤要求不严，但肥沃土壤生长良好。

【繁殖方法】 常用野生海棠作砧木嫁接。

【栽培管理】 定植时施足基肥。成活后管理粗放。春天旱时浇水，冬前浇冻水并施有机肥。保留主干1米左右，树冠可任其生长，适当修剪，保持较好的树形。

垂丝海棠常作庭院种植，是我国的传统园林花卉。

红叶李 (Prunus Cerasifera var. atropurpurea)

蔷薇科李属植物，又名紫叶李。原产于亚洲西南部，为樱李的变种。

【形态特征】 落叶小乔木。株高多在8米以下。幼枝及叶紫红色；叶卵形至倒卵形，长3～4厘米，叶基部圆形，边缘具重锯齿。花多单生于叶节处，单瓣，粉红色，花径2.5厘米，春季开花。七月份果熟，暗红色。春、秋叶红，夏季红绿，是园林中常见的观叶树种(彩图303)。

【生长习性】 喜温暖、光照、湿润气候，耐旱而不耐积水。稍耐寒，在北京地区一般应植于背风向阳处。适于肥沃砂壤土种植。

【繁殖方法】 常采用嫁接繁殖。可用山桃、毛桃、山杏、李作砧木，于早春离地面5～6厘米处截断枝条。选用分枝健壮，具2～4年芽的上一年枝条进行嫁接。接好后封土，微露接穗顶部，1个月成活后扒开土壤，解除嫁接时用的塑料薄膜。

【栽培管理】 嫁接成活的2年生苗可用于定植，成活后的苗木，应随时除去砧木萌蘖，剪除过密的细弱枝，使树冠圆整。春季干旱时应浇水3～4次，立秋后停止浇水，使组织充实生长。入冬前浇1次冻水，在北方定植后的小苗，根部应培土防寒，苗大可不必再做防寒处理。易受红蜘蛛为害，应注意防治。最好种植于浅色背景处。

桂 花 (Osmanthus fragrans)

木犀科木犀属植物。原产于我国南方。

【形态特征】 常绿乔木，盆栽呈灌木状。在我国华南地区株高可达10余米，易分枝，因而在南方若不从幼树时开始修剪，也易成灌木状。单叶对生，具短叶柄，椭圆形至长椭圆形，革质，光亮；叶缘有小齿，叶长4厘米左右。花序聚伞状，腋生，每个花序着生5～7朵花；花冠裂片4枚，芳香；花色随种而异(彩图304)。常见栽培的可分4类，每类又有许多品种。这四类都是桂花的不同变种，它们是：金桂，花黄色，香味很浓，秋季开花，常开花于中秋节前后；银桂，花乳白色，浓香，花期略晚于金桂；丹桂，花橙黄色或橙红色，香味稍淡，秋季开花；四季桂，花色淡黄色至黄色，香味较淡，1年可开花数次，株形多呈灌木状。

【生长习性】 喜温暖、光照、湿润、透风环境。幼苗期需稍遮荫。北方干热强光天气需遮荫，并增加环境湿度。要求酸性沙质壤土。

【繁殖方法】 常采用扦插或嫁接繁殖。春季剪取1年生枝条扦插，保湿。上搭遮阳棚，下封闭扦插枝条，成活率可达90%以上。嫁接多用女贞或小叶女贞作砧木，于早春切接或夏季靠接。

【栽培管理】 南方地栽时，应选排水良好的地块挖穴种植，土壤黏重者需掺沙及有机肥改良土壤。栽培植株需带土移植，充分浇水。每年冬前施有机肥，春天施1次有机肥水或复合肥；7～8月份追施1次以磷、钾肥为主的复合肥，促进开花。雨季注意排涝。北方盆栽，可半个月施1次酸性液肥，防止叶片黄化，平时可用矾肥水，或每隔一段时间浇1次0.2%的硫酸亚铁溶液。夏天花置于阴凉处，防强光暴晒；冬季可置低温温室光照处；春天出室应置于背风处，并常向叶面喷水，防止叶片干焦。

桂花是我国南方的传统庭院花木，北方也常用大桶种植，用于园林布展，也是居民喜爱的盆花，常摆设于庭院。

流苏树 (Chionanthus retusus)

木犀科流苏树属植物，又名茶叶树、萝卜丝花、四月雪等。原产于我国、朝鲜半岛及日本。

【形态特征】 落叶小乔木。株高5米左右。单叶对生，椭圆形或倒卵形，全缘。雌雄异株，花期无区别，但雌株能结果，雄株不能。复聚伞花序生于枝端，花冠4裂，裂片线形；花白色(彩图305)。春末夏初开花，秋季果实成熟，浆果紫色，球形。

【生长习性】 喜光照，耐旱，耐寒，耐瘠薄，但不耐涝。

【繁殖方法】 常采用播种或扦插繁殖。种子有胚轴及胚根双休眠习性，秋季应早采种子，早播种。先在温暖条件下过一段时间，继而度过冬天，完成种胚发育。也可采用变温处理，在25℃～30℃下沙藏2～3个月，继而在4℃下贮藏2个月，沙藏时保持湿润，春播可发芽。扦插时于6月下旬采半硬枝条，保湿，用生根剂处理，成活率也高。

【栽培管理】 早春种植，可种植于向阳或半阴处。应带土移植。种植穴施基肥。成活后剪除过多枝条，使其成为小乔木状。平时只需春旱时浇水，苗期冬前施1次有机肥并浇冻水。大树可不用施肥。病虫害很少发生。

流苏树花开时节，如白雪压枝，清爽宜人，适宜建筑物周围及路边、草坪种植。

玉　兰 (Magnolia denudata)

木兰科木兰属植物，又名白玉兰。主要产于我国南方，现北方街道、庭院也常有种植。

【形态特征】 落叶乔木。株高多在6米以下。单叶互生，倒卵形，长15厘米左右，宽8厘米左右。花单生于枝顶，钟形，白色；花径10～15厘米，花瓣9枚；早春先叶开放。冬天落叶后，花蕾常挂满树枝(彩图306)。聚合果，弯曲柱形，红色，秋季成熟。常见栽培的紫花玉兰，花紫红色，是玉兰的变种。同属栽培种甚多。如二乔玉兰，是白玉兰与紫玉兰的杂交种，花淡紫色，耐寒性强于白玉兰，我国南北方及欧美多有栽培；广玉兰，又名荷花玉兰，常绿乔木，花白色，花径达20～25厘米，夏初开花，原产于北美东部。

【生长习性】 喜光，略耐阴，有一定耐寒性，在北京庭院可种植。喜肥，宜栽于肥沃砂壤土中。

【繁殖方法】 种子繁殖或嫁接繁殖。种子采收后，去掉外种皮，沙藏，春播，幼苗需遮荫，防寒。嫁接常用紫玉兰即辛夷作砧木。

【栽培管理】 3～5年生苗可定植，必须带土移植，少伤根，以利成活。种植穴应选择不积水处，穴内施基肥，早春叶出前移植易成活。花前、花后各施肥1次，花前施肥，可以促使花朵盛开，5月份追肥1次，夏季是玉兰的重要生长季节，高温干旱影响生长，应浇水保墒，其他干旱季节也应注意浇水，玉兰伤口愈合能力差，应尽量少修剪，但为保证树形美观，适当修剪仍十分必要。修剪应在花后大量萌芽前进行，去除枯枝、过密枝及徒长枝。枝条保留15厘米以内。剪后可涂波尔多液以防病菌侵染。在碱性土壤中易因缺铁而使枝叶发黄，可于傍晚喷0.1%的硫酸亚铁溶液防治。

玉兰是我国的传统名花，重要园林春季花木，花大而繁，深受人们喜爱。

合　欢 (Albizia julibrissin)

豆科含羞草亚科合欢属植物，又名绒花树、夜合欢等。原产于我国中部、南方及日本、朝鲜半岛和南亚地区。

【形态特征】 落叶乔木。株高可达10余米，树冠宽阔。叶互生，二回羽状复叶，小叶密生，具小叶10～30对，小叶无柄。头状花序簇生于叶腋或花密集于小枝先端呈伞房状；花萼及花瓣淡黄色，小型，多数粉红色至红色的花丝聚集成绒球状，即俗称的绒花；6～7月份开花(彩图307)。荚果扁平，长10厘米左右，内有种子数枚，秋季成熟。用于栽培的还有大叶合欢，花丝黄绿色；山合欢，花丝白色。

【生长习性】 喜温暖、光照，耐寒，耐旱，也耐瘠薄土壤。

【繁殖方法】 种子繁殖，春播前将种子用温水浸泡，种子膨胀后播种，约半个月可出苗。

【栽培管理】 合欢树树干高大通直，播种苗种植较密集，树苗才能通直。如树苗不直，可将1年生幼苗短截，重新发出通直主干。在华北地区，1～2年生幼苗抗寒力弱，需防寒越冬，3～4年生苗可定植。穴坑施基肥，成活后只需干旱时浇水，适当修剪，5～6年生苗可开花。树长大后通常不必管理，任其自然生长。

栾树 (Koelreuteria paniculata)

无患子科栾树属植物，又名灯笼树。主要产于我国北方及朝鲜半岛、日本。

【形态特征】 落叶高大乔木。株高可达10余米，树冠也大，多呈伞形或圆形。叶互生，奇数羽状复叶或二回羽状复叶，小叶7～15片；小叶叶缘有不规则粗锯齿。顶生大型圆锥花序，花小，金黄色，密布于花序，花序长30厘米左右(彩图308)。蒴果长卵形，中空，3棱形，内有球形黑色种子。蒴果成串，似灯笼状，未成熟时浅绿色，成熟后褐色。夏季开花，秋季果熟。

【生长习性】 喜温暖、光照，耐寒、耐旱，耐瘠薄，适应性强。

【繁殖方法】 种子繁殖。种子成熟后可采集秋播，也可于冬季沙藏春播。

【栽培管理】 属速生树种。春季裸根移植，易于成活，成活后无需特殊管理，枝叶繁茂，对烟尘及二氧化硫都有较强抗性，是花、果皆美又易成荫的优良树种。可单植，也可作行道树。本属有6种栾树，我国各地都有适于当地种植的栾树树种。

香龙血树 (Dracaena fragrans)

百合科龙血树属植物。原产于南非、几内亚、加那利群岛。又名巴西木、巴西铁。

【形态特征】 原种树型高大，可达6米。由于枝段易运输，并易发根长叶，我国从国外引进树段，截成长短不一的枝条盆栽。树段长者可达2米，短者10余厘米至几十厘米不等。盆栽时常选高低错落不等的3根枝条栽于一盆。叶常簇生于枝顶，长披针形，长50厘米，宽5～10厘米；叶缘略呈波状，向下弯垂。叶鲜绿色，有光泽(彩图309)。圆锥花序，花小而芳香，黄绿色，但国内盆栽时很少见花。常见种植的是金心或金边的园艺品种。

【生长习性】 喜高温、多湿和充足的散射光。生长适温20℃～30℃，低于10℃叶片变黄。

【繁殖方法】 扦插繁殖。木质的树段或嫩枝都可用于扦插，约1个月生根。

【栽培管理】 盆栽土壤可用排水良好、富含腐殖质的壤土。生长期可每月施肥1次，秋天可停施氮肥，每半个月施1次磷、钾肥，使植株的组织充实，提高越冬耐寒力。春、夏天应保持盆土充分湿润，入冬应控制浇水，盆土保持偏干即可。环境空气相对湿度最好保持70%左右，空气干燥，叶缘、叶尖易枯焦，叶面也显粗糙。本属植物叶片常密集茎端，植株长高后，茎下部会空秃，影响观赏。由于本属植物耐修剪，萌芽力强，可强修剪，剪口下不久便会萌发新芽，形成低矮植株。

龙血树属植物普遍株形优美，对光照适应性强，较耐阴，因此常用来点缀书房或客厅。常见种植的有：富贵竹、百合竹、三色线叶龙血树、星点木等。它们都有许多园艺品种，其生长习性、繁殖方法及栽培管理与香龙血树相似。富贵竹，茎直立，株高1～2米，不分枝，但茎基容易萌生分蘖，茎节长5～10厘米，似竹，叶鞘长5～10厘米，叶片长10～20厘米；百合竹，茎稍细，多分枝，叶形似富贵竹，但较短，叶长10～15厘米，无叶柄，叶节密，因而叶片显得密集，并常生于枝端(彩图310)；三色线叶龙血树，又名五彩竹蕉，叶面有白绿相间的条纹与玫瑰红的细边，是很具特色的树种；星点木与本属植物形态很不相同，茎很细，叶片长椭圆形，长约8厘米，宽5厘米，绿色的叶面密布黄色至乳白色斑点，叶对生或3～5片叶近轮生。植株更像双子叶植物，因而也常被人误认为是与本属无关的植物。

瓜　栗 (Pachira macrocarpa)

木棉科瓜栗属植物，又名发财树、马拉巴栗。原产于墨西哥至哥斯达黎加一带。

【形态特征】　常绿小乔木，株高可达6～7米。掌状叶，小叶长椭圆形，两端尖，长10～20厘米，宽4～7厘米，小叶5～10片不等，通常5片；叶具较长的叶柄，长10～15厘米，簇生于茎上部(彩图 311)。原产地可结实，果实卵圆形近梨状，长9～16厘米；种子长2～2.5厘米，可食，炒熟有花生味，但在我国不能结实，仅作观叶植物。

【生长习性】　喜光照，也耐阴，喜湿润环境，但也能忍耐干旱，不耐寒。在海南岛可露地种植，北方夏季光照强，干热，室外种植需适当遮光，室内光照处可长期摆放。

【繁殖方法】　播种繁殖。

【栽培管理】　生性强健，易栽培管理。盆栽土壤可用肥沃的沙质壤土。国内多作盆栽观赏，通常盆小，所盛土壤也少，肥料欠缺，因此应半个月至1个月追肥1次；生长期间应注意浇水；北方夏季干热，光强，应适当遮荫，也可置于室外早、晚见光处。

瓜栗叶片翠绿，树形美观，常3～4株编辫观赏，摆放宾馆、商厦及客厅。

棕　榈 (Trachycarpus fortunei)

棕榈科棕榈属植物，又名棕树。原产于我国南方至南亚一带。

【形态特征】　常绿乔木。单干直立，株高可达10余米；树干圆柱形，被黑褐色纤维叶鞘。叶簇生于树干上端，叶柄长可达1米以上，3棱形；叶扇形掌状深裂，30～50片不等；裂片长条带形，中间下凹，裂深至叶片基部(彩图312)。雌雄异株。肉穗花序腋生，大型，多分枝，下垂；小花深黄色，4～6月份开花，初冬结果。果径0.5～1厘米，蓝黑色，肾形。

【生长习性】 喜温暖、湿润、光照、通风环境，较耐寒，耐旱。在棕榈科植物中属较耐寒植物，在黄河中下游及其以南地区可露地越冬。

【繁殖方法】 播种繁殖。种子出芽慢，播后2～3个月才能出苗。可随采随播，也可沙藏春播。

【栽培管理】 对土壤要求不严，但以肥沃、疏松土壤最好。幼苗期生长缓慢，也不耐强光照射，可置于半阴处种植。5年后生长加快，抗性也强，可盆栽或露地种植。喜肥水，种植时应施基肥。

常用于园林绿化，北方常用大木桶盆栽，置于建筑物正门两侧或用于花坛布置。

短穗鱼尾葵 (Caryota mitis)

棕榈科鱼尾葵属植物。原产于南亚诸国。

【形态特征】 丛生常绿小乔木。株高可达8米。大型二回羽状复叶，叶长2米左右，小叶似鱼尾状，故名鱼尾葵(彩图313)。雌雄同株。肉穗花序从叶腋抽生，有多数分枝，下垂，花序大者可达3米长，但盆栽植株花序不太大，通常几十厘米。大型盆栽观叶植物。本属尚见栽培的有鱼尾葵，小乔木状，二回羽状复叶，羽状复叶中肋两侧各有10～20片小叶，基部狭楔形，端部展开，形似鱼尾。

【生长习性】 喜温暖、较高湿度、疏阴环境，生长适温25℃～30℃。光强易引起叶片变色而枯黄。

【繁殖方法】 分株或播种繁殖。盆株过多时可分株；春天播种，约2～3个月出苗。

【栽培管理】 生长势强，根系发达，对土壤要求不严，盆栽用土仍应疏松肥沃。生长快，最好每年换盆土1次，同时补肥，除去部分老根。冬季室温应不低于8℃。植株较大可置于大厅及室外疏阴处观赏。

蒲 葵 (Livistona chinensis)

棕榈科蒲葵属植物，又名扇叶葵。原产于我国南方。

【形态特征】 常绿乔木。株高可达20米，茎干粗壮，直立，不分枝。叶扇形，直径可达1米以上；叶集于茎部顶端，掌状深裂至叶中，裂片条形下垂；叶柄长达1米。腋生肉穗花序，长达1米，多分枝，向下垂挂(彩图314)。小花黄绿色，春季开花，秋季果熟。地下具簇生肉质须根。同属用于观赏栽培的有圆叶蒲葵，原产于菲律宾、印度尼西亚等国，原产地株高15米以上，叶片扇形，叶径达1米以上，叶先端多裂，裂片披针形，花序长达1米以上，幼果紫色，成熟果黑色；澳洲蒲葵，高大乔木，叶柄棕色，叶径1米余，叶面中间黄色；海棕，株高10米以上，叶掌状深裂，蓝绿色，叶径1～2米，叶柄红褐色。

【生长习性】 喜高温、高湿、光照充足的环境，但怕北方的强光暴晒，不耐寒，不耐干旱，要求较高的土壤湿度。5℃以下易受寒害，但能忍受1～2小时的短时间0℃低温。

【繁殖方法】 播种繁殖。种子成熟后应立即采收，洗净，晾干，在30℃左右下，1个月可发芽出苗。

【栽培管理】 盆栽蒲葵，应用疏松、肥沃的砂壤土，常保持盆土湿润并适当遮荫。生长旺期，半个月施肥1次。冬季室内养护应置于光照处。幼苗期应遮荫防晒，土壤常保持湿润。幼苗生长缓慢，出土当年仅能长出1片叶子。10年以上的植株才能移入木桶种植。北方盆栽植株，夏季光强时可放于楼房北侧背阴处养护。在建筑物南侧极易受强光危害。导致叶片发黄或萎蔫。冬季室温不应低于5℃。

蒲葵在原产地植株高大，但盆栽时苗期生长缓慢，又受盆土营养限制，可多年保持幼株状态，也较耐阴，是室内较好的观叶植物。由于叶片较大，适宜较大场合摆放，如宾馆、大厅；夏季也适合庭院树荫下摆放，显现南国风光。

橡皮树 (Ficus elastica)

桑科榕属植物。原产于印度、缅甸等南亚国家，我国南北各地普遍种植。

【形态特征】 常绿乔木。株高可达20米。我国主要用于盆栽，多呈小灌木状，株高多在2米以下，树冠开张，枝条光滑，具乳汁。单叶互生，叶长椭圆形，长10～20厘米，宽5～10厘米，厚革质，全缘；叶面绿色，光亮；叶柄短，托叶大，暗红色，早期包被于生长点之外，新叶展开后，其托叶随之脱落(彩图315)。雌雄同株异花，花小，白色，靠近地面处常生气生根。

【生长习性】 喜高温、光照、高湿环境，也耐干旱，30℃以上时生长迅速。不耐寒，冬季不得低于10℃，低温叶片脱落，死亡。要求疏松、肥沃、湿润的土壤。

【繁殖方法】扦插繁殖。常于夏初用1年生壮枝，剪去嫩梢，每段3节，保留上部1枚叶片，卷成筒状，用细绳捆好，扦插，保湿，树荫下1个多月可生根。也可将枝条置于水中生根，常换水。

【栽培管理】 盆栽土壤可用肥沃的砂壤土。橡皮树根系发达，生长较快，大肥大水易引起徒长。家庭种植可用较小的盆控制生长。园林布置可用大盆。每年换土1次，促进生长，修剪造型。平时浇水应掌握见干见湿原则，冬天盆土保持潮湿即可。生长季节（5～9月份）可半个月施肥1次，但也可根据需要控制肥水，控制长势。顶芽生长势强，侧芽萌发力弱，可根据株形需要，打顶促发侧枝。

常见栽培的园艺品种有花叶橡皮树及黑叶橡皮树，叶墨绿色，它们耐阴性更好，更适合室内明亮处摆放，而绿叶者更适合庭院摆放。

榕　树 (Ficus microcarpa)

桑科无花果属植物，又名小叶榕。原产于南亚诸国及我国南方。

【形态特征】　常绿乔木。株高可达30米。分枝力强，树冠也很大，可覆盖几十平方米。主干及侧枝的节间常长出大量气生根，相当粗壮，可互相缠绕或向下垂挂。单叶互生，椭圆状卵形至倒卵形；叶革质，长5～10厘米，绿而光亮(彩图316)。雌雄同株。小花单性，隐头花序，对生于叶腋间。果实由花托发育而成，球形，直径0.5厘米。

【生长习性】　喜光照、温暖、湿润环境，耐阴，可在室内多日陈设。稍耐寒，可在5℃下安全过冬。耐水湿而不耐旱，短时期水涝也无妨。对土壤要求不严，在肥沃、瘠薄土壤上，微酸或微碱性土壤上均能生长，忌北方春、夏烈日暴晒。生长适温20℃～30℃。

【繁殖方法】　扦插或播种繁殖。南方多在雨季进行嫩枝扦插；北方可于夏初剪枝扦插，3～4节一段，保湿遮荫，20余天可生根。实生苗根粗壮如薯，俗称人参榕，常作小型盆景，扦插不能得到人参榕。

【栽培管理】　榕树常作盆景栽培观赏。普通土壤都可用作盆土，2～3个月追肥1次。避免强光照。常修剪，形成合适的株形。人参榕的培养：先将播种苗修剪根部，然后种于沙土为主的花盆中，底部1/3预埋腐熟堆肥。1～2个月追肥1次，增施磷、钾肥，促使根部肥大。

榕树类植物常作观叶植物美化环境，也可作街道树。盆栽常种植的有花叶垂榕，叶下垂，具大面积各种形状的白斑；柳叶榕，叶柳叶状，下垂；琴叶榕，叶提琴形，长30厘米，宽15厘米左右；菩提树，叶片心形，叶尖修长，是有名的佛教圣树(彩图317)；这些都是国内常用的盆栽观叶植物，既喜光，又有一定耐阴性，常用于各种场合摆设。

南洋杉 (Araucaria cunninghamii)

南洋杉科南洋杉属植物。原产于大洋洲东南沿海一带。

【形态特征】 常绿大乔木。幼树是良好的室内观叶植物。主干直立，侧枝轮生平展，层次明显，整株呈金字塔形，株形优美(彩图318)。常用于栽培的同属植物有小叶南洋杉，大枝平展，小枝下垂，叶片柔软，略向下弯，全株形似刺柏；宽叶南洋杉，树冠圆锥形，侧枝轮状密生，水平伸展，小枝对生，长而下垂，叶片宽，长卵状披针形；细叶南洋杉，叶较细，树形优美。

【生长习性】 喜温暖、湿润、光照充足环境，怕强光暴晒。不耐寒，不耐旱，忌水湿。生长适温10℃～20℃，冬季不低于7℃。

【繁殖方法】 通常用播种繁殖。春季播种，由于种子坚硬，播前可先擦破种皮，在25℃条件下，1个月左右可发芽。也可扦插繁殖。但扦插繁殖生根慢，约需3个月，破坏老株株形，新株株形欠美，不宜采用。

【栽培管理】 常盆栽观赏。生长期每天向叶面喷水2次，保持湿润环境，半个月施肥1次，盆土保持湿润。夏季适当遮荫，避免强光直晒，冬季置室内光照处。如主干较细，应插细竹杆支撑，以防止树形歪斜。

南洋杉，树形美观，枝叶茂盛，为世界著名庭园树。盆栽，常用于会场、厅堂门前及宾馆的布置。

红叶鸡爪槭 (Acer palmatum var. atropurpureum)

槭树科槭树属植物。原种鸡爪槭产于我国长江流域，北至山东，南至浙江，日本及朝鲜半岛也有。红叶鸡爪槭是鸡爪槭的红叶变种，又名红枫、紫叶槭。

【形态特征】 落叶小乔木。枝条较细，紫红色。叶交互对生，掌状，通常7裂；叶缘有锯齿，叶全年紫红色或春、秋两季呈紫红色(彩图319)。花小，紫红色。翅果张开呈钝角。

【生长习性】 喜温暖、湿润、半阴环境，不耐水涝，较耐干旱。适宜温度15℃～30℃，地栽植株可忍耐－15℃低温。喜光，但应避开强光照。

【繁殖方法】 嫁接或扦插繁殖。砧木通常用鸡爪槭2～3年的实生苗，春季进行枝接，也可于夏季进行芽接。扦插较难生根，但用生根剂处理可取得良好效果，如用10～15厘米长半木质化枝条，保留顶部2片叶，用100毫克／升的1号ABT生根粉药液浸泡切口30～60分钟，插入蛭石或泥炭土中，全封闭保湿并搭棚遮荫，2～3个月可生根成活。也可采用高端压条方法压条，于秋季在顶枝离枝顶25厘米处进行环剥，环剥处用塑料薄膜包好，内填腐殖土或草炭土并保持潮湿，干时补水，翌年春即可成苗，切取另栽。种子繁殖难保持原品种性状。

【栽培管理】 地栽最好用肥沃的砂壤土，盆栽可用砂壤土与腐叶土1∶1混配，加适量的腐熟有机肥。移栽苗时，小苗应带土，大苗移栽需带土球，于秋季落叶后或春天萌芽前移栽。地栽应避开易积水的低洼地，但土壤应常保持湿润。盆栽应经常保持盆土湿润，但不能过湿，以免盆土积水烂根。基肥充足，生长季节不必再施肥，以免枝条徒长，影响观赏。盆栽在生长季节每月施稀饼肥水1次，秋季改施磷、钾肥，使枝条壮实，叶红持久。地栽主要在南方，北至北京地区也可地栽，但需种植于背风向阳处；盆栽，天冷时可入室内。夏季光强，盆栽株应置遮阳棚下。但盆栽株春、秋两季可接受全光照。强光与干燥的空气易引起叶片干焦。

红叶鸡爪槭是优美的树种，孤植于草坪或山石旁，可点缀风景，使人有万绿丛中一点红的感觉，也是常用的盆栽树种。

非洲霸王树(Pachypodium geayi)

夹竹桃科棒棰树属植物。原产于非洲马达加斯加岛西南地带，近年引入我国。

【形态特征】 在原产地为乔木，株高可达8米，在我国用作盆栽观赏，株高多在1米以下。植株挺拔垂直，茎多肉质，表皮褐色并具乳突状瘤，瘤上具3条刺。叶深绿色，披针形，长10～20厘米；叶表光亮，中脉明显，簇生于茎顶。粗壮多刺的茎配以美丽的叶片，植株显得刚劲并富有活力，极具观赏价值(彩图320)。在原产地开类似夹竹桃花样的白花。

【生长习性】 喜暖热、光照、肥力充足，也较耐湿，但畏冷凉。

【繁殖方法】 播种繁殖。春播，23℃左右，15～20天可发芽。

【栽培管理】 生性强健，只要温度不低，土壤疏松、肥沃、通气，都易栽培成功，环境温度20℃～30℃为生长适宜温度，低于10℃可引起落叶，落叶后应控制浇水，土壤保持微潮湿即可，水大易引起烂根导致植株死亡。

盆栽株点缀厅堂，显示热带风光。

苏 铁 (Cycas revoluta)

苏铁科苏铁属植物，又名铁树、凤尾松等。产于我国及南亚各国。

【形态特征】 常绿小乔木。通常不分枝，常单干直立生长，茎基部偶有蘖芽长出，呈丛生状。株高可达8米，盆栽通常生长极其缓慢，因此常见植株多在2米以下。树干圆柱形，大型羽状叶集生于顶部，无叶的茎干部分布满螺旋状排列的菱形叶柄痕迹，呈暗棕褐色。叶中肋两侧排列几十对至上百对条形坚硬小叶；小叶长10～20厘米，宽0.5厘米左右。雌雄异株，但未开花前无区别。花序顶生，雄株花序为黄色粗圆柱，上面布满小花(彩图321)； 雌株花序扁圆形，由黄色的大孢子叶组成，孢子叶内可结种子(彩图322)。夏季开花，可持续近2个月；待花序结种，可观赏至冬天。苏铁从栽培至开花通常要10年以上。我国种植的还有海南苏铁、华南苏铁、云南苏铁、台湾苏铁、四川苏铁等数种，种植区域主要偏于南方各省。

【生长习性】　喜温暖、湿润、光照，也稍耐半阴与干旱。可耐0℃低温，也耐高温与强光照。适应性较强。

【栽培管理】　播种或蘖芽繁殖。天热时播种，通常半个月可发芽。种子也可随采随播。如春播，需沙藏，干藏种子超过3个月易失去发芽能力。也可将植株基部蘖芽切下，栽植于潮湿沙土中，约2个月左右可生根。

【栽培管理】　对土壤要求不严，疏松肥沃、排水良好土壤可用于种植。南方可露地种植，北方多盆栽。5℃左右宜移入室内，但应避免高温，以免新生叶弱而长，与室外长的叶片不相匹配。喜有机肥，换盆时可填加有机肥作基肥，生长旺季可1个月施稀有机肥1～2次。常浇水保持土壤湿润。夏季不可久放室内，以免新生叶细长，影响株形美观。

苏铁四季常青，株形庄重，常用于大型花坛布置或置于大型建筑物门旁，家庭常种植小株观赏。叶片是很好的花篮配材。

龙爪槐 (Sophora japonica f. pendula)

豆科槐属中国槐的一个变种。原产于我国。

【形态特征】　落叶乔木。粗枝扭曲，小枝下垂。奇数羽状复叶，长20余厘米；小叶7～17枚，卵形。圆锥花序；花蝶形，淡黄色(彩图323)。荚果念珠状，肉质。7～8月份开花，10月份果实成熟。主要用作接穗，嫁接于国槐，供园林绿化。

【生长习性】　喜光照，耐旱，耐寒，在我国南北各地都有种植。对土壤无特殊要求，在湿润、肥沃、土层深厚处生长更好。

【繁殖方法】　嫁接繁殖，作接穗用。

【栽培管理】　砧木用中国槐，因此养好中国槐，培育出主干挺直的壮苗至关重要。砧木主干高应在2.5～3米，上端留侧枝3～4个，均匀分布。短截，作嫁接枝条，其余枝条全部除去，常用芽接或劈接法，每个砧木枝要有1个成活接穗。接穗伸展后作主枝培养，并注意及时摘除砧木上的芽梢，避免对接穗生长产生影响。及时修剪接穗枝条十分重要。如接穗枝条弱，可重剪，少留几个芽，剪去较长部分，以集中养分供给保留芽，翌年能长出健壮的枝条；如接穗生长健壮，则可适当多保留几个芽，轻剪枝梢，使养分分散，平衡树势。在一般情况下，应保留枝条上部芽使新枝不断提高角度，向外扩大树冠，形成伞形。如第一年的接穗生长过旺，向下生长，应及时摘心，控制生长，促使枝条粗壮。并保留上部芽继续生长，扩大树冠。以后每年秋后或早春修剪，均应剪除弱枝，保留枝条上部的芽。使重新向前生长。由于新枝角度加大，树冠可不断向外扩展。树干的高低，影响树冠的大小，应根据栽种场所，选择高低不等的树干种植。

龙爪槐树冠形状奇特、优美，状若游龙，观赏性极强，常作庭院种植，美化环境。

十、仙人掌与多肉植物

白　檀 (Echinopsis chamaecereus)

仙人掌科仙人球属植物，又名金牛掌。原产于阿根廷山区。

【形态特征】　茎细圆柱形，常在盆中匍匐生长，呈丛生状，极易发生新枝。棱细，每枝具棱6～9条，密生刺座，辐射刺10余个，呈毛状。春季至初夏开花；花美而多，漏斗形，红色，直径5厘米左右，十分艳丽(彩图324)。

【生长习性】　喜通风、光照，耐旱。

【繁殖方法】　扦插繁殖。将母株产生的小分枝取下扦插，土壤保持微潮，半个月左右可生根。

【栽培管理】　普通砂壤土可作盆土种植，春、秋季节为生长旺季，可置光下，正常浇水施肥；夏季可稍遮荫，置凉爽处；冬季应置室内光照处。光照不足，茎变得细长，春季常开花不良。冬季可停止浇水，置室内光照处，令其休眠。经过休眠的植株，翌年春开花旺盛。如果冬季室温较高，仍正常浇水，没得到充分休眠，翌年春常开花不好。在通风不良、炎热的环境中易受红蜘蛛为害，应用杀螨剂灭除。

白檀在我国栽培较久，也较流行，常见栽培的有它的变种山吹，株形同白檀，但植株通体黄色，开红花时更为美观，由于自身失去叶绿素，不能进行光合作用，常嫁接于三棱箭上，靠砧木供给营养生长。其带化品种山吹冠，形如黄色的鸡冠，更为美观。

金 龙 (Echinocereus berlandieri)

仙人掌科鹿角柱属植物。原产于墨西哥及美国南部。

【形态特征】 植株丛生状。茎短圆柱形，长短不一，盆栽通常在10厘米左右，直径2厘米左右；具5~6条棱，螺旋状排列。刺座具周刺6~8条，刚毛状，中刺1条。花侧生，广漏斗状，长6~8厘米，花冠径7厘米左右；具多数花瓣，粉红色；花喉部近红色，柱头粗大，异常艳丽(彩图325)。同属常见种植的美花角，也十分美丽。

【生长习性】 喜温暖、光照；对热、旱都有较强耐性。也耐0℃低温。

【繁殖方法】 扦插繁殖。可将分枝从基部取下另栽。

【栽培管理】 属生性强健型植物。由于易栽易养、花朵美丽，虽在我国种植多年，仍受新老种植者欢迎。盆土用肥沃的砂壤土。生长季节土壤见干见湿；冬天可置室内光照处，控制浇水有利于春天开花。通常扦插繁殖，也可嫁接于三棱箭上，可提前开花，一般嫁接后翌年春即可开花，并形成一些分枝，可将整个茎丛取下发根成一新的丛生植株。

雪 光 (Parodia haselbergii)

仙人掌科锦绣玉属植物，过去列为南国玉属。原产于巴西。

【形态特征】 球形，植株通常单生。球径通常在10厘米以下、棱30条，呈小疣突螺旋状排列。刺座密集，周刺球丝状，20余条；中刺细针状，3～5条，刺为白色。花生于球上部，漏斗形；长1.5厘米，橙红色；单花可开6～10天，属仙人掌类中开花时间较长的种类。白刺红花，色彩明媚，适宜窗台、案头摆放(彩图326)。常见的黄雪光是其变种，花为黄绿色。

【生长习性】 喜温暖、光照，略耐寒，0℃左右可在室内过冬。

【繁殖方法】 播种繁殖。种子应随采随播，幼苗2个月移植1次。

【栽培管理】 盆土可用肥沃的砂壤土。生长季节为春、秋两季，冬、夏温度适宜也可继续生长，但应注意水分的控制。冬季室温20℃左右时，可置光照处，正常浇水，可使雪光早开花。雪光可自花授粉结籽，如人工授粉效果更好，结籽更多。种子繁殖的植株刺毛较好，嫁接于三棱箭上形成的植株，由于毛刺过长而显得零乱。

龙王球 (Thelocactus Setispinus)

仙人掌科瘤玉属植物，又名左旋、右旋。原产于墨西哥，在我国种植较普遍。

【形态特征】 植株通常单生。幼时球形，长大呈短筒形。棱12～15条，较薄，呈波浪形弯曲。刺座中刺1条，黄白色至红色，先端有钩，长1.5～2.5厘米；周刺10余条，近白色，无钩。花黄色，花喉部深红色，花径4厘米，花色金黄鲜艳(彩图327)。果圆而红，并且可宿存于植株上较长时间。可整冬不落，1年可开花数次。

【生长习性】 喜温暖、光照，耐热，耐寒，也耐旱。

【繁殖方法】 播种繁殖。老龄球茎部易出仔球，可用于繁殖。

【栽培管理】 肥沃砂壤土种植。由于生性强健，十分易管。春、秋季可正常施肥、浇水，春天增施磷肥，可多开花结果，冬、夏可保持干旱。由于花、果美丽，也由于它的棱呈螺旋状排列，有的向左旋转，有的向右旋转，因而称左旋球及右旋球。人们常种植一对大小相当的左旋球与右旋球观赏。

岩牡丹 (Ariocarpus retusus)

仙人掌科岩牡丹属植物。原产于墨西哥。

【形态特征】 多年生，扁球状肉质花卉。株形奇特，株高多在20厘米以下。与一般仙人掌类不同、疣突大，似一片厚的叶片，三角形，长多在6厘米以下，表面多有纵纹、疣突端有时有刺座。花淡黄色或白色，花瓣偶有淡红色花纹，花径一般4厘米左右(彩图328)。果实长1～2.5厘米。

【生长习性】 喜温暖、光照环境，透水性强的粗粒土壤。畏寒，耐旱，也耐半阴，怕强光暴晒，生长适温20℃～30℃。

【繁殖方法】 播种繁殖。实生苗株形好，寿命长，比嫁接苗易开花。也可用三棱剑作砧木嫁接。

【栽培管理】 盆栽土壤可用粗沙、腐叶土、培养土等量混合配制。生长季节主要在春、秋季，可每半个月施肥1次。夏季应保持半阴，强光易引起叶片发黄、萎缩。冬季进入半休眠状态，保持盆土干燥，置光照处。

岩牡丹形状奇特并富含能治病的多种生物碱，因而受到掌类爱好者收集和医药科研人员的重视。

鸾凤玉 (Astrophytum myriostigma)

仙人掌科星球属植物。原产于墨西哥中部沙漠地区。

【形态特征】 幼株球形，老株短柱状，高多在20厘米以下；球体表面常密布细小的短白毛而呈白色星点。棱多为5棱，棱上具刺座，但无刺而具短绒毛(彩图329)。花黄色。栽培品种丰富，棱为3～7个不等，3棱者少，因而也显珍贵。表皮短白毛呈星点状分布或成片分布，也有光滑无毛的称碧硫璃鸾凤玉；球体具横勒状突起的称龟甲鸾凤玉，还有斑锦品种。

【生长习性】 喜温暖、光照，土壤要求排水良好、中等肥力、含有钙质的沙质壤土。

【繁殖方法】 播种繁殖。

【栽培管理】 盆栽土壤应选用富含钙质的沙壤土。置光照下生长，光照不足会引起球体伸长或茎顶变尖，失去观赏价植。光照不足，也易因浇水而引起球体腐烂。

鸾凤玉园艺品种丰富，造型美，因而受到人们的喜受。市场购买的多为三棱箭嫁接的落地球，球下部中心有三棱箭的木质心，根从木质心长出，木心烂掉，根也就失去作用，应挑选球体基部长根的球种植。斑锦品种因自身不能合成营养，常嫁接于三棱箭上，靠三棱箭供给营养生长。这种植株应防止盆土常湿，因三棱箭在盆土常湿的条件下易腐烂且不耐低温，因此嫁接株冬季应置于室内光照温暖处，最好不要低于10℃，并控制浇水。

星　球 (Astrophytum asterias)

仙人掌科星球属植物。原产于美国及墨西哥，在我国栽培普遍，又称兜。

【形态特征】 扁球形，球面布满由极短的丛卷毛形成的白色星点，球体通常具8棱，或更多、更少形成不同的园艺品种。有的球面星点成片或成圈，也有的表面光滑无星点。棱线整齐，棱沟浅，棱脊平缓。刺座圆形，没有刺，而是由绒毛组成，十分明显。1年可开花数次，花黄色，花径4厘米左右；花开于球顶，漏斗形。果实星状。球体端庄，对称(彩图330)。

【生长习性】 喜温暖干燥，光照充足的环境。耐干旱，也耐半阴，较耐寒，可耐短时间霜冻。生长适温20℃～25℃。

【繁殖方法】 播种或嫁接繁殖。种子生活力不强，宜采后即播；发芽率约50%，经存放的种子发芽率降低。实生苗3～4年可开花。也可用三棱箭或花盛球（即草球）作砧木嫁接，嫁接苗生长快，翌年可开花。

【栽培管理】 栽培土壤可用疏松、肥沃、排水良好的含石灰质的砂壤土，盆底垫瓦砾或小石子以利于排水，生长期盆土保持湿润，光照充足，每月施肥1次。冬季球体进入休眠，应保持盆土干燥，置10℃左右环境下，光照处。

菠萝球 (Coryphantha pycnacantha)

仙人掌科菠萝球属(顶花球属)植物，又名巨象球。原产于墨西哥。

【形态特征】 球形，通常单生，后期群生，球体暗绿色。疣突圆锥形，基部为菱形；疣突大，长2厘米左右。顶部及刺座腋部密生绵毛。中刺2～4条，稍弯曲；周刺8～12条，白色至黄色，花铃形，淡黄色，花径约5厘米(彩图331)。本属约50余种，疣突都较大，花着生于球体顶部的疣状突起上。常见栽培的有象牙球，无中刺，花粉红色、深红色或白花红心，花径8～10厘米。

【生长习性】 喜温暖、光照、排水良好而肥沃的土壤。

【繁殖方法】 播种或嫁接繁殖。播种苗生长较慢。常用大株上产生的仔球嫁接，长大后落地生根，另成一株。

【栽培管理】 盆栽土壤可用粗沙、壤土、腐叶土混合配制，使土壤疏松，肥沃，盆底置稍许碎石以利于排水，置光照不太强烈、空气湿度稍大处，梅雨季节过度的湿热对生长不利，应注意通风。干热天气与通风不良处易受红蜘蛛及介壳虫为害，应注意预防。冬季盆土应保持干燥，保持5℃以上，并尽量多见阳光。

栉刺龙伯球 (Uebelmannia pectinifera)

仙人掌科龙伯球属植物。原产于巴西高原地区。

【形态特征】 球形，老株呈筒形。棱通常10余条，多者可达18条、棱脊薄。表皮红中带黑，有许多小突起。刺座密集，具黑灰色细毛，刺1～4条，近黑色，长2厘米；由于刺座密集，所以刺座上的刺常互相交叉(彩图332)。夏季开花，花黄色，开放于球顶，花径1厘米。果紫色，梨形或圆柱形，长2厘米左右。本属仅3种，另2种为贝氏龙伯球和树胶龙伯球。本种有黄刺龙伯球与魁伟龙伯球2个品种，龙伯球属发现较晚植物，仅40年，球体也美，因此成为人们收集的对象。在世界上属一级保护植物。

【生长习性】 喜温暖、光照，土壤疏松肥沃、排水良好、含石灰质。生长适温15℃～30℃，不耐寒，耐干旱与半阴。

【繁殖方法】 播种繁殖。由于种子稀缺，人们也常用挖顶（破坏生长点）促生仔球的方法，用仔球嫁接于三棱箭上，促使小球快速生长成形。

【栽培管理】 栽培土壤可用透水性能好、富含腐殖质的基质，并加入5%的石灰质材料。主要生长季节为春、秋两季，应充分满足光照，光照不足，红褐色的球体会变成绿褐色。夏季可置通风半阴处。冬季室温低时应停止浇水。

尤伯球类发现晚，球体美观，更由于繁殖系数低，生长慢，因而更是宝贵。

金 琥 (Echinocactus grusonii)

仙人掌科金琥属植物。原产于墨西哥。金琥为该属的代表种。

【形态特征】 植株球形或略呈圆筒形，高可达1米，但通常盆栽，株高多在30厘米以下；表皮淡绿色，具棱20～35条。刺座具周刺8～10条，稍向侧后弯曲；中刺3～4条，金黄色，长可达5厘米；老刺呈暗黄色。花顶生，黄色(彩图333)。果实圆形或长圆形，被鳞片及绵毛。种子淡褐色，每果具种子百余粒。圆形的球体和金黄色的刺使植株雄伟美丽。常见栽培品种有银虎，刺白色；狂刺金虎，刺黄色，弯曲。

【生长习性】喜光照、温暖，要求土壤肥沃、透气性好，白天30℃～35℃，夜间高于15℃对生长有益。

【繁殖方法】播种繁殖。小苗时盆土应保持湿润。

【栽培管理】盆土用泥炭土混以粗沙较好，也可用粗沙、壤土、腐叶土及少量石灰质、有机肥混合，原则是盆土颗粒较粗并富有肥力。由于金琥的根系主要由须根组成，只分布于较浅的土层，所以盆栽可用较浅的花盆，花盆底部可用碎砖料或碎贝壳作排水物，使整盆易通气排水。由于金琥对光照要求较高，夏季强光时应稍遮荫，冬季在室内必须置于光照明亮处，并每隔几天转动花盆1次。严禁置光照不足处，光照不足，球体伸长，甚至出现尖顶现象，严重变形，失去观赏价值。浇水应避免从球体上部浇水，刺色遇水易失去金光灿灿的黄色。春、秋是主要生长季节，春末夏初及早秋易长出新刺，冬季及炎夏基本停止生长。但冬季室温高时，仍可继续生长，因此务必将植株置于室内光照最好处。冬、夏应控制浇水。每年应换盆1次，剪去残根，促进新根生长。干热天气，易受红蜘蛛为害，应注意防除。

令箭荷花 (Nopalxochia ackermannii)

仙人掌科令箭荷花属植物。原产于墨西哥热带林中，附生于树干。

【形态特征】多年生草本花卉。茎扁平多分枝，叶状多汁，长条带状，端箭形；长可达1米，盆栽茎长多在50厘米以内，茎边缘具波状长圆齿，齿凹处有刺座，但无刺或疏生细齿。新生枝边缘泛红，老枝基部圆棒状，木质化。花生于刺座处，漏斗形，花径可达15厘米，具多枚披针形花瓣，十分美丽；晚春至初夏开花，花色主要有红色、粉色、紫色、黄色、白色等，园艺品种1000余个，本属仅2种，另一种为小令箭荷花，花多，但较小，花径一般不足10厘米(彩图334)。

【生长习性】喜温暖、光照、湿润，也耐干旱。适宜生长温度20℃～30℃，冬季不应低于10℃。

【繁殖方法】播插繁殖。截取茎段10～15厘米，最好含刺座3对以上，切口晾干，插于稍潮的砂壤土中，半个月左右可生根。也可嫁接于三棱箭或仙人掌上，可提早开花，通常翌年即可开花。

【栽培管理】盆栽土壤可用肥沃疏松的砂壤土。春、秋季应供应充足的肥水，并给予充足的光照，半个月追肥1次。夏季应避免中午强光照，可早、晚见光，控制浇水，以使叶状茎肥厚壮实。及时搭架，绑扎枝条，并随时去除多余的侧枝，使株形美观，以利于翌年开花。冬季必须置室内光照处，光照不足会影响翌年开花。

令箭荷花，花姿优美，花色艳丽，是我国广大居民喜爱种植的花卉。

昙　花 (Epiphyllum oxypetalum)

仙人掌科昙花属植物。原产于墨西哥及中美地区。

【形态特征】多年生多肉小灌木。通常高1.5米以下。主茎圆筒形，木质；分枝扁平、肉质叶状，长30～100厘米不等，分枝边缘波状；叶状枝有时会萌生气生根，在原产地可攀缘树枝，属附生类仙人掌类植物。花径10余厘米，花白色，香而极美(彩图335)。

【生长习性】喜温暖、光照、湿润环境，喜肥。忌强光、干旱、寒冷，生长适温20℃～30℃，冬季不应低于4℃。

【繁殖方法】扦插繁殖。春、秋季剪取15～20厘米叶状茎，晾干切口，插入沙土，20余天可生根。

【栽培管理】盆土可用肥沃的砂壤土加些骨粉。春、秋季为生长旺季，可置光照下，每半个月施稀肥1次，夏季应避免强光照射，最好置半阴处，也较耐阴，也可置居室北侧。长期光照不足，虽生长旺盛，但影响开花。冬季应置室内光照处。炎夏及寒冬应停止施肥。室温10℃以下应控制浇水。昙花通常在夏、秋傍晚开花，花洁白、美丽、清香。一株植物的花常同时开放，多者可达几十朵，非常壮丽。花开仅几小时，故有昙花一现之说。秋凉季节开花，可开至翌日清晨。管理好者，1年可开花3~4次。为使昙花白日开花，可于花开前1周，改变光照，夜间光照，白天置于黑暗中，可使昙花白天开放。

蟹爪兰 (Zygocactus truncactus)

仙人掌科蟹爪兰属植物。原产于巴西林中，附生于树干或潮湿荫蔽的山谷中。

【形态特征】多年生常绿附生性多浆花卉。植株多分枝，由许多茎节组成；茎节扁平叶状，椭圆形，长4~5厘米，两侧边缘具2~3对尖刺状齿，如蟹爪状；茎节上端两侧各有一刺座，刺座处常具黄色短刺毛。花着生于茎节上端；花瓣分2~3层着生于花筒上，近20枚，反卷，两侧对称；花枝紫红色，长于雄蕊，伸出花前端，园艺品种很多；花色主要有紫红色及红色、橙色、黄色、白色等；12月份前后开花(彩图336)。

【生长习性】喜温暖、湿润、光照；忌炎热及强光照。生长适温15℃~25℃。

【繁殖方法】扦插或嫁接繁殖。取茎节2~3节，晾2~3天后插于泥炭土或潮湿的砂壤土中，土壤保持潮湿，10天左右可生根，也可嫁接于三棱箭或仙人掌上，分层嫁接，形成大株。

【栽培管理】扦插的植株，基质必须疏松，常用泥炭土为主，加一些蛭石及粗沙，以利于根系生长。嫁接的植株可用砂壤土种植。春、秋季是生长旺季，应及时浇水，半个月追肥1次，并充分光照；夏季炎热干燥，易引起茎节一片片脱落，并被红蜘蛛为害，应置早、晚见光的凉爽处，如房屋室外北侧，但要注意避免雨水，下雨时可移置避雨处，以免积水烂根；秋末光照渐短，开始形成花蕾，应搬至室内光照处，室温应不低于15℃，及时浇水施肥，促进花蕾发育，但应尽量少搬动花盆，以免落蕾。盆土干旱也易引起落蕾。花蕾出现时也应疏剪过密枝条，以保证花枝的营养供应及正常发育。花后有一休眠期，应减少浇水，可保持盆土稍干燥，待茎端长出新芽时，表明休眠期已过，可正常浇水施肥。嫁接的植株，株幅大时，可于花后修剪并短截枝条，经修剪短截后，长出的新枝茎节嫩绿茁壮。蟹爪兰是短日照植物，也有一定耐寒性，不低于5℃不必搬入室内，过早搬入室内，由于室内灯光的影响，会影响花蕾的形成。保持光照8～10个小时，2～3个月可开花。

蟹爪兰花色艳丽、花多，开花于冬季，是人们喜爱并广泛种植的盆花。

仙人指 (Schlumbergera bridgesii)

仙人掌科仙人指属植物。原产于巴西热带林中，附生于树干上。

【形态特征】 多年生常绿附生性多浆花卉。多分枝，枝由多节茎节组成；茎节椭圆形，长4厘米左右，叶状，边缘波状。花冠筒状，单花顶生，长约5厘米；花瓣2层，10余枚，不反卷，近辐射对称；花柱略长于雄蕊；花色多种，常见者多为红色(彩图337)。短日照植物，花开于冬季。仙人指与蟹爪兰外形颇似，却是分属两个属的植物，它们的主要区别是蟹爪兰茎节两侧有尖齿，花为两侧对称花；仙人指茎节两侧呈浅波状，花为辐射对称花。

仙人指的生长习性、繁殖方法、栽培管理可参看蟹爪兰，二者基本相同。由于仙人指扦插株根系极弱，吸收能力差，故一般不用扦插繁殖，常用仙人掌或三棱箭作砧木嫁接成大型植株盆栽。

绯牡丹 (Gymnocalycium stenopleurum ‘Rubra’)

仙人掌科裸萼球属牡丹玉的栽培变种。原产于南美巴拉圭。绯牡丹由日本人1942年从牡丹玉的斑锦变种中选育而成。

【形态特征】 球形至扁球形；球体红色，8～14棱，周刺3～6条，无中刺。花淡粉色，春季开花。园艺品种甚多，红色球体的色泽也不尽相同，尚有粉红色、黄色、斑锦缀化等多种球体(彩图338)。易生仔球，用于嫁接。

【生长习性】绯牡丹本身喜温暖、光照、湿润环境。由于自身不能单独合成营养，全靠砧木供给营养，因此栽培时，一切要遵从砧木的生长习性。

【繁殖方法】 嫁接繁殖。通常用球体产生的仔球嫁接于三棱箭上成一新株。种子虽能产生子苗，但只能形成绿色实生苗。

【栽培管理】三棱箭，即量天尺，又名三角柱或三角，为原产于热带森林中的附生类仙人掌植物。喜温暖、光照、湿润，耐旱而不耐强光；不耐土壤过分潮湿，也不耐低温。根据三棱箭对环境条件的要求，养好砧木三棱箭，是养好绯牡丹的前提。三棱箭要求土壤疏松肥沃，透水性强、不易积水，盆土可用疏松肥沃的砂壤土，盆下部垫一些小石块，以利于透水。平时常置于光照处，即有利于砧木生长，也有利于球体色艳，但盛夏强光土壤易干、三棱箭的根系易受损害、易导致砧木失水干瘪，因此夏天应置于通风、半阴的凉爽处，冬季最好置于10℃以上的室内光照处，低于10℃应控制浇水，甚至停止浇水。一年四季盆土都不能过分浇水，盆土过湿是导致三棱箭腐烂的最主要原因。冬天温度低，浇水更易引起砧木腐烂。夏天干热易有红蜘蛛为害，多喷药易使球体腐烂，置通风凉爽湿润处可防止红蜘蛛为害。又闷又干的环境有利于红蜘蛛繁殖。

帝　冠 (Obregonia denegrii)

仙人掌科帝冠属。原产于墨西哥。本属仅此一种。

【形态特征】植株球形单生、无棱，但全株外披菱形的疣突，呈螺旋状排列；疣突长1厘米左右，疣突顶具刺座，有3～4根刺。球顶具密生的短白色绒毛，春季开花于茎顶。花漏斗形，白色、直径1～2厘米，白天开放(彩图339)。果棍棒形，长2厘米左右。本种植物主要观赏奇异的球体，花的观赏价值不高。在长期栽培过程中，人们选育了疣突大小不同、色泽不同的斑锦品种及带花品种，这些园艺品种都是爱好者收集的对象。

【生长习性】 喜温暖、光照、排水性能良好的土壤。耐旱，畏寒。

【繁殖方法】 播种繁殖，但小苗生长慢。也可切顶促生小球，嫁接于三棱箭上。

【栽培管理】 栽培土壤用疏松的砂壤土或泥炭土混以粗沙及少量的颗粒状木炭及石灰质。春、秋两季为主要生长季节，应光照充足、土壤见湿见干。夏季置凉爽通风处，冬季休眠期停止浇水。对有机磷农药过敏，农药稍浓易使叶状疣发黑乃至死亡，遇有介壳虫发生应以人工除去为主，尽量不用农药。

绯花玉 (Gymnocalycium baldianum)

仙人掌科裸萼球属植物。原产于南美阿根廷高山地区，在我国有较广泛种植。

【形态特征】 植株球形，深灰绿色，高多在10厘米以下。棱9～11条，但棱并不明显，而是由稍大的瘤块组成。具周刺而无中刺，周刺紧贴于球体。花色深红或粉红，大而艳美(彩图340)。果实纺锤状，深灰绿色，但通常花后并不结果。

【生长习性】 喜温暖、光照，耐旱，也稍耐阴。可耐0℃低温。

【繁殖方法】 播种繁殖。也可用老株萌生的仔球繁殖。

【栽培管理】 盆栽土壤可用疏松肥沃的砂壤土。盛夏应避开强光，摆放地点光照不必太强。除冬季控制浇水外，其他季节可正常浇水。栽培植株应尽量选用实生苗或老株萌生仔球养大的苗，嫁接苗虽长得快，但花后球易萎缩。

绯花玉花朵艳丽，较耐阴，也易繁殖，因而受到不少花卉爱好者的欢迎。

山　影 (Cereus spp.)

仙人掌科天轮柱属植物，是几个种变异植物的泛称，又名仙人山等。原产于中南美。

【形态特征】原种柱形，由于生长锥细胞（即植株最上部的一些具强分裂能力的细胞）分裂不规则，使植株肋棱错乱形成参差不齐的形状。由于原种不同，山影有粗、细之分，刺有黄、褐之分，因而植株形状各异(彩图341)。但都呈层峦叠嶂之势，似一座小山，制作盆景极具观赏价值。人们称之为有生命的山石盆景。

【生长习性】生性强健，耐旱，也有一定耐寒性。只要室外温度不低于0℃，可置室外越冬。

【繁殖方法】扦插繁殖。可从母株上切取一部分，伤口晾干后，插于微潮土壤中，1个月左右可生根。切取时应照顾母株美观，也可将不美的植株分切扦插。

【栽培管理】盆土可用普通砂壤土。土肥、水多易使植株生长过快，植株反而高大呈柱状失去“山”的美观。盆下部应垫1/5的碎石、砖块，以利于排水。应控制肥水，以控制植株的形状。盆土干透时可充分浇水。夏季可置室外，为防止下雨时盆中积水，可用竹筷在盆土上插几个至盆底的洞，以便迅速排除雨水。干旱炎热季节，易受红蜘蛛为害，造成表皮失绿呈灰白色或铁锈色，严重影响观赏价值，使多年心血毁于一旦。因此天热时应每隔10～15天喷1次杀虫剂，做好预防工作。通风不良，也易受介壳虫为害，应经常观察植株，一旦发现有介壳虫发生，立即刮除。

宜置阳台、庭院观赏。

金边龙舌兰 (Agave Americana cv.Marginata aurea)

龙舌兰科龙舌兰属植物。原种产于墨西哥。金边龙舌兰是原种龙舌兰的变种。我国华南及西南冬暖地区多有种植，其他地区常作温室栽培。小型株常盆栽观赏。

【形态特征】多年生肉质草本花卉。茎短。叶剑状，灰绿色；叶缘金黄色；带黄色锐刺(彩图342)。地下具粗壮的根状茎。通常10年生以上的老株才开花，但一开花，植株即死亡。花莛高可达

3～5米，圆锥花序，花淡黄绿色。常见栽培的尚有金心龙舌兰，叶片中央呈黄色；银心龙舌兰，叶中间有1条银白色条带；狭叶银边剑麻，又名狭叶银边龙舌兰，原产于墨西哥，叶剑形、端尖、坚硬，叶缘白色具刺状小锯齿。

【生长习性】 生性强健，喜阳光，不耐阴，耐旱力强，生长适温15℃～25℃，冬季不低于5℃。

【繁殖方法】 通常分株繁殖，也可播种繁殖。母株旁常生蘖芽，待生根后可切下另植；如无根可插入沙土中，待长根后上盆。种子难寻，实生苗变异也较大，还需筛选，但也可能通过种子繁殖得到新品种。植株开花时，通过异花传粉，可以结实，种子在20℃～25℃条件下约半个月发芽，幼苗生长缓慢。

【栽培管理】 栽培土壤可用肥沃的沙质壤土，生长期每月施肥1次。喜光照，光照不足，叶片易变得柔弱歪斜，从而降低了观赏价值。长期生长在温室的植株，由于光照不足，常发生叶片弯曲现象。耐干旱，土壤干透再浇水。管理粗放。

金边龙舌兰叶片挺拔，适用于地栽或大型盆栽，用于布置庭院或摆放花坛中心，增添热带景色。

狐尾龙舌兰 (Agave attenuata)

龙舌兰科龙舌兰属植物，又名翡翠盘。原产于墨西哥。

【形态特征】 多年生肉质草本花卉。叶基生阔披针形，端尖，长50～80厘米，呈莲座状排列；叶面光滑，淡灰绿色或淡黄绿色；叶缘光滑或有细齿(彩图343)。植株栽种数年后，可从叶丛中央抽出高大花莛，高可达3米，端生总状花序，花淡绿泛白。其金边品种更为人们欢迎，用于环境布置。

【生长习性】 喜温暖、光照，也耐半阴。不耐寒。

【繁殖方法】 播种或分株繁殖。早春播种，母株基部常有小植株生出，生根后切取种植。

【栽培管理】 肥沃的砂壤土种植。生性强健，耐旱，每年施1～

2次有机肥即可。夏季可充分浇水，秋、冬可适当干燥，减少浇水。

凤尾兰 (Yucca gloriosa)

百合科丝兰属植物。原产于北美，我国各地常有栽培。

【形态特征】多年生常绿草本状灌木。茎短，密生广披针形硬革质叶片。叶硬而挺直，长50~100厘米，高多在1.5米左右。花茎高出叶丛，顶生大型圆锥花序，花几十朵至百朵。花白色，铃形，下垂，花被片质厚，夏、秋开花(彩图344)。常见栽培的同属植物有丝兰，形态与凤尾兰极相似，但叶缘有卷曲的白色丝线状物。

【生长习性】喜温暖、光照，但耐寒，耐旱，也耐湿，对土壤要求不严。

【繁殖方法】分株繁殖，也可用茎切段繁殖。将多余的分枝切下，将茎切成5厘米的茎段，埋入土中，浇水，温暖天气，10余天可发芽。也可水培，待抽芽生根后种植。

【栽培管理】肥沃砂壤土种植，充分浇水，冬前施有机肥，2~3年可分枝成丛，5年左右，株丛密集时可重新分栽。

凤尾兰生性强健，平时无需管理，仅冬前施肥，剪去残、老叶片。四季常绿，夏、秋常抽出粗壮花莛，开花多日，多丛植，常用于街道绿化。

芦　荟 (Aloe spp.)

百合科芦荟属植物。原产于非洲热带地区。广义的芦荟泛指所有的芦荟属植物，约有300种；狭义的仅指中华芦荟。

【形态特征】　种类繁多，种间差异很大，在原产地有的株高20余米，有的不足10厘米。国内目前种植的有几十种，多为多年生草本植物，株高多在1米以下。叶剑形或狭带形，叶缘有稀疏刺状齿，叶鞘抱茎；叶片中间厚，边缘薄，稍内卷，表皮有厚角质层或蜡质层，保护叶片减少水分蒸发。花序总状，着生多个长筒状花，密集成穗状，红色、橙色或黄色，端6浅裂。本属常见种植的有库拉孛芦荟，叶剑形，肉质较厚，几乎直立，长近50厘米，宽6～7厘米，叶色粉绿或草绿，叶正面平，背面圆凸，叶缘有稀疏齿，花黄色(彩图345)；中华芦荟和库拉孛芦荟非常相似，一些人把它归为库拉孛芦荟，也有人把它列为库拉孛芦荟的变种；木立芦荟，又名龙角，叶细长，剑形，长50厘米，宽2～4厘米，灰绿色，叶缘有刺状齿，花序长50厘米左右，管状花长4厘米，红色；海虎兰，为一杂交种，生性强健，茎基也易生蘖芽，在我国有较长的栽培历史，也很普及，为常见的家庭观叶植物，盆栽多在50厘米以下，叶轮生 ，短剑形，基部宽，深绿色，长15～30厘米，宽5厘米，叶缘有刺，花橙红色；不夜城，又名僧帽芦荟，叶卵状三角形，莲座状排列，叶绿色，叶缘有密集而细小的深黄色刺，叶背龙骨处上端有稀疏的短刺，花序长50厘米左右，花红色，生性强健，在我国有较多栽培；什锦芦荟，又名翠花掌，株高30厘米，叶三角剑形，旋叠成三列，叶深绿，有不规则的银白色花纹，春、夏开花，小花橙红色，为常见的观叶、观花植物(彩图346)。

【生长习性】 原产于热带、亚热带干旱地区。喜光照、温暖，耐干旱，能耐0℃低温。生长适温18℃～30℃，10℃停止生长。也耐一定程度高温，如野生的中华芦荟，在40℃也能正常生长。

【繁殖方法】分株或扦插繁殖。茎基常产生一些侧芽并产生不定根，形成新株，可分割另植。也可将侧芽及老茎的顶芽切下，晾干数日，切口干后，插于潮土中，无须保湿，20余日可生根，形成一新株。

【栽培管理】 栽培土壤可用肥沃的砂壤土，1个月左右施肥1次。耐干旱，通常可待盆土干后再浇水，水大反而容易引起烂根掉叶。喜光照，可于阳光下种植。芦荟生性强健，易栽培管理。植株高大时，下部叶片常脱落，植株也常弯曲倾斜，失去观赏价值，最好的解决办法是更新植株，切取植株顶部适当大小，切口干后，扦插，不久即可形成一新株。

芦荟的某些品种主要用作观赏，如常见种植的什锦芦荟、不夜城等。有些则具观赏及药用、美容、保健功能，如木立芦荟、库拉孛芦荟等。小株可美化窗台、桌案；大株可美化走廊、庭院。家种2～3株药用芦荟，十分有用，药用芦荟有清热通便、杀菌消炎等功能，成人食10～15克芦荟叶肉可起通便作用，其叶肉涂于烫伤及各种创伤伤口，伤口易于愈合。老叶药效优于嫩叶。

酒瓶兰 (Nolina recurvata)

龙舌兰科酒瓶兰属植物。原产于墨西哥。

【形态特征】多年生树状多肉花卉。茎直立，茎部膨大呈半球形，茎顶密生线形叶，基部酷似一个酒瓶。原产地株高可达数米；膨大的茎部直径可达1米；我国主要用于盆栽，植株通常高在2米之内。叶长50～100厘米，宽1.5厘米左右，稍革质，向四周弯垂(彩图347)。

【生长习性】喜温暖、光照，耐旱，不耐寒，肥沃的砂壤土种植。

【繁殖方法】播种繁殖。偶有小芽出现，可切取晾干伤口，插于素沙土中，保温，在20℃左右下也易生根。

【栽培管理】生性强健。易于养植。肥沃的砂壤土种植，初夏及秋初应各补1次肥料，促使旺盛生长。5℃左右应停止浇水，因“酒瓶”内贮有水分，足够整个冬季需要。初春应翻盆1次，除去老根，换土种植。也可修成盆景样，古色古香，更具观赏性。

常用于酒店、商铺门前摆放。

金边虎尾兰 (Sansevieria trifaciata ‘laurentii’)

龙舌兰科虎尾兰属植物。虎尾兰的栽培品种，原种产于非洲，现广为种植。

【形态特征】多年生草本花卉。具地下根状茎，从根状茎长出芽，萌发成一株植物。地面下具短茎，丛生数枚剑形叶，地面上无茎。叶革质直立，通常在1米以下；叶灰绿色，具深绿色花纹，花纹密集排列呈“V”形横带；叶缘金黄色(彩图348)。花序总状

30～60 厘米，小花绿白色。长 2.5 厘米左右。常见种植的还有金边短叶虎尾兰、短叶虎尾兰。

【生长习性】 喜温暖、湿润、光照。耐阴、耐旱，但不耐寒，冬季应置 5℃以上环境并停止浇水。

【繁殖方法】 分株繁殖。老植株周围常生出一些小植株，可挖取种植。

【栽培管理】 生性强健，肥沃的砂壤土可用于种植。可常年室内种植，若天暖移置于室外，生长会更好些。秋末至冬初，天冷时应置室内，最好置于 10℃以上地方，并控制浇水。如室温低于 5℃可停止浇水。低温浇水，常引起植株死亡。经常当时看不出叶片萎蔫死亡，但一到春暖，叶基部腐烂，叶片会一片片因基部腐烂倒下，整株死亡。如果冬冷时不浇水，干旱过冬，即使地上叶片受冻死亡，地下芽仍可于春暖时长出新的植株。

金边虎尾兰叶坚挺，色彩明快，富有生气，适于居室种植。近年短叶品种更受人们喜爱、长叶种则更适宜会场、厅堂布置。有报道称，它有吸收室内装修引起的甲醛等有害气体的作用，因而更受欢迎。

沙漠玫瑰 （Adenium obesum）

夹竹桃科沙漠玫瑰属植物。原产于非洲肯尼亚等国家的沙漠地区。

【形态特征】 多年生肉质植物。原产地株高可达 2 米，盆栽多在 50 厘米以下。茎粗壮，多分枝。叶常集生于枝端，互生，倒卵形，肥厚，光亮，长 10 厘米左右，干旱季节常全部落叶。开花于春、秋季；花粉红色至红色，花冠直径 5～6 厘米，裂片 5 枚，花瓣外缘色深，向内逐渐变浅(彩图 349)。尚有白花沙漠玫瑰，花白色；多花沙漠玫瑰，花多而密集，花瓣边缘鲜红色，其余部分为白色。

【生长习性】 喜高温、干燥、光照充足环境，不耐寒，忌水湿，以富含钙质、排水良好的沙质壤土种植为宜。生长适温 20℃～30℃，冬季不低于10℃，光照不足，不易开花。

【繁殖方法】 播种或扦插繁殖。播种苗，主干基部肥大，株形美观；扦插枝条切口晾干后插于沙床，月余可生根。也可用夹竹桃作砧木嫁接。

【栽培管理】盆土用疏松肥沃的砂壤土,浇水应掌握见干见湿，宁干勿湿的原则；春、秋季各施肥1～2次。喜充足光照，冬季置室内光照处，室温不应低于10℃，室温低时应控制浇水，盆土保持微潮即可。

条纹十二卷 (Haworthia fasciata)

百合科十二卷属植物，又名锦鸡尾。原产于非洲南部。

【形态特征】多年生常绿肉质草本花卉。株高15厘米左右。茎极短，叶莲座状排列、其上而看不到茎。叶梢尖硬，长三角形，先端细尖；叶绿色、叶背具白色突起形成的横纹多条，十分美丽(彩图350)。花梗细长直立，花小而无观赏价值。常见栽培的有十分相似的点纹十二卷，叶卵状三角形，长约4厘米，叶面基部凹，叶尖外弯，叶背散生细而密的白色小突起。它们的园艺品种甚多。

【生长习性】 喜明亮散射光、温暖，也耐阴，耐旱，生长适温15℃～25℃。夏季高温呈休眠状。

【繁殖方法】多用分株繁殖。新株上盆土壤潮湿即可，水大易引起腐烂。

【栽培管理】中等肥沃砂壤土最宜用于种植。植株小，用肥不多，春、秋季各施1次肥即可，平时只需旱时浇水，不干不必浇水。十分耐旱，久旱也没关系，浇水后仍可生长。2年换1次盆土。

株形小巧秀丽，也常和其他小型植株组合盆栽。

万　象 (Haworthia maughanii)

百合科十二卷属植物，又名毛汉十二卷。原产于南非。

【形态特征】 多年生草本花卉。叶肉质，半圆筒状，莲座状排列；叶长近3厘米，叶端戟形，透明；叶色灰绿色、深绿色或红褐色多种(彩图351)。

【生长习性】 喜温暖、光照，透水良好的粗粒栽培基质，炎夏休眠。

【繁殖方法】 分株或叶插繁殖。

【栽培管理】栽培土壤应保肥且通气透水性强，如用粗质泥炭土混粗沙，加有机肥或岩石风化土加木炭粗颗粒，环境应湿润，叶才能保持饱满，粗糙的叶面也会闪光。主要生长期为春、秋两季。炎夏休眠时应将植株移置于通风、避雨、半阴的凉爽处，偶尔见光。冬季室温如能保持10℃以上仍可浇水继续生长，如室温低于10℃应控制浇水。光照不足易引起叶片伸长，影响株形美观。经常翻盆，去除腐根，促进新根生长，有益于植株生长。

玉 扇 (Haworthia truncata)

百合科十二卷属植物。原种产于南非。

【形态特征】 多年生肉质草本花卉，株形奇特。叶肉质，长方形，基部稍狭窄，叶长2厘米左右，厚0.3～1.2厘米不等，叶直立稍向内弯，叶端平截，透明中有白色花纹，花纹不同，形成不同园艺品种；茎极短，叶从茎中心向两侧排列成“扇”形，每侧具叶片3～6片不等；叶侧面暗绿色，具小疣突起，因而叶面显得粗糙；叶宽厚，叶端部为菊花纹者为上品，斑锦品种更为珍贵(彩图352)。

【生长习性】 喜温暖、光照、通风、土壤肥沃疏松。

【繁殖方法】分株或叶插繁殖。完整的叶片沙插2个月可生根。

【栽培管理】 可参照万象，易栽培管理。应注意经常翻盆，并注意调节光线，不断转动植株与光照方向，使植株保持“扇”形。

美丽莲 (Graptopetalum bellum)

景天科风车草属植物。原产于墨西哥。

【形态特征】 多年生肉质草本花卉。株径一般在10厘米以内。叶呈莲座状排裂，极似石莲花属植物；叶三角卵圆形，暗绿色至红褐色(彩图353)。初夏从莲座状叶盘上抽出2～3个花序，每个花序可开花10朵左右；花瓣5枚，红色。

【生长习性】 生性强健。喜温暖、光照，耐旱。炎夏高温时略显休眠，冬季可耐0℃左右低温，对土壤要求不严。

【繁殖方法】枝插或叶插繁殖。植株基部易生大量莲座状叶盘，可剪下扦插，易生根；也可叶插，但成株慢，一般不用。

【栽培管理】普通砂壤土可用于种植。夏季应置于阴凉通风处，并忌大量浇水，以防植株腐烂，其他季节可置阳台光照处。

美丽莲，花色艳丽，花期长，在景天科植物中是少有的，易栽培管理，是观赏性很强的小型盆栽多肉植物，植株莲座状，也颇具观赏性，适宜室内窗台光照处摆放。

落地生根 (Kalanchoe daigremontiana)

景天科伽蓝菜属植物，又名大叶落地生根、宽叶落地生根。原产于非洲马达加斯加岛的热带地区。

【形态特征】 多年生肉质草本花卉。茎单生，直立，高可达1米，盆栽多在30厘米以下。叶交互对生，叶柄长5厘米左右；叶片肉质，长三角形，长10～20厘米，宽5厘米左右；叶缘有粗锯齿；锯齿先端可长出不定芽；小不定芽具两片很小的对生叶，在潮湿的空气中，不定芽可长出气生须根。不定芽排列于大叶片的边缘，一触即落，落地后可生根，另成一新株(彩图354)。这种繁殖方式常引起人们的兴趣，也是科普教育的良好材料。

本属常见观叶的有掌上珠，原产于马达加斯加岛，叶肉质，翠绿色，常在叶先端的叶缘处产生小芽，并生长须根；棒叶落地生根，原产于马达加斯加岛南部的干燥热带地区，叶圆棒形，上表面有沟，粉色，叶交互对生，叶端锯齿上常生带根的不定芽。

【生长习性】 喜温暖、光照，耐干旱。生长适温15℃～25℃，冬季以不低于10℃为宜，对土壤要求不严。

【繁殖方法】 多用叶缘生的小芽繁殖，如将叶片平铺湿沙土上，1周后叶缘缺刻处可长出许多小植株。也可扦插繁殖，约1周可生根。

【栽培管理】 盆栽可用砂壤土，肥水不可过大，以免引起徒长，以保持盆土稍干燥为宜。植株高时，常引起植株弯曲，外形散乱，失去观赏价值。应不断更新植株，作小型盆栽，置放案桌，细细观赏。

神 刀 (Crassula falcata)

景天科青锁龙属植物。原产于南非。

【形态特征】茎直立，高可达1米，少分枝。叶长圆斜镰刀状，肉质，灰绿色，互生；叶长5~10厘米，宽3~4厘米。夏季开花，伞房状聚伞花序；花深红色或橘红色。株形奇特，开花美丽，是优良的室内盆栽观叶花卉(彩图355)。

本属常见栽培的有燕子掌，原产于南非，我国各地多有栽培，茎多分枝，叶肉质，卵圆形；株形端正，似树桩盆景，常用于点缀厅堂或庭院，喜光也耐半阴，但畏寒；串叶景天，又名钱串子，小型盆栽植物，株高多在10厘米左右，叶阔卵圆形，肉质，长2厘米左右，浅灰绿色，边缘有小红点，植株酷似一串穿起来的绿色硬币，十分有趣。

【生长习性】 喜冬暖夏凉，适宜生长温度15℃~25℃，耐干旱及半阴。畏热也畏寒，天热的夏季与寒冷的冬季不适宜生长。

【繁殖方法】 扦插或播种繁殖。扦插可用茎段扦插或叶插。神刀不易发生分枝，可去尖，促发侧枝，用侧枝扦插，叶节处易生根；也可叶插，将叶片插入湿沙土中，不久可生根发芽，独成一株。

【栽培管理】 砂壤土盆栽。根系较少，而分布也浅，可用浅盆栽培。耐旱，也耐半阴，在室内散射光下可生长良好。夏季天热，处于半休眠状态，应置室外通风良好的凉爽处，并应控制浇水；冬季可置室内光照处，以室温不低于10℃为宜。

神刀、串叶景天等都属小型奇特的盆栽植物，非常适合桌案摆放，细细观赏，回味无穷。燕子掌则属中型植株，可摆放室内或室外观赏、布景。

长寿花 (Kalanchoe blossfeldiana)

景天科伽蓝菜属植物，又名圣诞伽蓝。原产于非洲马达加斯加岛。

【形态特征】多年生肉质常绿草本花卉。茎直立，盆栽株高多在30厘米以下。叶片长圆形，边缘略带红色，前端叶缘具圆齿或呈波状，后半部全缘，叶交互对生。短日照植物，冬季开花。花枝多而花也繁茂，小花高脚碟状，花瓣4枚；花色有红色、橙红色、粉红色、黄色多种(彩图356)。

【生长习性】喜温暖、光照、耐干旱。生长适温15℃～25℃。

【繁殖方法】扦插繁殖。半个月可生根。

【栽培管理】盆栽土壤可用肥沃的砂壤土；耐旱忌湿，因此盆土不干就不必浇水，半个月追肥1次。夏季置半阴处，早、晚见光，避中午强光照。冬季置室内光照处，白天18℃以上，夜间10℃以上可开花。室温低将延迟花期。短日照植物，在其他季节，每天光照控制在8～9小时，1个月可形成花蕾，可根据市场需要，利用光照调整花期。

长寿花冬、春开花，花色品种多，花期长，是冬季常用盆花。

玉吊钟 (kalanchoe fedtschenkoi cv‘Rosy Dawn’)

景天科伽蓝菜属植物。原种产于马达加斯加岛。玉吊钟为其栽培品种。

【形态特征】多年生直立肉质草本花卉。株高15～30厘米。叶交互对生，叶片卵圆形，肉质；叶缘有齿，灰绿色，常有不规则的淡黄色、白色、粉红色斑块，非常美丽。春天抽出花茎，花序聚伞形；花吊钟状，红色或橙红色。以观叶为主(彩图 357)。

【生长习性】喜湿暖、光照、干燥，不择土壤。生长适温15℃～30℃。

【繁殖方法】扦插繁殖。20℃～30℃剪取茎段，可在普通砂壤土中扦插，保持土壤潮湿，置阴凉处，10天左右生根。

【栽培管理】生性强健，耐旱，20余天不浇水，也无伤害。盆土肥瘦均可生长。光照下叶片易发生色彩变化，阴处叶色单一。冬季置0℃以上环境即可越冬。

玉吊钟叶片色彩多变、明快，对比强烈，是观叶佳品。单栽或与其他植物组合盆栽都十分相宜。

松鼠尾 (Sedum morganianum)

景天科景天属植物，又名驴尾景天、翡翠景天等。原产墨西哥。

【形态特征】小灌木。分枝从基部发出，呈匍匐状。叶长圆状披针形，肉质，长近2.5厘米，密生于茎，带叶的枝条形似松鼠尾巴；叶表光滑，灰绿色。花伞房状顶生，小花深紫红色。以观茎、叶为主(彩图 358)。

【生长习性】喜温暖、光照，也耐半阴。耐旱，耐寒。

【繁殖方法】扦插繁殖。枝插、叶插均可，但通常枝插繁殖，成形快，插于表沙土中，半个月可生根。叶平放于湿沙土上也易生根发芽，但成株慢。

【栽培管理】生性强健，可用疏松的砂壤土种植，置于室内光照处。夏季炎热季节应置通风凉爽处，天气闷湿，叶易掉落。根系易老化，2年应翻盆1次；剔除老根，促发新根。最好不断更新植株，保持美好的株形。

松鼠尾，枝条细弱，易垂吊盆栽，室内观赏。

长生草 (Sempervivum tectorum)

景天科长生草属植物。由于叶呈莲座状排列，又名观音座莲。主要产于欧洲的一些山区，中亚也有零星分布。

【形态特征】叶三角卵形至披针形，呈莲座状排列。由于变种和栽培品种很多，因此株形、叶形变化甚大，株幅3~15厘米不等。叶色多为深绿色或灰绿色，叶缘有的为红色；叶面光滑或有短柔毛，叶端尖。圆锥花序呈聚伞状，花紫红色、粉红色或黄色；花小，花瓣6~12枚(彩图359)。

【生长习性】喜冷凉、光照，对土壤要求不严。

【繁殖方法】分株繁殖。老植株易长出匍匐枝，端生芽，并长出莲座状小叶丛，着地生根，挖出另种即成一新株。

【栽培管理】砂壤土种植，对肥水要求不严，但畏闷热的夏天，夏天置凉爽通风处是种好长生草的关键，并应控制浇水。

长生草可盆栽观赏，也可作冷凉地区花坛布置，天冷凉时叶片常呈红色，颇具观赏价值。蛛网长生草叶缘有长毛，并互相缠绕成蛛网状，原产于高山，在炎夏地区较难度夏。

鹿绒掌 (Echeveria pulvinata)

景天科石莲花属植物，又名绒毛掌、金晃星等。原产于墨西哥。

【形态特征】小型亚灌木。株高多在30厘米以下，老茎半木质化，幼茎及叶肉质并被柔毛。叶倒卵状匙形，端尖，长3~5厘米，宽2.5厘米，厚0.5~1厘米，在伸长的茎上呈互生，在茎顶端呈松散的莲座状排列。春天开花，总状花序，花5瓣，内黄外红；冷凉季节叶缘变色，配以美丽的花朵，全株十分美观(彩图360)。

【生长习性】喜冷凉、光照、肥沃土壤。炎夏应置于半阴、凉爽通风处。

【繁殖方法】扦插繁殖。切取茎顶莲座状叶盘扦插。

【栽培管理】肥沃的砂壤土用作盆土。冷凉季节是生长旺季，可正常浇水施肥。夏季高温季节呈半休眠状态，应置通风凉爽处，控制浇水。幼株对炎热有一定的抗性，春季扦插的幼株比老株易度炎夏。每年春季更换一次新株，既有利于度夏，也有利于株形修剪美观。

火 祭 (Crassula Capitella ‘Campfire’)

景天科青锁龙属植物的一个栽培品种。

【形态特征】 多年生草本花卉。株高多在15厘米以下。叶披针形，交互对生，绿色，但冷凉季节叶缘或叶的大部分呈火焰般的红色，十分美丽；茎上部的幼叶色泽更为鲜艳(彩图361)。火祭之光，叶红色，叶色更美。

【生长习性】喜光照、冷凉，10℃左右可置室外过冬。砂壤土种植，对肥水要求一般。

【繁殖方法】 扦插繁殖。多用带顶芽的茎段扦插，3～5对叶片的茎段也可用于扦插。叶插也可，但成株较慢。

【栽培管理】 肥沃的砂壤土种植，置光照处，叶排列较紧凑。春、秋天可置居室阳台上，冬天置室内冷凉光照处，夏天置室外北侧通风凉爽处。若置室内光弱处，叶排列稀疏，株形不美，也不能产生美丽的红色叶片。秋季置光照凉爽处，叶片排列紧凑，并易产生美丽的红色叶片。

石莲花 (Echeveria glauca)

景田科石莲花属植物，又名莲花掌、玉碟。原产于墨西哥。

【形态特征】多年生肉质草本花卉。叶倒卵形，匙状，披白粉，灰绿色，尖端宽圆，端有小尖，叶聚生成莲座状。夏初开花，聚伞花序，花10朵左右；花筒状，长1厘米，花瓣5枚，黄红色。主要用于观叶(彩图362)。同属常见极具观赏价值的有雪莲、吉娃莲、大和锦等。雪莲叶卵圆形，身披白粉，洁白如雪；吉娃莲叶卵形，端急尖，粉绿色，叶端常泛红；大和锦，叶三角状卵形，叶面灰绿，密布红褐色斑纹。它们都是人们喜爱种植的小型品种，株幅多在5～10厘米。

【生长习性】喜温暖、光照、冬暖夏凉气候。夏季高温季节略有休眠状。喜通风良好的肥沃砂壤土。

【繁殖方法】通常芽插或叶插繁殖。老株茎部常萌生一些小芽，可切取扦插；也可将叶片完整取下，伤口干后扦插于沙中，1个月左右可生根长芽。

【栽培管理】盆土可用肥沃的砂壤土。夏季高温季节及冬季低温季节应控制浇水，土壤保持微潮即可；夏季可置居室北侧阴凉处，可通风降温，但应避雨，防盆内积水，造成植株死亡。春、秋季为旺盛生长期，可正常管理。

银波锦 (Cotyledon undulata)

景天科银波锦属植物。原产于南非、安哥拉等国。

【形态特征】草本状小灌木。茎直立，可达50厘米。叶对生，倒卵形，长10厘米左右，叶缘波状，叶面及幼枝披白粉(彩图363)。春、夏开花，花序高可达30多厘米；花橙黄色，端红，管状下垂，长2.5厘米。

【生长习性】喜温暖、干燥、光照。

【繁殖方法】扦插繁殖，也可播种繁殖。扦插可用顶芽或侧芽，易生根。

【栽培管理】本种生性强健，栽培容易，用普通砂壤土栽培即可。春、秋季浇水可见干见湿，置光照处；但夏季高温应置半阴处，并控制浇水；冬季温度应不低于10℃。老株叶片排列稀疏，叶色白粉变薄，叶片逐渐变小，幼株叶面白粉厚而纯净，茎、叶白色。叶片排列紧密，观赏价值远高于老株，因此应不断更新植株，保持美丽的株形和叶片。

银波锦叶片雪白，叶缘皱波，种于精美小花盆中，置于桌案、窗台，观赏价值颇高。

纪之川 (Grassula 'moonglow')

景天科青锁龙属的一个园艺杂交种，由本属的神刀和稚儿姿杂交而成。

【形态特征】 多年生肉质矮小植物。高10厘米以下。叶正三角形，高度肉质，交互对生，灰绿色；叶片从上至下大小一致，整株酷似一座方形绿色宝塔(彩图364)。

【生长习性】 喜温暖、光照、干燥，也较耐阴，不耐寒，但耐旱，忌水湿及强光照，生长适温20℃～30℃，冬季不低于10℃。

【繁殖方法】 多用扦插繁殖。春、秋季剪取上半部，去除基部叶片，晾干后插于沙床，20余天可生根。母株可萌发新枝，供扦插用。

【栽培管理】 盆土可用肥沃的砂壤土，每月追稀肥1次。春、秋季为生长旺季；冬季在15℃以上仍可生长；夏季高温炎热时，移置遮光、凉爽、通风处，也可继续生长，无明显休眠，但应减少浇水，防止雨淋盆内积水。常光照，可保持叶片紧密，株形美观。

叶姿优美，居室盆栽观赏佳品。

筒叶花月 (Grassula argentea 'Gollum')

景天科青锁龙属植物，为原种花月的一个变种。原种产于南非。

【形态特征】 多分枝型小灌木。茎圆形，黄褐色。叶圆柱形，长5厘米，上端较粗，叶端呈斜形椭圆状截面，冬季截面边缘呈红色，非常美丽。秋季开花，花星状，白色至粉色。以观叶为主(彩图365)。

【生长习性】 生性强健，易栽培管理。喜温暖、光照，耐旱。

【繁殖方法】 扦插繁殖。枝插可取茎枝顶端的一段（约5厘米左右）扦插，置阴凉处，不久可生根。也可用壮实的叶片，平放于湿沙上，不久也可发芽生根，刚出的芽扁平状，不久可长成圆柱状。

【栽培管理】 盆土可用一般的砂壤土加施一些有机肥及草木灰；浇水见干见湿。除盛夏强光外，可置阳台上，在光照充足的条件下，可形成株形紧凑、叶短而密集的植株，适当修剪，可形成一盆树桩盆景；天冷时叶端截面变红。光照不足，植株细弱，易倒伏。多光照，是培育理想株形的重要条件。

八宝景天 (Sedum Spectabile)

景天科景天属植物。原产于我国及日本。

【形态特征】 多年生草本花卉。茎直立，少分枝，高30～50厘米。叶对生或三叶轮生，侧卵形，肉质，全株灰绿色。聚伞花序顶生，由许多小花组成；花色多为粉色、紫色及白色(彩图366)。秋季开花。

【生长习性】 喜温暖、光照；不择土壤，耐干旱，也耐严寒，在北京市，盆栽冬天可于室外越冬，地下根茎不会冻死。

【繁殖方法】 扦插或分株繁殖。晚春至早秋，剪取10厘米的枝条，插于沙中，置阴凉处，约10余天可生根。分株可于早春，将老株掘起，分成若干丛，每丛有芽4～6个分栽。

【栽培管理】 由于八宝景天生性强健，耐瘠薄又极耐干旱，因此极易管理。盆栽植株，即使1个月不浇水也旱不死，为促使植株生长，半个月至1个月可浇水1次，如土壤较肥沃，可不施追肥。

可成片种植于路边、花坛边缘，其叶汁可消除蚊虫叮咬之苦。

肉锥花 (Conophytum spp.)

番杏科肉锥花属植物的统称。主要产于南非及纳米比亚，现在许多国家有种植。

【形态特征】 矮生丛生性肉质草本花卉。单株主要由1对肉质叶组成，高一般在2～5厘米。按株形分球形、鞍形和剪刀形（钳形）3种。球形株，一对肉质叶大部分连接在一起，呈球状，仅顶部中央有一很短的浅沟，如清姬、群碧玉、雨月等，鞍形株，肉质叶大部分连接，顶部稍凹形如马鞍状(彩图367)；刀型株，一对肉质叶下半部连接，上半部分离，裂口较深，株形呈圆锥形，常种的“少将”为典形种(彩图368)。

植株多为绿色，少数种植株呈红色或褐色；叶面有斑点或线状花纹。本属约有88种，不少种类都是多浆类植物爱好者们收集的对象。单株经多年种植后呈丛生状，更显珍贵。主要生长期为春、秋季，夏季天热休眠。花单生，小菊花状，从叶顶的裂缝中长出；花色有红、紫红色、粉红色、橙黄色、白色等；通常秋、冬开花，白天见光开放、夜间闭合，单朵花开4~7天，阴天花不能开放，也有少数种夜间开放。本属植物主要欣赏的是营养体。

【生长习性】 喜凉爽、干燥、光照充足。不耐寒，畏炎热。冬天不应低于5℃，夏天最好置于25℃以下通风环境中。

【繁殖方法】 播种或分株繁殖。都于春、秋季进行。种子细小，盆土应细碎平整后播种，播前或播后应采用“洇水”法，即将花盆置于水盆中，使水从盆底慢慢洇湿土壤，苗期管理也用此法补水。分株可结合换盆从丛生株分离，晾1~2天，待伤口干后栽于微潮土壤中，严禁大水补水，以防腐烂，几天后盆土干燥时，可浇水少许，保持盆土半干，促使发根。

【栽培管理】 盆土应富有营养，且透气性良好。可用腐叶土和粗沙各半加有机肥混合。近年有用仙土或赤玉土的，效果良好，但成本较高，对种植优良品种还是很好的选择。春、秋季浇水原则是见干见湿，冬季天冷地区应控制浇水，以维持生命最低需要，如室温在20℃左右，可正常管理。管理最困难时期在于夏季，天热植株休眠，盆土保持微潮即可，水稍大极易引起植株腐烂。夏季应将花盆置于阴凉通风、避雨处，土干后可稍微浇水或喷水，严禁大水或雨淋。早春植株生长很快，一株内可形成两个新的植株，此时应控制浇水，防止新株发育过快；老皮过早脱落，新株暴露于强光。进入初秋，少量浇水，老皮就会自然脱落，形成一对新株。晚秋可进入盛花期。

生石花 (lithops spp.)

番杏科生石花属植物的泛称。主要产于南非及纳米比亚。

【形态特征】 高度肉质化的多年生低矮草本花卉。单株高一般不超过4厘米。由于植株颜色与形状酷似卵石，在原产地又称它为有生命的石头。单株由一对肉质化的叶片组成，茎极短，叶片顶部常有树枝状花纹，可透过光线进行光合作用，两片肉质叶中间有一条缝，秋季可从缝中长出1朵黄色或白色菊花状的小花，多者可达3朵，花径4厘米，花期4～6天，花后可结籽用于播种(彩图369)。

【生长习性】 喜温暖、干燥、光照，生长适温20℃～24℃，夏季高温时休眠，冬季温度不应低于10℃。

【繁殖方法】 播种或分株繁殖。可参阅肉锥花。

【栽培管理】 生石花喜冬暖夏凉气候，主要生长季节在春、秋季，冬天室温20℃左右仍可生长，和春、秋天一样管理。最难管理的是夏季高温休眠期，由于天热，湿度大，一遇雨淋或多浇水，极易腐烂。夏季务必将花盆置凉爽、通风、避雨处，土壤干透时可喷微量水，也可一个夏季不浇水。春季可在老叶缝中长出2对或1对新肉质叶，老叶逐渐干缩，形成新的植株，新植株不断增多，几年后可形成一丛生株，十分美观。也可分离成单株，晾2～3天，待伤口愈合，插于沙中保持微潮，20天左右可生根形成一新株。

由于生石花观赏性强，深受花卉爱好者喜爱，国内外都有一批生石花痴迷者，一些新奇品种自然价格高昂。

宝　绿 (Glottiphyllum linguiforme)

番杏科舌叶花属植物，又名佛手掌。原产于南非。

【形态特征】 多年生肉质草本花卉。茎枝匍匐生长。叶舌状肉质，长5～7厘米；叶翠绿光滑，对生于短茎两侧。花自叶腋中生出，花金黄色，似小菊花，花径5厘米左右。除炎夏外其他季节均可开花，春天开花最盛(彩图370)。

【生长习性】 喜温暖、光照，耐旱但不耐寒，20℃左右为生长适宜温度。

【繁殖方法】 分株或扦插繁殖。分株常于春天进行；扦插可将枝端的具3对叶的茎段剪下，插于素沙土中，1个月左右可生根。

【栽培管理】 盆土用肥沃的砂壤土，平时浇水见干见湿，冬季室温低于10℃时应节制浇水，土壤保持微潮即可。夏天高温时期应将花盆置放通风凉爽处，控水停肥。春、秋两季为生长季节，可每月施稀液肥1次，使植株旺盛生长，开花不断。

金 铃 (Argyroderma roseum)

番杏科银叶花属植物。原产于南非干旱的亚热带地区。

【形态特征】 植株高度肉质，无茎。肉质叶半卵圆形，1对叶时植株呈元宝形；叶2～4片，交互对生；叶白绿色，无斑点，叶面平坦，叶背隆起呈船底形，叶长约3.5厘米，厚约2.5厘米；花从叶面中缝长出，单生，具短柄，近无柄。菊花状花径6厘米左右，橙黄色或紫红色；春季开花。株形奇特，常作室内小型盆栽(彩图371)。

【生长习性】 喜温暖、光照，耐干旱，生长适温20℃左右，冬季休眠。

【繁殖方法】 播种繁殖。幼苗生长缓慢。

【栽培管理】 生性强健，易栽培管理。肥沃砂壤土种植，种植时施入有机肥，可较长期不再追肥。一般1～2个月追肥1次。土干后才能浇水，经常浇水（尤其夏季）土壤过湿易引起植株腐烂。冬季室温应保持10℃以上。

怒 涛 (Faucaria paucidens)

番杏科肉黄菊属植物。原产于南非。

【形态特征】 小型肉质花卉。叶交互对生，叶近三角形，叶长约3厘米；叶背圆凸，叶面平但布满线状、块状小疣，叶缘有肉质齿8～11对；叶形奇特，为主要观赏对象(彩图372)。花小菊花状，直径4厘米，秋、冬开花。也有报道认为怒涛是荒波的变种，二者十分相似，但荒波叶面仅具疣突5～6个，且单个分布，不像怒涛的多个疣突呈线状或块状连接。红怒涛为怒涛的变异品种。

【生长习性】 喜温暖、干燥、阳光充足环境，也耐半阴。但不耐寒冷，也不耐酷暑。

【繁殖方法】 分株或播种繁殖。

【栽培管理】 盆土可用排水透气性好的沙质土壤，肥不必大，肥大反而易引起植株腐烂。夏季炎热时呈休眠状，应置通风凉爽处；冬季10℃以下停止生长，所以冬、夏季应控制浇水，停止施肥。

怒涛叶形奇特，花色绚丽，常用于小型盆栽，置窗台、桌案摆设观赏。

四海波 (Faucaria tigrina)

番杏科肉黄菊属植物，又名虎颚。原产于南非。

【形态特征】植株通常密集丛生，低矮。叶肉质，扁菱形；2～3对叶交互对生，长5厘米；叶面扁平，叶背凸起，灰绿色，叶缘有9～10个反曲具纤毛的尖齿。秋、冬开花，花似小菊花，黄色，花径5厘米，光照下每日午后开放，夜间闭合，连开4天左右(彩图373)。本属常见种植的有银边四海波。

【生长习性】喜温暖、干燥，耐旱，也耐半阴，生长适温18℃～24℃，夏季高温呈休眠状，冬季10℃以下停止生长。

【繁殖方法】 播种或分株繁殖，也可扦插繁殖。

【栽培管理】 一般肥沃的砂壤土可用于盆栽。原产地土壤微酸性、贫瘠，所以盆土不必太肥。炎夏休眠，可将花盆置于通风凉爽处，土壤保持微湿即可，冬季应控制浇水，最好置室内光照处。冬季室温如能保持20℃左右，仍可正常生长。

快刀乱麻 (Rhombophyllum nelii)

番杏科快刀乱麻属植物。原产于南非。

【形态特征】多年生肉质草本花卉。丛生，茎短，株高10厘米左右。叶对生，呈龙骨状，叶端2裂，叶长可达5厘米。花期初夏，花黄色，小菊花状，花径3厘米；下午开放，夜间闭合，单朵花可开4天左右(彩图374)。

【生长习性】 喜温暖、干燥、光照环境，耐干旱、半阴。

【繁殖方法】 春夏之交播种或分株繁殖。发芽适温20℃左右。

【栽培管理】 盆栽土壤可用疏松肥沃的沙质壤土，置室内光照明亮处，夏季可置于室外北侧凉爽处，冬季最好置于不低于15℃室内。平时土壤可见干见湿，夏季严防雨水造成盆内积水，引起植株腐烂。

快刀乱麻株形奇特，叶似鹿角，室内易于养植，给人以赏心悦目之感。

仙人笔 (Senecio articulatus)

菊科千里光属植物。原产于南非。

【形态特征】 多年生肉质草本花卉。株高多在50厘米以内，盆栽常在20厘米以内。茎短圆柱形，粉蓝色，由数节构成；节中间较粗，节处较细，似笔杆。叶肉质，扁平，三角形浅裂至提琴状深裂；叶柄长于叶片，长约5厘米，叶簇生于肉质茎顶。冬、春开花，头状花序，黄色，花径略大于1厘米(彩图375)。

【生长习性】 喜冬暖夏凉、光照充足天气，生长适温15℃～22℃，越冬温度不低于10℃，也耐半阴。

【繁殖方法】 从茎节处剪取茎段，稍晾干，插入素沙土中，置半阴处，保持盆土稍干燥，容易生根。

【栽培管理】 盆栽土壤用沙质壤土。春、秋季为生长旺季，应控制肥水，以免生长过盛影响株形。夏季天热，植株处于半休眠状态，应控制浇水，以防根茎腐烂。虽喜光照，但也耐半阴，在室内散射光下可良好生长。夏季可置于室外阴凉处，或室外北窗台外；冬季可置于室内光照处。室外放置应防雨水。

仙人笔株形奇特，宜作小型盆栽，摆放窗台、桌案。

玉麒麟 (Euphorbia neriifolia)

大戟科大戟属植物，为霸王鞭的带化品种。原种霸王鞭，产于印度东部的干旱、炎热、光照充足地区。

【形态特征】 茎肉质呈扁形。茎顶及茎侧生有绿色椭圆形小叶片，整株似一座小山，也似一座盆景，十分壮丽，因而受到人们的喜爱(彩图 376)。

【生长习性】 喜温暖、光照、湿润环境；怕热畏寒，适宜中等肥力土壤种植。

【繁殖方法】 切取母株的一部分晾干伤口种植。

【栽培管理】 盆栽土壤可用一般肥力的砂壤土，肥大易引起疯长，扁形植株会长出一些柱形茎，破坏造型。夏季炎热，植株处于半休眠状，易引起白粉虱等害虫的为害，引起叶片变黄、脱落，因而应置放于通风半阴处，避免强光照射。冬季天冷控制浇水，以防根颈处腐烂，应置室内光照处。春、秋为生长旺季，应严格控制施肥、浇水，各季只施 1 次稀肥即可，肥大水大易引起疯长。

彩云阁 (Euphorbia trigona)

大戟科大戟属植物，原产于非洲西南部纳米比亚地区。

【形态特征】 肉质小灌木。多分枝，分枝呈轮生或互生状；茎 3~4 棱，多为 3 棱；棱缘波状，突出处有 1 对红褐色短刺。刺处着生绿色卵圆形叶，红叶品种的茎叶均为红色。绿茎表面有白色“V”形晕纹；而红色品种晕纹不明显。植株的分枝一律向上生长，互相平行，所以叶片、株形丰满，适宜厅堂布置(彩图 377)。

【生长习性】 喜光照、较高的环境温度和通风的环境，对土壤肥力要求不严。

【繁殖方法】 茎段扦插繁殖。切取带顶的茎段晾干伤口插于砂壤土中，土壤保持微潮湿。

【栽培管理】 盆土可用砂壤土，置光照下生长。红色品种光照不足，则色淡，更应注意光照。炎热夏季可置通风凉爽处；冬季应置室内光照处。封闭阳台内种植，由于通风条件差，易受粉虱为害，应注意喷药防除。低于10℃时应控制浇水，4℃左右应置室内养护。夏季高温，盆栽植株根易受伤害，引起脱叶；进入秋天，可将植株挖出，剪除老根，重新种植，促发新根，恢复生机。光照不足，也易引起茎过度伸长，可根据需要剪去一部分茎段，促发新枝，使植株饱满。

清盛锦 (Aeonium decorum ev. varigata)

景天科莲花掌属植物，又名灿烂，园艺栽培种。

【形态特征】多年生肉质草本小型花卉。株高10厘米左右，植株莲座状。叶片倒卵圆形，心叶杏黄色，随叶片长大转为黄绿色至绿色；叶缘红色有细齿。初夏开花，总状花序从叶丛中抽出。以观叶为主，春、秋在光照下呈现出美丽的色彩(彩图378)。本属常见的观赏植物如花叶寒月夜、红缘莲花掌都是很美丽的观叶植物。株形都为莲座状。

【生长习性】 喜温暖、光照，对土壤要求不严，中等肥力的砂壤土即适宜种植。

【繁殖方法】 扦插繁殖。植株基部常出现幼芽、5～6片叶时剪下，切口晾干，于天暖时插入普通盆土或沙土中，保持土壤稍潮，10天左右可生根。

【栽培管理】 生性强健，在室内光照处即可生长良好。盆土基肥足，可数月无需再施肥，只需盆土干时浇水即可。夏季应置室外凉爽通风处，并应控制浇水，以防烂根落叶。冬天置室内光照处，5℃左右，保持盆土干燥，即可安全过冬。

参考文献

[1] 陈俊愉，程绪珂．中国花径．上海:上海文化出版社，1990．

[2] 龙雅宜，等．园林植物栽培手册．北京:中国林业出版社，2007．

[3] 姬君兆，等．花卉栽培学讲义．北京:中国林业出版社，1985．

[4] 胡松华，等．洋兰．北京:中国林业出版社，2004．

[5] 卢思聪，等．室内观赏植物装饰，养护，欣赏．北京:中国林业出版社，2001．

[6] 徐民生，等．仙人掌类及多肉植物．北京:中国经济出版社，1991．

[7] 谢维荪．家养多肉植物．上海:上海科学普及出版社，2004．

[8] 金波，等．球根花卉．北京:中国农业出版社，1999．

[9] 吴应祥．兰花．北京:中国林业出版社，1980．

[10] 藏淑英，等．庭院花卉．北京:金盾出版社，2000．